・グラフ・表①

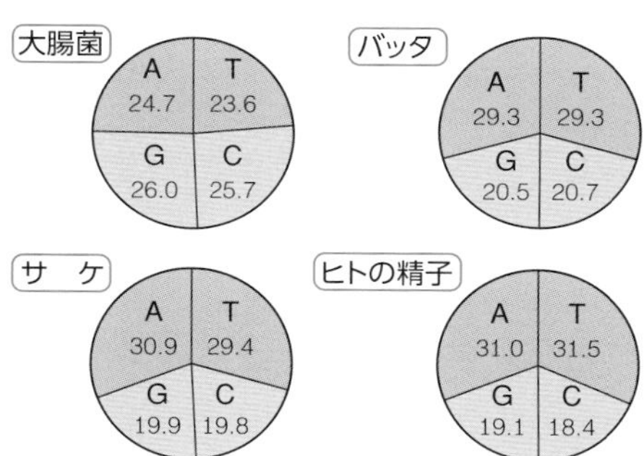

●シャルガフの規則　AとT，GとCが相補的に結合するため，どの生物でも2本鎖DNAに含まれるAとT，GとCの割合はそれぞれ等しい。

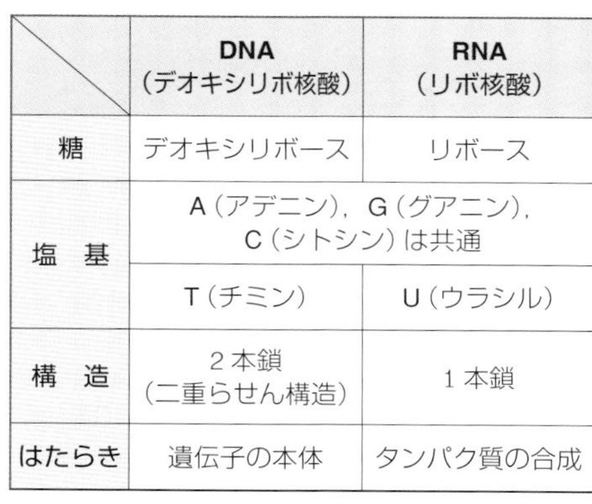

	DNA（デオキシリボ核酸）	RNA（リボ核酸）
糖	デオキシリボース	リボース
塩　基	A（アデニン），G（グアニン），C（シトシン）は共通	
	T（チミン）	U（ウラシル）
構　造	2本鎖（二重らせん構造）	1本鎖
はたらき	遺伝子の本体	タンパク質の合成

● DNAとRNAの違い

●体細胞分裂におけるDNA量の変化　S期にDNAが複製されて2倍になり，分裂期に，DNAが娘細胞に分配されて，DNA量はもとにもどる。

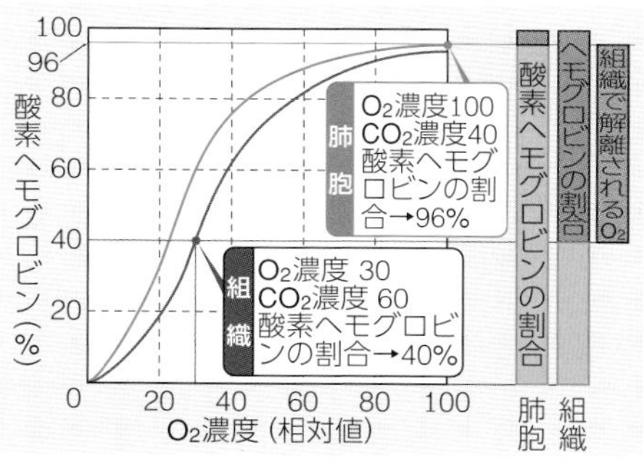

●ヘモグロビンの酸素解離曲線　ヘモグロビンは，酸素の多い肺胞では酸素と結合しやすく，酸素の少ない組織では酸素を離しやすい。

動脈　糸球体　ボーマンのう　毛細血管　静脈

ろ過　再吸収　集合管　細尿管　腎うへ

血しょう	原　尿	尿
水	水	水
グルコース	グルコース	
タンパク質		
無機塩類	無機塩類	無機塩類
老廃物	老廃物	老廃物

●腎臓におけるろ過と再吸収　タンパク質はろ過されない。グルコースは細尿管ですべて再吸収される。

交感神経	対　象	副交感神経
促　進	心臓の拍動	抑　制
収　縮	体表の血管	―――
拡　張	気管支	収　縮
上げる	血　圧	下げる
抑　制	胃腸の運動	促　進
抑　制	排　尿	促　進
拡　大	ひとみ	縮　小
収　縮	立毛筋	―――
促　進	発　汗	―――

●自律神経の作用　―は副交感神経が分布していないことを示す。

新課程
チャート式® 問題集シリーズ

短期完成 大学入学共通テスト対策

生物基礎

元東洋大学附属姫路中学校・高等学校 大森茂樹 著
数研出版編集部 編

本書の特色

● **生物基礎の共通テストの対策を 35 講で完成！**
生物基礎の内容を 30 項目にまとめ，各章末に実践問題を 5 つ設けていますので，短期間で効率よく学習することができます。

● **「要項→例題→演習問題→実践問題」の反復で各項目を完全攻略！**
まず，例題の問題を解いてから解説を確認し，完全に自分のものにしてしまいましょう。そのあと，演習問題を解き，その項目の内容の完全定着を図りましょう。さらに，章末の実践問題で，共通テストで出題される思考力を問われる問題にチャレンジしてみましょう。

● **「巻末チェック」で試験直前の復習もばっちり！**
巻末には，一問一答形式の問題を掲載しました。試験前の最終チェックもこの「巻末チェック」で効率よく行えます。

数研出版
https://www.chart.co.jp

この本の使い方

要項

学習内容をコンパクトにまとめています。重要なポイントは，重要 として掲載していますので一目でわかります。

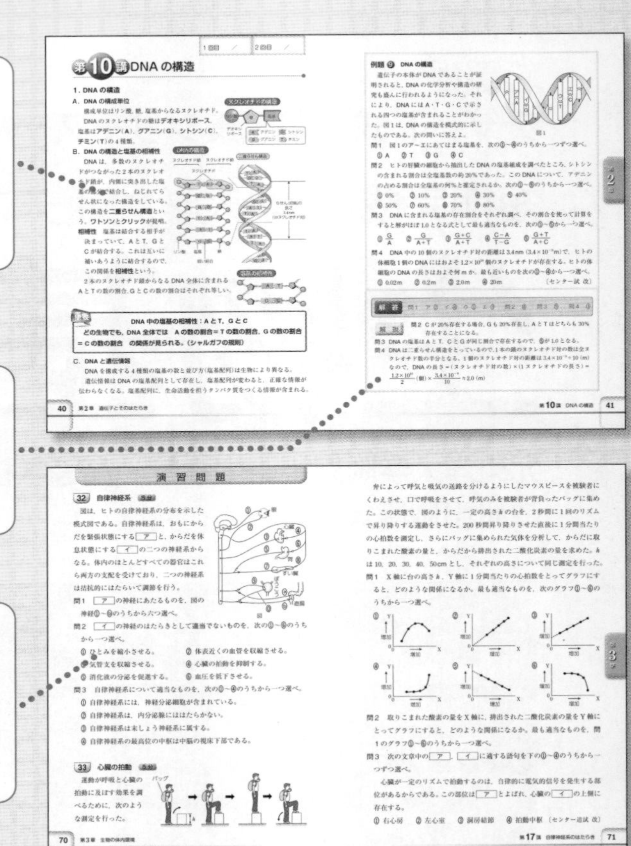

例題

よく出題されるパターンの問題を例題として解説しました。その項目で学習するポイントが理解できます。

演習問題

大学入学共通テスト形式の選択問題です。要項や例題で学習したことがきちんと理解できているか，確かめることができます。

実践問題

大学入学共通テストで求められる，思考力を必要とする問題を扱いました。共通テストで必要な解法を学ぶことができます。

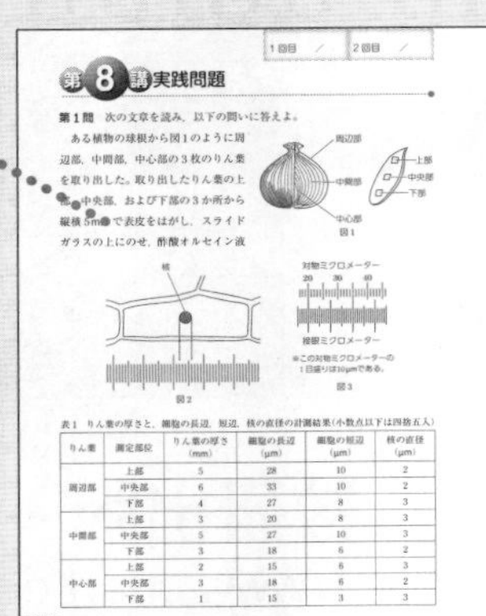

巻末チェック

巻末チェックでは，一問一答形式の問題を扱いました。試験前の最終チェックにも万全です。

目　次

1回目　／　　2回目　／

第1講 探究活動の方法と顕微鏡操作

1．探究活動

A．科学的探究の流れ

疑問 → 情報収集 → 仮説 → 実験・観察 → 結果の処理と考察 → レポート作成・発表

処理実験　仮説検証に必要な処理を施した実験。

対照実験　仮説検証の処理を1つ行わず，それ以外は処理実験と同じにした実験。

2．顕微鏡

A．光学顕微鏡と電子顕微鏡

分解能　2点を2点として識別できる最小距離のこと。肉眼では約0.1mm。

長さの単位　1mm ＝ 10^3µm（マイクロメートル）＝ 10^6nm（ナノメートル）

光学顕微鏡　試料を透過した光を観察。分解能は約0.2µm（ウイルスは見えない）。倍率を2倍にすると，視野の大きさと明るさは1/4になる。

電子顕微鏡　電子線を当てる。分解能は0.1～0.2nmのものもある。

B．光学顕微鏡の操作

①顕微鏡を，直射日光の当たらない，明るい水平な場所に設置する。

②鏡筒内にほこりなどが入らないようにするため，**接眼レンズ**，**対物レンズ**の順に取りつける（外すときはその逆の順）。はじめは**低倍率**にセットする。

③**反射鏡**を調節する。

④横から見ながら**調節ねじ**を回して，対物レンズとプレパラートを近づける。

⑤接眼レンズをのぞきながら調節ねじを回して，対物レンズとプレパラートを遠ざけながらピントを合わせる。

顕微鏡の各部の名称

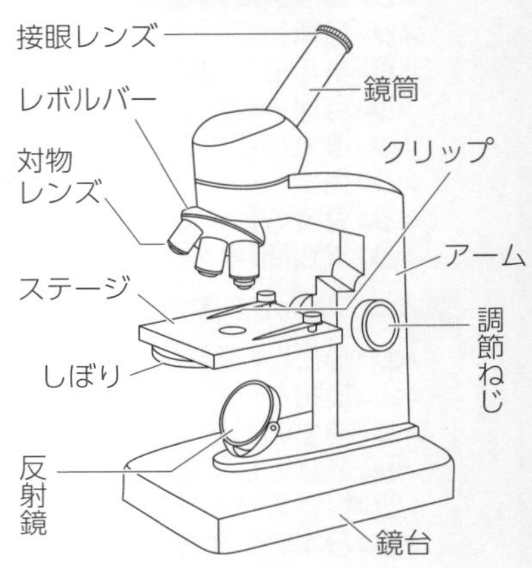

⑥像を視野の中心に移動させ，しぼりを調節して像を鮮明にする。

C．細胞の観察

①**固　定**　試料の生命活動をすばやく停止させ，生きているときに近い状態に保存する。

固定液　ホルマリン，エタノール，酢酸など

②**染　色**　無色透明な構造体などを染めて，観察しやすくする処理。

染色液　酢酸オルセイン液や酢酸カーミン液（核を赤色に染色），ヤヌスグリーン（ミトコンドリアを青緑色に染色），中性赤（液胞などを赤色に染色）

序章

例題 1　光学顕微鏡の操作

問1　次の①～⑦は顕微鏡の使い方の手順を記した文章であるが，順番が正しくない。顕微鏡の使い方の手順に正しく並べかえたとき，2番目と6番目に当てはまるものを①～⑦のうちから一つずつ選べ。

① 一方の手でアームを握り，もう一方の手で鏡台を支えながらもち運び，直射日光の当たらない明るい水平な机の上に置く。

② 反射鏡を動かして視野をむらなく明るくした後，プレパラートをステージの上に置き，試料が対物レンズの真下にくるようにクリップでとめる。

③ 接眼レンズをのぞきながら，プレパラートから対物レンズを遠ざける方向に調節ねじを回してピントを合わせる（微動調節ねじと粗動調節ねじがある場合は，粗動調節ねじで大まかにピント合わせを行った後に，微動調節ねじでピントを合わせる）。

④ 観察部分が視野の中央にくるようにプレパラートを移動させる。

⑤ 顕微鏡に接眼レンズを取りつけ，次に対物レンズを取りつける。

⑥ 調節ねじを回して，横から見ながら低倍率の対物レンズをプレパラートにできるかぎり近づける。

⑦ しぼりを調節して鮮明な像が得られるようにする。

問2　一般に使用されている光学顕微鏡で「p」という字を見ると，拡大した字はどのように見えるか。最も近いものを，次の①～④のうちから一つ選べ。

① p　② b　③ q　④ d

問3　ある植物の細胞をヤヌスグリーンで処理し，顕微鏡で観察した場合に，青緑色に染色されて見える細胞の構造として最も適当なものを，次の①～⑤のうちから一つ選べ。

① 細胞壁　② 核　③ ミトコンドリア　④ 葉緑体　⑤ 液　胞

解　答　問1　2番目⑤　6番目④　問2　④　問3　③

解　説

問1　①～⑦の操作を正しい順番に並べると，①→⑤→②→⑥→③→④→⑦となる。しぼりは低倍率では絞り，高倍率では開く。

問2　一般的な光学顕微鏡では上下左右が逆に見えるので，顕微鏡で見た文字は④のように見える（最近の顕微鏡の中には，そのままの方向で像が見えるものもある）。

問3　ヤヌスグリーンは，ミトコンドリアを青緑色に染める染色液である。①細胞壁はサフラニンで赤色に，②核は酢酸カーミン液または酢酸オルセイン液で赤色に，⑤液胞は中性赤（ニュートラルレッド）で赤色に染色される。

演　習　問　題

1 顕微鏡の操作方法 3分

問　顕微鏡の操作について誤っているものを，次の①～⑧のうちから二つ選べ。

① 顕微鏡は，片手でアームを持ち，もう一方の手を鏡台にそえて持ち運ぶ。

② はじめに接眼レンズ，次に対物レンズの順で顕微鏡に取りつける。

③ 観察時にはまず低倍率でピントを合わせた後，試料を中央に移動させ，ステージを回して高倍率にし，調節ねじを回してピントを合わせる。

④ 接眼レンズをのぞきながら，対物レンズをプレパラートに近づける。

⑤ 高倍率での観察や光の量が少ない場合には，反射鏡に凹面鏡を用いる。

⑥ 鮮明な像が見えるように，しぼりを調節してコントラストをつける。

⑦ 顕微鏡は直射日光の当たらない明るい場所の平らな机の上に置く。

⑧ 接眼レンズをのぞきながら，対物レンズをプレパラートから遠ざけつつピントを合わせる。

〔センター追試 改〕

2 顕微鏡の分解能 2分

多くの細胞はたいへん小さいため，観察には種々の顕微鏡が必要となる。光学顕微鏡は，分解能が［ア］程度である。分解能とは，近接した2点を見分けることのできる［イ］の間隔をいう。光学顕微鏡ではゾウリムシなどは観察できるが，細胞小器官の詳細な構造までは観察できない。例えば，ミトコンドリアは［ウ］という色素で染色すれば，光学顕微鏡によりその糸状または粒状の形を観察することができるが，内部のひだ状構造を観察する場合には電子顕微鏡が必要となる。電子顕微鏡の分解能は約［エ］程度である。

問1　文章中の［ア］，［エ］に入る数値を，次の①～⑥のうちから選べ。

① 0.02 nm　② 0.2 nm　③ 2.0 nm

④ 0.02 µm　⑤ 0.2 µm　⑥ 2.0 µm

問2　肉眼や光学顕微鏡では観察できないものを，次の①～⑤から一つ選べ。

① ニワトリの卵　② カエルの卵　③ ヒトの卵

④ エイズのウイルス　⑤ 大腸菌

問3　文章中の［イ］，［ウ］に入る語を，次の①～④のうちから選べ。

①最　大　②最　小　③ヤヌスグリーン　④酢酸カーミン液

3 顕微鏡の原理 4分

光学顕微鏡である生物を観察すると，図1のように見えた。このとき，接眼レンズの倍率は10倍，対物レンズの倍率は10倍であった。

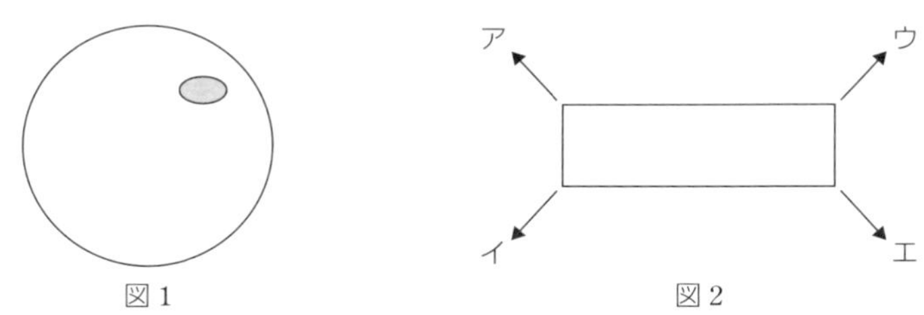

図1　図2

問1　対物レンズの倍率を40倍にすると，視野の面積は，対物レンズが10倍のときの何倍になるか。次の①～⑥のうちから一つ選べ。

① $\frac{1}{40}$　② $\frac{1}{16}$　③ $\frac{1}{4}$　④ 4　⑤ 16　⑥ 40

問2　対物レンズの倍率を40倍にすると，視野の明るさは，対物レンズが10倍のときの何倍になるか。問1の①～⑥のうちから一つ選べ。

問3　図1の生物を視野の中心に移動するためには，図2のプレパラートをどの方向に動かせばよいか。次の①～④のうちから一つ選べ。ただし，この顕微鏡では，上下左右が逆に見えているものとする。

①ア　②イ　③ウ　④エ

問4　顕微鏡について誤っているものを，次の①～⑤のうちから一つ選べ。

①顕微鏡の倍率は接眼レンズの倍率と対物レンズの倍率の積である。

②しぼりを絞ると，焦点深度(ピントの合う範囲)は小さくなる。

③視野が暗いときや高倍率で観察するときは，凹面鏡を用いる。

④試料が染色されていない場合は，しぼりを小さくしてコントラストをつけると観察しやすい。

⑤スケッチは片方の目で顕微鏡をのぞいたままで行う。

1回目　／	2回目　／

第2講 ミクロメーターによる測定

1. ミクロメーターの使い方

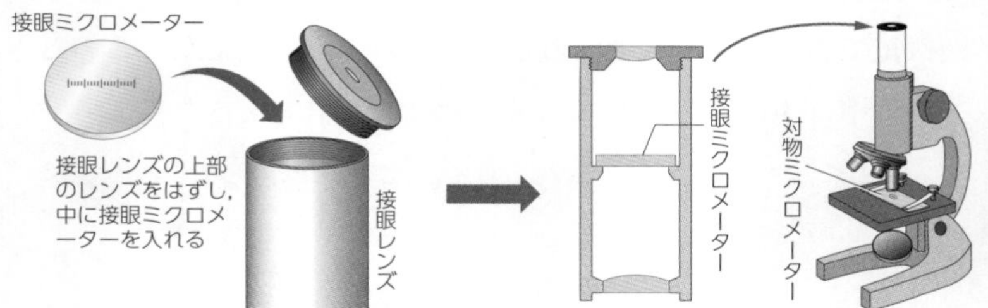

①接眼レンズの上部を回して開け，**接眼ミクロメーター**を入れる。
②接眼レンズを顕微鏡にセットする。
③**対物ミクロメーター**をステージの上にのせてセットする。
④ピントを合わせ，接眼ミクロメーターと対物ミクロメーターの目盛りが重なっている2点を探す。
⑤一致した2点間の接眼ミクロメーター，対物ミクロメーターそれぞれの目盛りの数を数える。
⑥接眼ミクロメーター1目盛りに相当する長さを，以下の式を用いて求める。

対物ミクロメーター

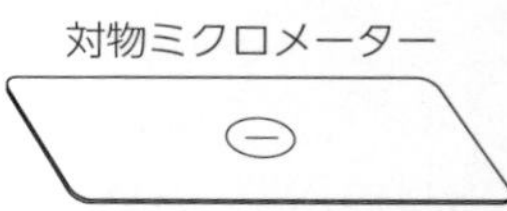

1mmを100等分した目盛りが打ってある。
1目盛りは $\frac{1}{100}$ mm＝10μm

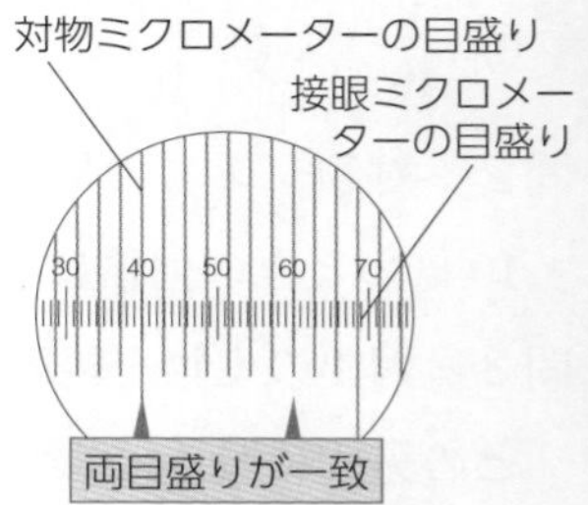

上図の場合，

$$\text{接眼ミクロメーターの1目盛りの長さ(例：3.5μm)} = \frac{\text{対物ミクロメーターの目盛りの数(例：7目盛り)} \times 10\text{μm}}{\text{接眼ミクロメーターの目盛りの数(例：20目盛り)}}$$

2. 細胞や構造の大きさの比較

細胞などの大きさの比較

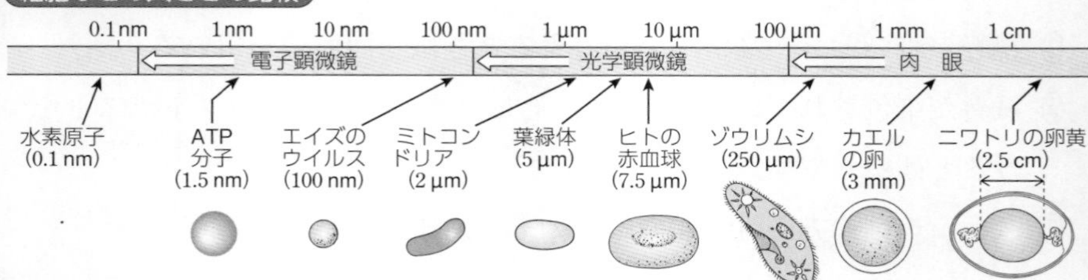

序
章

例題 ② ミクロメーターでの細胞の測定

タマネギの根端の細胞を，光学顕微鏡を用いて観察した。そして，接眼ミクロメーターと対物ミクロメーターを用いて根端の細胞の大きさを測定した。図1は倍率600倍で観察した細胞の一部を模式的に示したものである。

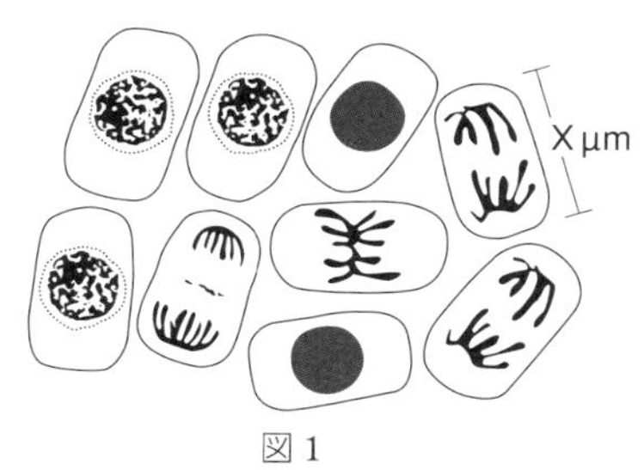

図1

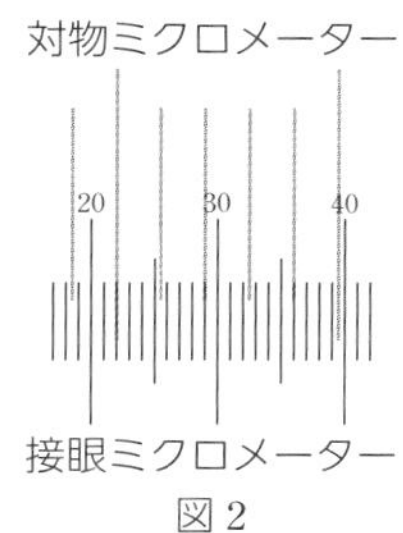

図2

問1　接眼ミクロメーターを用いて図1の細胞の長さXを測ると，18目盛りであった。Xの数値に最も近いものを，次の①～⑥のうちから一つ選べ。ただし，図1と同じ倍率で観察した対物ミクロメーター(対物ミクロメーター1目盛りは10μmである)のようすが図2に示されている。

① 180　② 60　③ 50　④ 45　⑤ 30　⑥ 0.3

問2　観察に用いた対物レンズは40倍であった。対物レンズの倍率を40倍から10倍に変えると，接眼ミクロメーターの1目盛りの示す距離はもとの何倍になるか。次の①～⑤のうちから一つ選べ。

① $\frac{1}{40}$倍　② $\frac{1}{16}$倍　③ $\frac{1}{4}$倍　④ 4倍　⑤ 16倍〔センター追試 改〕

解　答　問1 ③　問2 ④

解　説

問1　接眼ミクロメーターと対物ミクロメーターの目盛りが一致する2点を探す。接眼ミクロメーター7目盛りと対物ミクロメーター2目盛りが一致するので，接眼ミクロメーター1目盛りの長さは

$\frac{2\times10}{7}\fallingdotseq 2.86$ (μm)　細胞の長さXは接眼ミクロメーター18目盛り分なので，

$2.86\times18\fallingdotseq 51.5$ (μm)　より，③が最も近い。

問2　対物レンズの倍率を$\frac{1}{4}$倍にすると，接眼ミクロメーターの見え方は変わらないが，対物ミクロメーターの目盛りは$\frac{1}{4}$倍に縮小される。したがって，接眼ミクロメーター7目盛りと対物ミクロメーター8目盛り(2目盛り×4)が一致する。よって，答えは④である。

演 習 問 題

4 ミクロメーター 5分

接眼レンズに接眼ミクロメーターを入れ，ステージにのせた対物ミクロメーターにピントを合わせて二つのミクロメーターの目盛りを平行に重ね合わせたところ，次図のようになった。次に，対物ミクロメーターをある植物細胞をのせたプレパラートに置き換えて同じ倍率で観察したところ，細胞の長さは接眼ミクロメーター 50 目盛りに相当した。ただし，対物ミクロメーターの 1 目盛りは 10μm である。あとの問いに答えよ。

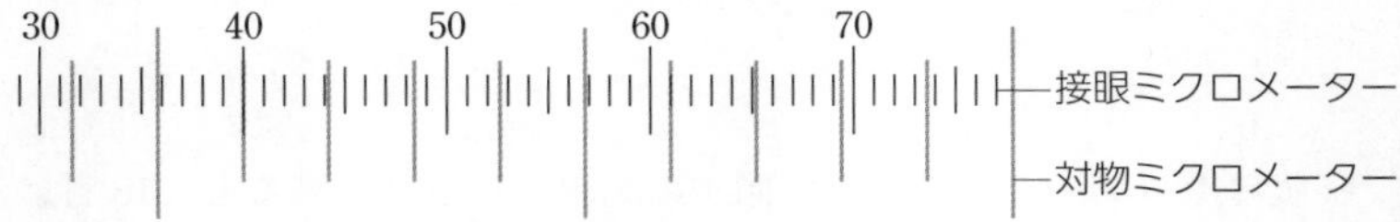

問1　この倍率における接眼ミクロメーター 1 目盛りの長さとして最も近い値を，次の①～⑤のうちから一つ選べ。

① 0.23μm　② 2.4μm　③ 4μm　④ 25μm　⑤ 40μm

問2　観察した植物細胞の長さは何 mm か。次の①～⑤のうちから一つ選べ。

① 0.012mm　② 0.12mm　③ 1.2mm　④ 12mm　⑤ 120mm

5 細胞や構造の大きさの比較 3分

さまざまな生物や細胞の大きさについて，次の問いに答えよ。

問1　次に示したア～カの生物や細胞，ウイルスなどの大きさは，下図の数直線上のどこに位置するか。最も適当なものを，図中①～⑥のうちからそれぞれ一つずつ選べ。

ア ミトコンドリア(長径)　イ エイズのウイルス(直径)

ウ ヒトの赤血球(直径)　エ ゾウリムシ(長径)

オ 細胞膜の厚さ　カ ニワトリの卵黄(直径)

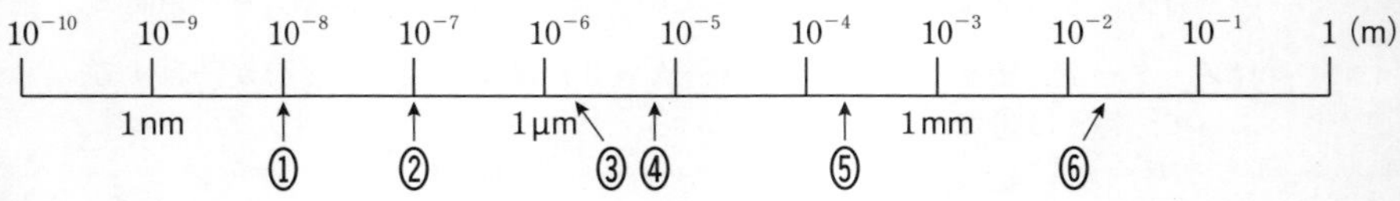

問2　4種類の細胞や構造を観察して大きい順に配列したとき，最も小さいもの，最も大きいものを，次の①〜④のうちからそれぞれ一つずつ選べ。

① 大腸菌　② 葉緑体　③ インフルエンザウイルス　④ スギ花粉

6 顆粒の移動速度 5分

15倍の接眼レンズと，10倍・40倍の対物レンズを取りつけた顕微鏡に接眼ミクロメーターを取りつけ，接眼ミクロメーターの目盛りと，1mmを100等分した目盛りの打ってある対物ミクロメーターの目盛りの重なっている2か所を探した。その結果，40倍の対物レンズを用いた場合では，接眼ミクロメーター15目盛りと対物ミクロメーター4目盛りが完全に一致した。タマネギの表皮細胞，シャジクモの節間細胞，カナダモの葉の細胞を，観察に適した対物レンズを用いて細胞内で一定方向に流動している顆粒を観察し，顆粒の移動した接眼ミクロメーターの目盛り数とそのときにかかった時間の関係を調べたところ，下表のような結果になった。

	使用した対物レンズ	移動した接眼ミクロメーターの目盛り数	かかった時間（秒）
タマネギの表皮細胞	40倍	3	2
シャジクモの節間細胞	40倍	15	8
カナダモの葉の細胞	10倍	3	4

問　各細胞内に存在する顆粒の移動速度を速い順に並べたものはどれか。最も適当なものを，次の①〜⑥のうちから一つ選べ。

① タマネギ ＞ シャジクモ ＞ カナダモ

② タマネギ ＞ カナダモ ＞ シャジクモ

③ シャジクモ ＞ タマネギ ＞ カナダモ

④ シャジクモ ＞ カナダモ ＞ タマネギ

⑤ カナダモ ＞ タマネギ ＞ シャジクモ

⑥ カナダモ ＞ シャジクモ ＞ タマネギ

1回目　／　2回目　／

第3講 生物の多様性と共通性

1. 生物の多様性

A. 生物と環境　地球上には，降水量の多い地域や，ほとんど雨が降らない乾燥した地域，高温の地域や低温の地域などさまざまな**環境**がある。さらには，森林，高山，湖沼，河川や海洋などの環境もあり，それらのさまざまな環境で生活する生物は，それぞれの環境に**適応**している(環境に適した形態や機能をもつことを適応という)。

B. 生物の多様性　地球上のさまざまな環境に適応して多くの生物が存在し，その形や大きさは多種多様である。外見だけではなく，生活様式もさまざまであり，生活のしかたにもいろいろな方法がある。このように，生物には**多様性**が見られる。

2. 生物の多様性・共通性とその由来

A. 生物の共通性と分類　地球にすむ多様な生物には多くの**共通性**が見られ，共通した特徴により**分類**される。生物の分類の最小の単位を**種**という。

	イヌ(哺乳類)	ニワトリ(鳥類)	カメ(は虫類)	カエル(両生類)	フナ(魚類)
子の産み方	胎　生	陸上に丈夫な殻をもつ卵を産む		水中に卵を産む(両生類の一部は陸上)	
呼吸器	肺			成体は肺と皮膚	え　ら
四　肢	も　つ				もたない
脊　椎	あ　る				

B. 進化と系統　生物が多様性や共通性をもつのは，生物が共通の祖先から進化してきたためである。

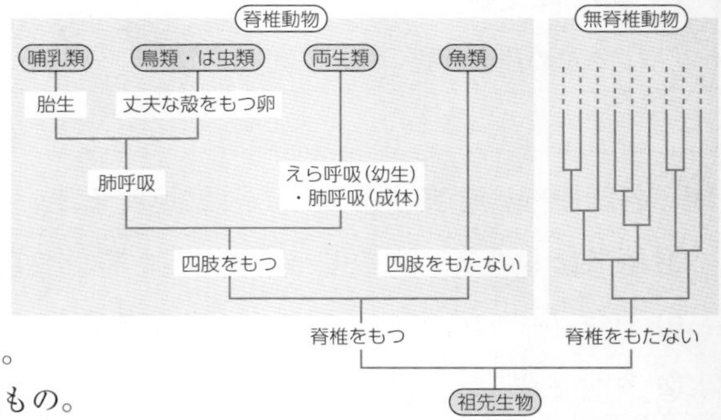

進　化　生物の形質が世代を重ねて受け継がれる過程で変化していくこと。

系　統　生物の進化の道すじ。

系統樹　系統を樹状に表したもの。

C. 生物がもつ特徴

① 生物のからだは**細胞**からできている。

② 生物は **ATP** のエネルギーを利用してさまざまな生命活動を行っている。

③ 生物は遺伝情報を担う物質として細胞の中に **DNA** をもっている。

④ 生物には体内環境を一定に保つしくみがある。

例題 ③ 生物の多様性と共通性

地球上には陸地や海洋のような異なる環境があり，同じ陸地であっても高温や極寒の地域，降水量の多い地域やほとんど雨の降らない乾燥地域など多種多様な環境がある。このような地域にはさまざまな生物が生息しており，姿や大きさだけでなく，その生活様式もさまざまである。このように生物には多様性が見られるが，その一方で共通性も見られる。これは，生物が共通の祖先から［ア］してきたためと考えられている。生物の［ア］の道すじを［イ］といい，［イ］を樹木に似た形に描いた下図を［ウ］という。

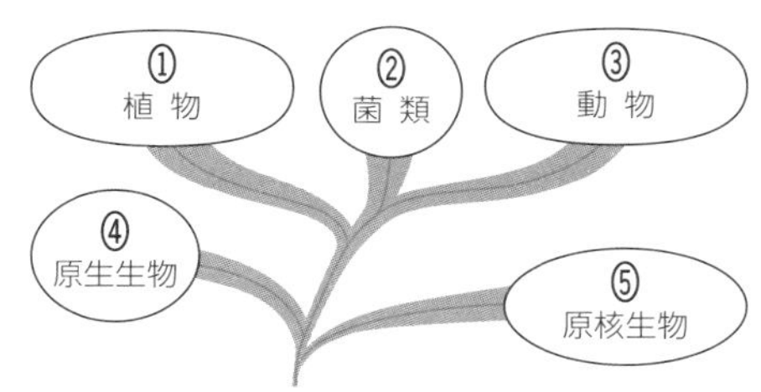

問1　文章中の［ア］～［ウ］に入る語を，次の①～⑥のうちから一つずつ選べ。

① 分　化　② 分　類　③ 進　化

④ 分類図　⑤ 系統樹　⑥ 系　統

問2　大腸菌，アオサは，それぞれ図の①～⑤のどのグループに入るか。図の①～⑤のうちから一つずつ選べ。

問3　生物の共通性の中で，特に多くの生物に共通する基本的な特徴として誤っているものを，次の①～⑤から一つ選べ。

① すべての生物のからだは細胞からできている。

② 生物はATPのエネルギーを使って生命活動を営んでいる。

③ 生物は細胞の中に遺伝情報を担うDNAをもっている。

④ 生物は，体外環境が変化しても，体内の状態を一定に保つよう調節する。

⑤ 生物は生きていくために無機物から有機物をつくり，栄養分としている。

解　答　問1　ア ③　イ ⑥　ウ ⑤　問2　大腸菌 ⑤　アオサ ④　問3　⑤

解　説　問2　大腸菌は細菌の一種，アオサなどの藻類は原生生物に属する。

問3　⑤　植物は無機物から有機物を合成できるが，動物や菌類(カビ・キノコ)などは合成できない。動物はほかの生物を捕食することによって，菌類は生物の遺体などの分解によって，それぞれ有機物を取り入れている。

演習問題

7 生物の多様性と共通性 5分

次の文章を読み，下の問いに答えよ。

私たちのすむ地球には，多くの種類の環境がある。その環境の中で多くの生物が生活しており，それらの生物の大きさや形は多様である。一方で，生物は多くの共通性ももっている。

問1 生物の多様性や共通性について述べた文として正しいものを，次の①～⓪のうちから三つ選べ。

① 生物の生活様式は気温の影響を受けるため，同じような気温の地域であれば，離れた大陸間であっても生物の生活様式はほとんど同じである。

② 同程度の広さであれば，地球上のどの地域を比較しても，そこにすむ生物の種数は変わらない。

③ 植物は動物とは異なり，地球上のどの地域であっても生息する植物の種類はほとんど同じである。

④ すべての生物は，生殖によって次の世代の個体を残している。

⑤ 生物の形質は，その生物がもつ遺伝情報によって決められており，遺伝情報の本体はタンパク質である。

⑥ 生物が生活するためにはエネルギーが必要で，すべての生物はATPとよばれる物質にエネルギーを蓄え，ATPのエネルギーを生命活動に利用している。

⑦ すべての生物のからだは多数の細胞からできており，細胞が分裂を行うことで成長している。

⑧ 生物は，外部の環境が変化しても，その変化に対応して体内の状態を一定に保つように調節している。

⑨ 生物はDNAという物質を核内にもっている。

⓪ すべての生物において，その細胞の内部構造はほとんど同じである。

問２　一般的な哺乳類・鳥類・は虫類・両生類・魚類の共通性について述べた文として正しいものを，次の①～⑤のうちから一つ選べ。

① 哺乳類・鳥類・は虫類・両生類・魚類は脊椎をもつ。

② 哺乳類とは虫類は胎生であるが，鳥類・両生類・魚類は卵生である。

③ 哺乳類・鳥類は肺呼吸を行うが，水中にすむは虫類や両生類，および魚類はえら呼吸を行う。

④ 哺乳類・鳥類・は虫類は四肢をもつが，両生類・魚類はもたない。

⑤ 哺乳類・鳥類・は虫類は羽毛をもつが，両生類・魚類はうろこをもつ。

8　生物の特徴の一部だけをもつウイルス　２分

次の文章を読み，下の問いに答えよ。

ウイルスは，生物とも無生物ともいえない存在である。ウイルスは，生物が共通してもっている特徴の一部しかもっていない。

問　ウイルスについて述べた文として正しいものを，次の①～⑥のうちから一つ選べ。

① ウイルスは細菌と同程度の大きさであり，肉眼で見ることができないので，観察するときには光学顕微鏡を用いる必要がある。

② ウイルスは遺伝情報として核内に核酸をもっている。

③ ウイルスは自らATPをつくりだすことができないが，ほかの生物に寄生して栄養分を吸い取り，呼吸によってATPをつくりだすことができる。

④ ウイルスは，自らは単独では子孫を残すことはできないが，ほかの生物の細胞に侵入し，その中にある物質を利用して増殖することができる。

⑤ インフルエンザや結核は，ウイルスによって引き起こされる病気である。

⑥ ウイルスは核酸とタンパク質からできており，周囲は細胞膜でおおわれているが，代謝は行わない。

第4講 生物の共通構造－細胞

1．細胞の構造とはたらき

A．細　胞　すべての生物は**細胞**からできている。細胞の形と大きさは多様である。また，細胞には**核膜**で包まれた**核**をもつ**真核細胞**と，DNA が核膜で包まれていない**原核細胞**があるが，すべての細胞には共通する構造がある。

細胞の共通構造…サイトゾル(細胞質基質)と DNA をもち，細胞膜で包まれている。

B．真核細胞　核と**細胞質**に分けられる。DNA とタンパク質からなる**染色体**は核膜で包まれた核内に存在する。真核細胞からなる生物を**真核生物**という。

C．細胞小器官　細胞の内部にある構造体を**細胞小器官**という。

細胞の構造体		構造やはたらき
核	核　膜	核を包む膜
	染色体	DNA とタンパク質からなる
細胞質	細胞膜	厚さ 5 ～ 10nm のうすい膜。細胞内外の物質の出入りを調節
	サイトゾル(細胞質基質)	細胞小器官の間を満たす液状部分。タンパク質やアミノ酸などが含まれ，生命活動が営まれている
	ミトコンドリア	長さ 1 ～数 μm の球状または棒状の細胞小器官。**呼吸**によってエネルギーを取り出す場所
	葉緑体*	凸レンズ型や紡錘形をした細胞小器官。**クロロフィル**という色素を含み，光エネルギーを用いて**光合成**を行う
	液　胞	内部は細胞液で満たされている。赤色や紫色の花弁の細胞には，**アントシアン**などの色素を含むものもある。動物細胞にもあるが，成長した植物細胞で発達した大きなものが見られる
細胞壁*		植物細胞では**セルロース**が主成分。細胞を保護し形を保持する

＊動物細胞では見られないもの

光学顕微鏡で見た細胞の基本構造

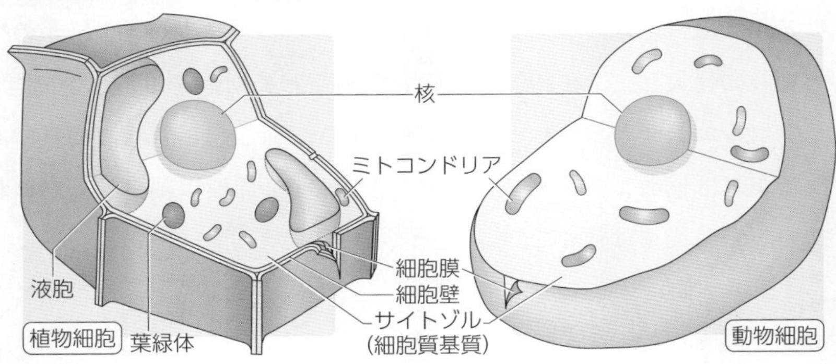

例題 ④ 細胞の構造とはたらき

細胞の構造とはたらきに関する次の問いに答えよ。

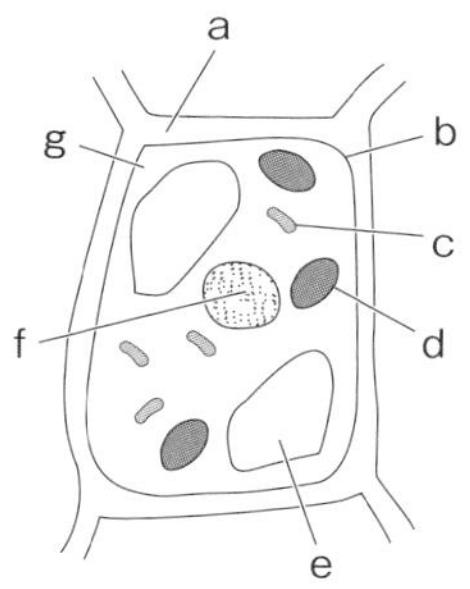

問1　右図は植物細胞の構造を模式的に表したものである。図中のａ～ｇの構造にあてはまるものを，次の①～⑦からそれぞれ一つずつ選べ。

a
b
c
d
e
f
g

① 内部はタンパク質や糖，無機塩類などを含む細胞液で満たされている。アントシアンなどの色素を含むものもある。
② クロロフィルという色素を含む粒状の構造。
③ 細胞の内側と外側を仕切る膜で，細胞内外の物質の出入りを調節している。
④ 球状または棒状の構造で，呼吸に関する酵素を含む。
⑤ ふつう，一つの細胞に１個ある。内部には染色体が分散している。
⑥ セルロースが主成分となっている。
⑦ 細胞小器官の間を満たしている液状の部分。

問2　図中のａ～ｇの構造の名称を，次の①～⑦からそれぞれ一つずつ選べ。

① 葉緑体　② 細胞膜　③ ミトコンドリア　④ 核
⑤ 液　胞　⑥ 細胞壁　⑦ サイトゾル

問3　図中のｃ，ｄ，ｆ，ｇのはたらきを，次の①～④からそれぞれ一つずつ選べ。

① 呼吸によってエネルギーを取り出す。
② 内部にDNAを含み，細胞のさまざまな反応やはたらきを支配する。
③ さまざまな物質の合成や分解の場となっている。
④ 光合成を行う場であり，有機物を合成する。

問4　図中のｃ，ｅ，ｆの構造を観察するときに用いる染色液として適当なものを，次の①～④からそれぞれ一つずつ選べ。

① ホルマリン　② 酢酸オルセイン液　③ ヤヌスグリーン　④ 中性赤

解答

問1　a ⑥　b ③　c ④　d ②　e ①　f ⑤　g ⑦
問2　a ⑥　b ②　c ③　d ①　e ⑤　f ④　g ⑦
問3　c ①　d ④　f ②　g ③　　問4　c ③　e ④　f ②

解説

問3　③酵素による化学反応の促進(→ *p*.28)や，タンパク質の合成(→ *p*.48)なども行われる。

問4　①ホルマリンは，細胞の生命活動を止める固定液(→ *p*.4)として用いられる。

第1章

演 習 問 題

9 細胞の構造とはたらき 5分

真核細胞には，核だけでなく，ミトコンドリアをはじめ液胞，葉緑体などさまざまな構造体がある。真核細胞に関する次の問いに答えよ。

問1 核や染色体に関する記述として誤っているものを，次の①～⑤のうちから一つ選べ。

① 核は，核膜とよばれる膜をもつ。

② 真核細胞の核の内部には，DNA とタンパク質からなる染色体がある。

③ 真核細胞の細胞が分裂するとき，染色体は凝縮して太いひも状になり，核膜は見られなくなる。

④ ふつう，核は1個の細胞に1個存在する。

⑤ 体細胞において，核と染色体の数はすべての生物で共通である。

問2 ミトコンドリアに関する記述として最も適当なものを，次の①～⑤のうちから一つ選べ。

① 光学顕微鏡では観察することはできない。

② 細胞活動のためのエネルギーを取り出す細胞小器官である。

③ 呼吸に関する酵素を含み，デンプンをグルコースにする。

④ 肝臓の細胞に多く存在し，水分の調節に関係する。

⑤ 光エネルギーを用いて，二酸化炭素と水からグルコースをつくりだす。

問3 細胞に含まれる色素に関する記述として最も適当なものを，次の①～④のうちから一つ選べ。

① 葉緑体に含まれるクロロフィルは，有機物の分解にはたらく。

② 植物細胞の液胞に含まれるアントシアンは，花の色などに関係する。

③ 脊椎動物のヘモグロビンは，酸素を運搬するはたらきをもつ色素タンパク質であり，白血球に多く含まれる。

④ 染色体は酢酸カーミンという赤い色素を含んでいる。

〔センター試 改〕

10 生物に共通する特徴 2分

問 次の記述ⓐ～ⓓのうち，すべての生物に共通して見られる特徴はどれか。それを過不足なく含むものを，後の①～⓪のうちから一つ選べ。

ⓐ 細胞の内外が膜で隔てられている。

ⓑ 生殖細胞をつくって増殖する。

ⓒ ミトコンドリアをもつ。

ⓓ 代謝を行う。

① ⓐ　② ⓑ　③ ⓒ　④ ⓓ

⑤ ⓐ，ⓑ　⑥ ⓐ，ⓒ　⑦ ⓐ，ⓓ

⑧ ⓑ，ⓒ　⑨ ⓑ，ⓓ　⓪ ⓒ，ⓓ

〔共通テスト追試〕

11 単細胞生物と多細胞生物 4分

次の図は，淡水中に生息する微生物をスケッチしたものである。

生物a
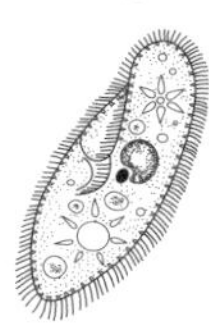

生物b
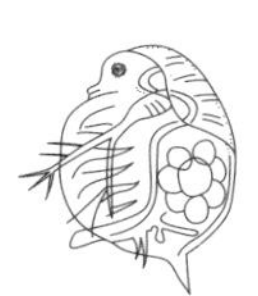

生物c
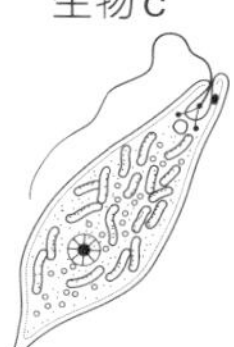

生物d

問 図中の生物a～dのうち，単細胞生物に分類されるもの，および多細胞生物に分類されるものの組み合わせとして適当なものを，次の①～⑤のうちから一つ選べ。

	単細胞生物に分類されるもの	多細胞生物に分類されるもの
①	a，c，d	b
②	a，c	b，d
③	a，d	b，c
④	b，c	a，d
⑤	b，d	a，c

〔センター追試〕

1回目　／　2回目　／

第5講 真核細胞と原核細胞・細胞の発見の歴史

1. 真核細胞と原核細胞

A. 真核細胞　DNAが核膜で包まれている細胞。真核細胞からなる生物を**真核生物**という。(例)アメーバ，ゾウリムシ，アオミドロ，菌類，植物，動物　など

B. 原核細胞　核膜がなく，**DNAがサイトゾル中に存在する**細胞。原核細胞からなる生物を**原核生物**という。(例)大腸菌やシアノバクテリアなどの細菌

C. 真核細胞と原核細胞の違い　真核細胞にはミトコンドリアや葉緑体などの細胞小器官があるが，原核細胞にはミトコンドリアや葉緑体などの細胞小器官が見られない。また，ほとんどの原核細胞は，真核細胞よりも小さい。

原核細胞と真核細胞の比較　※○は存在する，×は存在しないことを示す。

細胞の構造	原核細胞	真核細胞	
		動物細胞	植物細胞
細胞膜	○	○	○
DNA	○	○	○
核　膜	×	○	○
ミトコンドリア	×	○	○
葉緑体	×	×	○
細胞壁	○	×	○

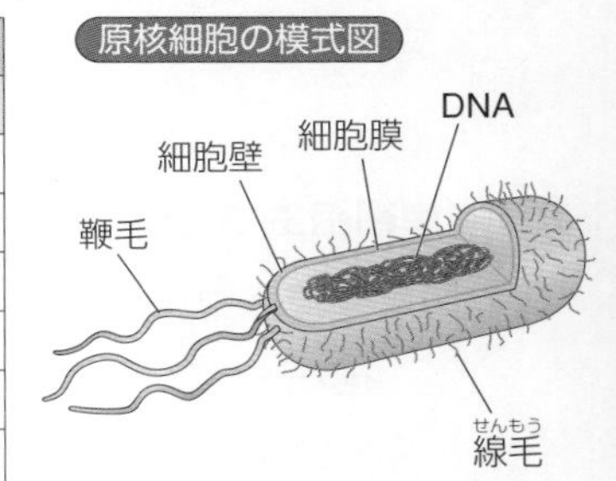

2. 細胞の発見と研究

A. 細胞の発見　**フック**が自作の顕微鏡でコルクの切片を観察し，多数の小部屋からなることを発見して**細胞**(cell)と名づけた。

B. 細胞についての研究　フックと同じころ，**レーウェンフック**は球形レンズを用いた単眼顕微鏡で生きた微生物や血球などの観察を行った。その後，**ブラウン**は，ランの葉の表皮を観察して，細胞の中に核があることを発見した。

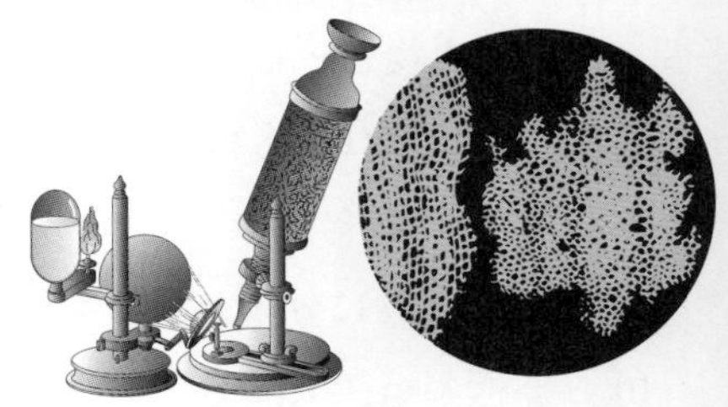

C. 細胞説　「**生物のからだはすべて細胞からできており，細胞は生命体の構造と機能の単位である**」という考え方。植物について**シュライデン**が，動物について**シュワン**が提唱した。その後，ドイツの**フィルヒョー**は「**細胞は細胞から分裂によって生じる**」との考えを提唱し，**細胞説**が確立していった。

例題 5 細胞の構造とはたらき

次の文章を読み，下の問いに答えよ。

1665年，[A]は自作の顕微鏡を用いてコルクの薄片を観察して多数の小部屋からできていることを発見し，これを細胞(cell)と名づけた。ただし，彼が観察したのは，死んだ植物細胞の[ア]であった。19世紀になると，[B]が植物について，また，[C]が動物について，「生物のからだはすべて細胞からできており，細胞は生命体の構造と機能の単位である」という[イ]を唱えた。

[あ]のように，DNAが核膜で包まれていない生物の細胞を原核細胞という。これに対して，DNAが核膜で包まれている細胞を真核細胞という。真核細胞は核とそれを取り囲む[ウ]とからできている。核は，1831年に[D]が植物のランの表皮細胞の観察から発見した。

真核生物の細胞には，核をはじめとして一定のはたらきをもつ複数の構造体が含まれている。このような構造体は[エ]とよばれる。[エ]の間は[オ]で満たされ，[ウ]の最外層には[カ]があり，物質の出入りを調節している。

問1　文章中の[A]～[D]に入る人名を，次の①～⑦のうちからそれぞれ一つずつ選べ。

① エイブリー　② シュワン　③ シュライデン　④ フック
⑤ ブラウン　⑥ フィルヒョー　⑦ グリフィス

問2　文章中の[ア]～[カ]に入る語を，次の①～⑧のうちからそれぞれ一つずつ選べ。

① 細胞壁　② 細胞膜　③ 細胞液　④ 細胞小器官
⑤ 染色体　⑥ 細胞説　⑦ 細胞質　⑧ サイトゾル

問3　文章中の[あ]に入る生物名を，次の①～⑧のうちから二つ選べ。

① ネンジュモ　② アオミドロ　③ ミドリムシ　④ 酵　母
⑤ コウジカビ　⑥ ゾウリムシ　⑦ カナダモ　⑧ 大腸菌

解答
問1　A ④　B ③　C ②　D ⑤
問2　ア ①　イ ⑥　ウ ⑦　エ ④　オ ⑧　カ ②　　問3　①，⑧(順不同)

解説
問1　①エイブリーと⑦グリフィスは肺炎球菌の実験(→ p.36)を行った人物。⑥フィルヒョーは「細胞は細胞から生じる」と提唱した。

問3　原核細胞の種類として，大腸菌，シアノバクテリア(ユレモやネンジュモ)などの細菌の名前は覚えておこう。酵母は菌類に属し，真核生物である。

演習問題

12 原核細胞と真核細胞 7分

細胞とその構造に関する次の文章を読み，下の問いに答えよ。

細胞には，DNAが核膜で包まれた［ア］細胞と，DNAをもつが核膜をもたない［イ］細胞があり，からだが［ア］細胞でできている［ア］生物と，からだが［イ］細胞でできている［イ］生物に大別できる。下表は，オオカナダモの葉の細胞，タマネギのりん葉の裏面表皮の細胞，ヒトの口腔上皮の細胞，大腸菌，酵母について，細胞の構造の有無を比較したものである。

	A	B	C	D	E
細胞膜	○	○	○	○	○
細胞壁	○	×	［カ］	［キ］	○
ミトコンドリア	○	［オ］	○	○	×
葉緑体	［ウ］	×	×	○	×
液　胞	［エ］	未発達	未発達	○	×

問1　文章中の［ア］，［イ］に入る語を，次の①～④から一つずつ選べ。

①原　核　②無　核　③有　核　④真　核

問2　表中のA～Eの細胞として適当なものを，次の①～⑤から一つずつ選べ。

① オオカナダモの葉の細胞　② 酵　母　③ 大腸菌

④ タマネギのりん葉の裏面表皮の細胞　⑤ ヒトの口腔上皮の細胞

問3　表中の○はその構造があることを，×はその構造がないことを示す。

表中の［ウ］～［キ］について，○であれば①を，×であれば②を選べ。

問4　次の記述①～④のうちから誤っているものを一つ選べ。

① 表中のA，C，Dは真核生物であり，B，Eは原核生物である。

② 真核生物には，単細胞生物と多細胞生物が存在する。

③ 原核生物は，すべて単細胞生物である。

④ 一般に真核細胞のほうが，原核細胞よりも大きい。

13 原核生物と真核生物 6分

地球上に出現した最初の生物は原核生物であり，原核生物の進化によって真核生物が出現したと考えられている。それぞれについて比較してみよう。

問1 原核細胞と真核細胞の比較に関する記述として最も適当なものを，次の①～⑤のうちから一つ選べ。

① 核酸は，原核細胞にも真核細胞にも存在するが，核酸を構成する塩基の種類は両者で異なる。

② 酵素は，原核細胞には存在しないが，真核細胞には存在するので，真核細胞では原核細胞よりも代謝が速く進む。

③ ATP は，原核細胞でも真核細胞でも合成されるが，原核細胞には ATP 合成の場であるミトコンドリアは存在しない。

④ 細胞の大きさは，原核細胞よりも真核細胞のほうが大きいことが多いが，どちらの細胞にも1個の細胞を肉眼で観察できるものはない。

⑤ 呼吸は真核細胞の多くが行うが，原核細胞は行わない。

問2 原核細胞と真核細胞に共通する特徴として適当でないものを，次の①～⑤のうちから一つ選べ。

① 細胞内で化学エネルギーの受け渡しに ATP を利用する。

② 細胞内で酵素反応が行われている。

③ 異化のしくみをもつ。

④ 物質は細胞膜を介して出入りする。

⑤ ミトコンドリアや葉緑体をもつ。

問3 次のⓐ～ⓔのうち，原核生物はどれか。それを過不足なく含むものを，後の①～⑨のうちから一つ選べ。

ⓐ 酵　母　ⓑ 乳酸菌　ⓒ 大腸菌　ⓓ イシクラゲ　ⓔ ゾウリムシ

① ⓐ，ⓓ　② ⓐ，ⓔ　③ ⓑ，ⓒ　④ ⓑ，ⓓ　⑤ ⓓ，ⓔ

⑥ ⓐ，ⓑ，ⓒ　⑦ ⓐ，ⓒ，ⓔ　⑧ ⓑ，ⓒ，ⓓ　⑨ ⓑ，ⓒ，ⓔ

〔共通テスト 改〕

1回目　／　2回目　／

第6講 エネルギーと代謝

1. エネルギーと代謝

A. 代　謝　生体内での化学反応全体を**代謝**という。同化と異化の2つの過程がある。

同　化　単純な物質から複雑な物質を合成し，エネルギーを蓄える過程。(例)光合成

異　化　複雑な物質を単純な物質に分解し，エネルギーを取り出す過程。(例)呼吸

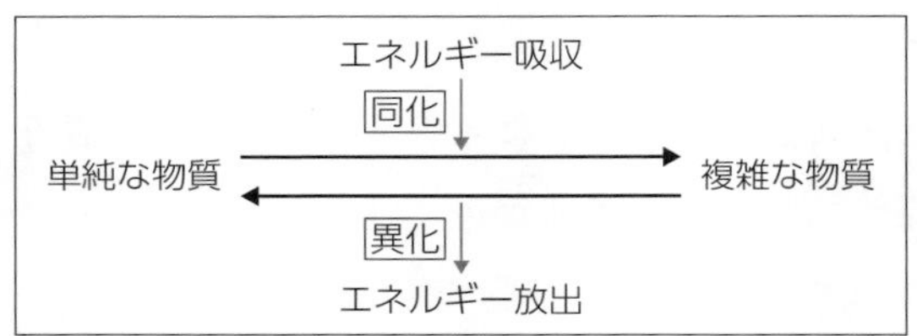

B. 代謝と細胞　代謝は細胞内で，安静時にも常に行われている。

C. エネルギーの変換

光合成　太陽光(光エネルギー)→有機物(化学エネルギー)に変換。

筋収縮(運動)　食物(化学エネルギー)→運動エネルギー，熱エネルギーに変換。

2. ATP（アデノシン三リン酸）

A. ATPとは　アデニン(塩基)とリボース(糖)が結合したアデノシンに，リン酸が3分子結合した化合物。ATP分子内にあるリン酸どうしの結合を高エネルギーリン酸結合といい，この結合が一つ切れて**ADP（アデノシン二リン酸）**ができるときに多量のエネルギーが放出される。生物はこのエネルギーをさまざまな生命活動に利用している。

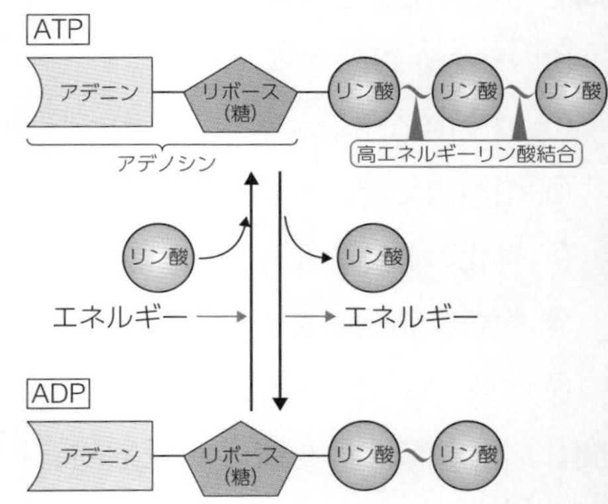

B. ATPの役割

ATPは生体内でのエネルギーの受け渡しの仲立ちをする，いわば**エネルギーの通貨**のような役割をしている。

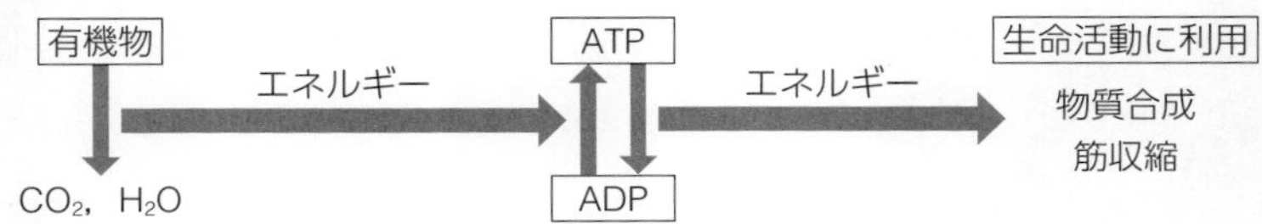

例題 ⑥ 代謝と ATP

生体内での化学反応全体を代謝といい，代謝には$_{ア}$単純な物質から複雑な物質を合成する過程と，$_{イ}$複雑な物質を単純な物質に分解する過程がある。これらの過程ではエネルギーの吸収や放出が起こり，このときに［ウ］という物質がエネルギーの受け渡しの仲立ちとして重要な役割を果たしている。生物は［ウ］が［エ］とリン酸に分解されるときに放出されるエネルギーを，$_{オ}$いろいろな生命活動に利用している。

問1　下線部ア，イの各過程の名称を，次の①～④のうちから一つずつ選べ。

① 呼　吸　② 異　化　③ 合　成　④ 同　化

問2　上の文中の［ウ］，［エ］に入る語として最も適当なものを，次の①～⑤のうちから一つずつ選べ。

① DNA　② RNA　③ ADP　④ ATP　⑤ AMP

問3　下線部アの反応として正しいものを，次の①，②のうちから一つ選べ。

① エネルギー吸収反応　② エネルギー放出反応　〔センター追試〕

問4　下線部オに関して，［ウ］がどれくらい消費されているかを調べてみた。体重 5 kg の動物が次の性質ⓐ～ⓒをもつとすると，この動物 1 個体が 1 日に消費する［ウ］の総重量はおよそいくらか。後の①～⑤のうちから一つ選べ。

ⓐ 一つの細胞は，8.4×10^{-13} g の［ウ］をもつ。

ⓑ 一つの細胞は，1 時間当たり 3.5×10^{-11} g の［ウ］を消費する。

ⓒ 個体は，6 兆(6×10^{12})個の細胞で構成されている。

① 5 mg　② 5 g　③ 50 g　④ 500 g　⑤ 5 kg　〔センター追試 改〕

解　答　問1　ア ④　イ ②　問2　ウ ④　エ ③　問3　①　問4　⑤

解　説　問1　生体内でエネルギーの受け渡しの仲立ちをしているのは ATP（アデノシン三リン酸）で，リン酸が 1 個取れて ADP になるときに，エネルギーが放出される。

問3　同化はエネルギー吸収反応で，吸収されたエネルギーは合成した物質に化学エネルギーとして貯蔵される。異化はエネルギー放出反応で，複雑な物質を単純な物質に分解するときにエネルギーが放出される。

問4　一つの細胞が 1 時間に消費する ATP は 3.5×10^{-11} g であるから，6 兆(6×10^{12})個の細胞では 1 時間に $3.5 \times 10^{-11} \times 6 \times 10^{12}$ g の ATP を消費する。1 日の消費量を求めるためには 24 時間をかければよいので，$3.5 \times 10^{-11} \times 6 \times 10^{12} \times 24 = 5040$ g よって，およそ 5 kg となる。ⓐはこの計算には必要のない情報であるので注意。

演習問題

14 植物と動物の代謝 3分

植物および動物における代謝を次の図に示した。

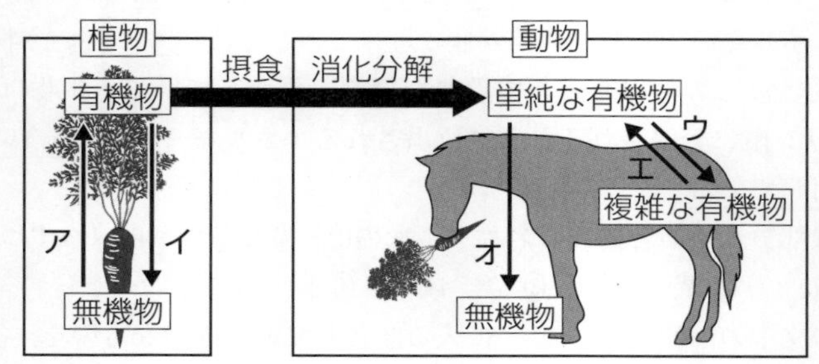

問1　矢印ア～オのうち，同化の過程を過不足なく含むものを，次の①～⑨のうちから一つ選べ。

① ア　② イ　③ ア，ウ　④ ア，エ　⑤ イ，ウ
⑥ イ，エ　⑦ イ，オ　⑧ ア，エ，オ　⑨ イ，エ，オ

問2　矢印ア～オのうち，呼吸の過程を過不足なく含むものを，問1の①～⑨のうちから一つ選べ。

問3　真核生物で独立栄養生物であるものを，次の①～⑤のうちから一つ選べ。

① アオサ　② ネンジュモ　③ アオカビ
④ 酵　母　⑤ ユレモ

〔センター試 改〕

15 ATP 5分

ATP に関する次の文章(A，B)を読み，後の問いに答えよ。

A　ATP は［ア］という塩基と，［イ］という糖に3個のリン酸が結合した分子である。ATP が分解されるとリン酸が一つ外れた［ウ］になる。ATP のもつエネルギーと，［ウ］と1つのリン酸がそれぞれもつエネルギーの総和では ATP のもつエネルギーのほうが［エ］ので，［ウ］とリン酸が結合して ATP が合成されるとき，その差の分のエネルギーが［オ］される。

問1　文章中の［ア］～［オ］に当てはまる語句として最も適当なものを，次の①～⓪のうちから一つずつ選べ。

① ADP　② AMP　③ リボース　④ グルコース

⑤ 吸　収　⑥ 放　出　⑦ 大きい　⑧ 小さい

⑨ アデニン　⓪アデノシン

B　ホタルの腹部にある発光器には，酵素の一つであるルシフェラーゼと，その基質(酵素が作用する物質)となるルシフェリンが多量に存在する。ルシフェリンは，ルシフェラーゼの作用で(a)ATPと反応して光を発する。この発光量を測定することで細胞内のATP量を測定できるキットがつくられている。現在はこの方法をさらに応用し，(b)測定されたATP量から，牛乳などの食品内に存在している，あるいは食器に付着している細菌数を推定するキットも開発されている。

問2　下線部(a)に関連して，次の細胞小器官ⓐ～ⓒのうち，ATPが合成される細胞小器官はどれか。それを過不足なく含むものを，後の①～⑦のうちから一つ選べ。

ⓐ 核　ⓑ ミトコンドリア　ⓒ 葉緑体

① ⓐ　② ⓑ　③ ⓒ　④ ⓐ，ⓑ

⑤ ⓐ，ⓒ　⑥ ⓑ，ⓒ　⑦ ⓐ，ⓑ，ⓒ

問3　下線部(b)について，次の記述ⓓ～ⓖのうち，ATP量から細菌数を推定するために，前提となる条件はどれか。その組み合わせとして最も適当なものを，後の①～⑥のうちから一つ選べ。

ⓓ 個々の細菌の細胞に含まれるATP量は，ほぼ等しい。

ⓔ 細菌以外に由来するATP量は，無視できる。

ⓕ 細菌は，エネルギー源としてATPを消費している。

ⓖ ATP量の測定は，細菌が増殖しやすい温度で行う。

① ⓓ，ⓔ　② ⓓ，ⓕ　③ ⓓ，ⓖ

④ ⓔ，ⓕ　⑤ ⓔ，ⓖ　⑥ ⓕ，ⓖ　〔共通テスト 改〕

1回目　／　2回目　／

第7講 呼吸と光合成

1. 呼　吸

A. 呼吸による ATP の合成

細胞の生命活動に必要な ATP は，細胞内の呼吸というはたらきで供給される。真核細胞の場合，呼吸はおもにミトコンドリアで行われる。

B. 呼吸と燃焼の違い　呼吸は多数の化学反応が段階的に進み，放出されるエネルギーを ATP に蓄える。燃焼は化学反応が急激に起こり，エネルギーが熱や光として放出される。

2. 光合成

A. 光合成での有機物合成

植物は，葉の細胞内の葉緑体で光合成を行う。葉緑体は，太陽の光エネルギーを用いて ATP を合成し，ATP のエネルギーを用いて，二酸化炭素を材料に有機物を合成する。

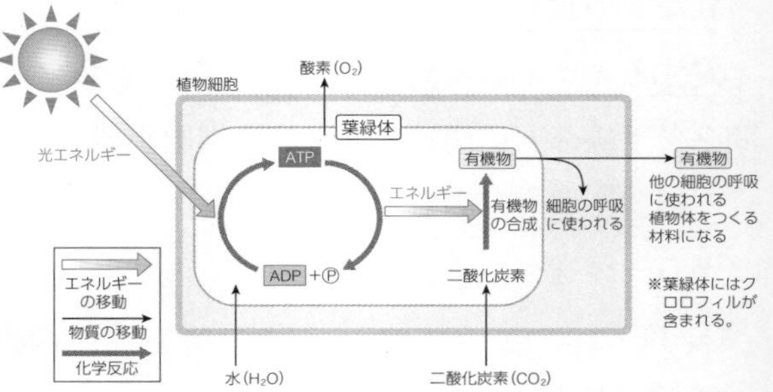

B. エネルギーの流れ　生物が生命活動を営むために必要なエネルギーは，もともとは太陽の光エネルギーに由来している。

3. 酵　素

A. 触媒としての酵素

触　媒　自らは変化せず，化学反応を促進させる物質。

酵　素　生体内で起こる化学反応(代謝)を促進させる，タンパク質からなる触媒のこと。代謝は連続した反応からなり，一連の酵素が関与。酵素は細胞内でつくられ，多くの酵素は細胞内ではたらくが，消化酵素など細胞外ではたらくものもある。

B. 基質特異性　酵素はそれぞれ特定の物質にしかはたらかない。はたらく相手の物質を**基質**といい，特定の物質にしかはたらかない性質を**基質特異性**という。

$$\text{物質 a} \xrightarrow{\text{酵素 A}} \text{物質 b} \xrightarrow{\text{酵素 B}} \text{物質 c} \xrightarrow{\text{酵素 C}} \text{物質 d} \xrightarrow{\text{酵素 D}} \text{物質 e}$$

C. 細胞内での酵素分布　呼吸に関する酵素群はミトコンドリアに，光合成に関する酵素群は葉緑体に，各種物質の合成に関する酵素群はサイトゾルに存在する。

例題 ⑦ 植物細胞の代謝

植物の葉の細胞では，［ア］で光合成を行い，おもに呼吸は［イ］で行われている。葉におけるデンプンの合成には細胞内での代謝と二酸化炭素がそれぞれ必要であることをオオカナダモで確かめたい。そこで，次の処理Ⅰ～Ⅲについて，下の表の植物体A～Hを用いて，デンプン合成を調べる実験を考えた。

処理Ⅰ：温度を下げて細胞の代謝を低下させる。

処理Ⅱ：水中の二酸化炭素濃度を下げる。

処理Ⅲ：葉に当たる日光を遮断する。

	処理Ⅰ	処理Ⅱ	処理Ⅲ
植物体A	×	×	×
植物体B	×	×	○
植物体C	×	○	×
植物体D	×	○	○
植物体E	○	×	×
植物体F	○	×	○
植物体G	○	○	×
植物体H	○	○	○

○処理を行う　×処理を行わない

問1　文章中の［ア］，［イ］に適する細胞小器官の名称として最も適するものを，次の①～⑤のうちから一つずつ選べ。

① サイトゾル　② 核
③ ミトコンドリア　④ 液　胞
⑤ 葉緑体

問2　下線部のことを調べる場合，調べる植物体の組み合わせとして最も適当なものを，次の①～⑨のうちから一つ選べ。

① A，B，C　② A，B，E　③ A，C，E　④ A，D，F　⑤ A，D，G
⑥ A，F，G　⑦ D，F，H　⑧ D，G，H　⑨ F，G，H

問3　酵素に関する記述として正しいものを，次の①～③のうちから一つ選べ。

① 酵素は細胞外でつくられ，細胞内外ではたらくことができる。
② 酵素は基質特異性があるので，生体内では多くの種類の酵素が存在する。
③ 酵素は基質と結合してはたらくので，反応のたびに減少する。

〔共通テスト試行調査 改〕

解　答　問1　ア⑤　イ③　問2　③　問3　②

解　説　問1　光合成はクロロフィルなどの色素を含む葉緑体で行われる。酸素を用いた呼吸を行っている細胞小器官はミトコンドリアである。

問2　植物体Aはすべての条件がそろっているので光合成をする。代謝が必要かを明らかにするには，細胞の代謝を低下させるために低温にし，それ以外は植物体Aと同じにした植物体Eと比較すればよい。また，二酸化炭素が関与しているか否かは二酸化炭素濃度を下げた植物体Cと比較すればよい。

問3　× ① 酵素は細胞内でつくられる。

演 習 問 題

16 光合成と呼吸 5分

次の文章を読み，下の問いに答えよ。

問　授業用プリントの一部に，図1，図2のようなATP合成に関連したパズルがあった。図1, 2のⅠ～Ⅵに下のピースのいずれかを当てはめると，光合成あるいは呼吸の反応についての模式図が完成する。図1，2のⅠ～Ⅵに当てはまるピースを，①～ⓑのうちからそれぞれ一つずつ選べ。

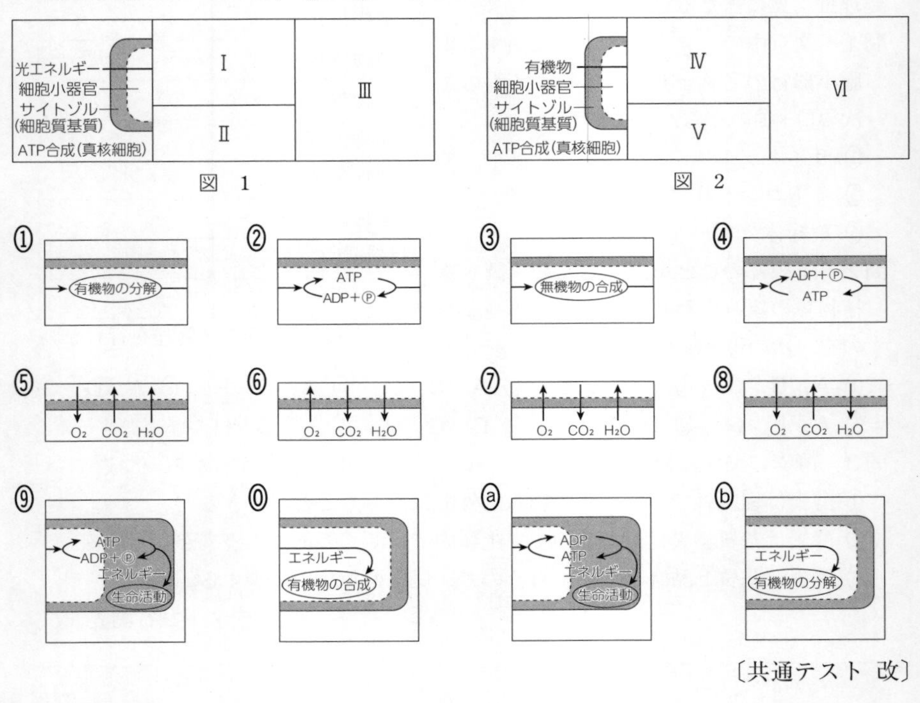

〔共通テスト 改〕

17 酵素のはたらき 6分

生体内の酵素に関する実験を読んで，以下の問いに答えよ。

ある原生生物では図に示す反応系により，物質Aから生育に必要な物質が一連の酵素のはたらきで合成される。この過程には，酵素X，YおよびZがはたらいている。通常，この原生生物は，培養液に物質Aを加えておくと生育できる。一方，酵素X，Y，またはZのいずれか一つがはたらかなくなったもの(以後，変異体)では，物質Aを加えても生育できない。そこで，これらの変異体に［ア］～［ウ］の物質を加えたときに生育できるかどうかを調べたところ，結果Ⅰ～Ⅲが得られた。ただし，図の［ア］～［ウ］には物質B，C，Dのいずれかが，［エ］～［カ］には酵素X，Y，Zのいずれかが入る。

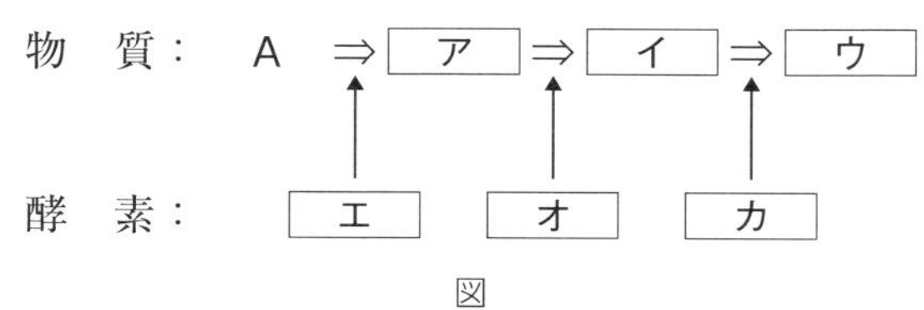

図

結果Ⅰ：酵素Xがはたらかない変異体は，物質Bを加えたときのみ生育できる。

結果Ⅱ：酵素Yがはたらかない変異体は，物質B，C，またはDのいずれか一つを加えておくと生育できる。

結果Ⅲ：酵素Zがはたらかない変異体は，物質BまたはCを加えると生育できる。

問1　酵素に関する記述として誤っているものを，次の①～④のうちから一つ選べ。

① 化学反応を促進する触媒としてはたらく。

② 一般に，口から摂取した酵素は，そのままの状態で体内の細胞に取りこまれてはたらくことはない。

③ タンパク質が主成分であり，細胞内で合成される。

④ 細胞内ではたらき，細胞外でははたらかない。

問2　図中の［ア］，［エ］，［オ］に入る物質と酵素の組み合わせとして最も適当なものを，次の①～⑥のうちから一つ選べ。

	ア	エ	オ		ア	エ	オ
①	B	X	Y	②	B	Y	Z
③	C	X	Y	④	C	Y	Z
⑤	D	X	Y	⑥	D	Y	Z

〔センター試 改〕

第8講 実践問題

第1問　次の文章を読み，以下の問いに答えよ。

ある植物の球根から図1のように周辺部，中間部，中心部の3枚のりん葉を取り出した。取り出したりん葉の上部，中央部，および下部の3か所から縦横5mmで表皮をはがし，スライドガラスの上にのせ，酢酸オルセイン液

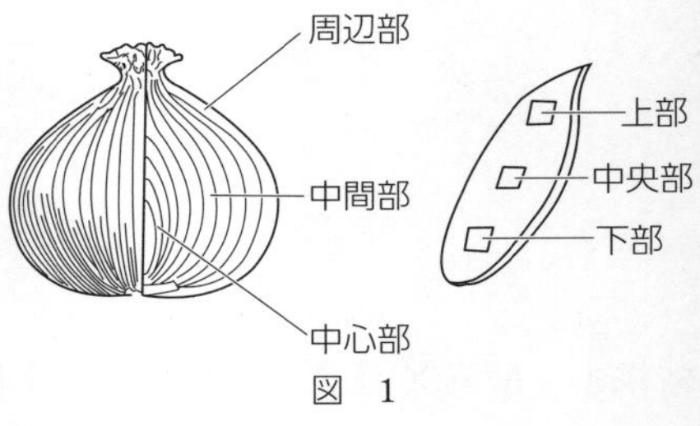

図　1

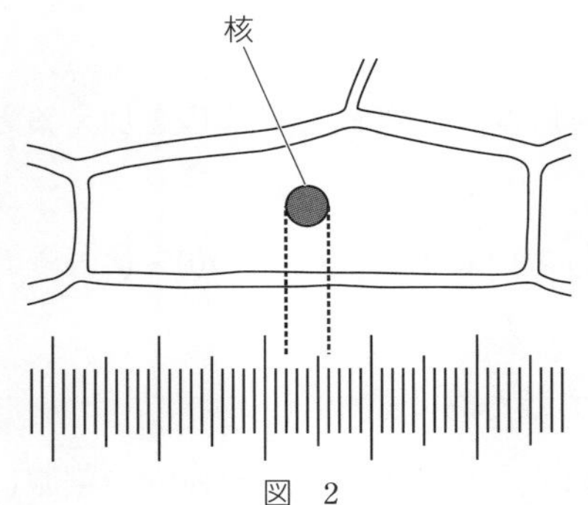

図　2

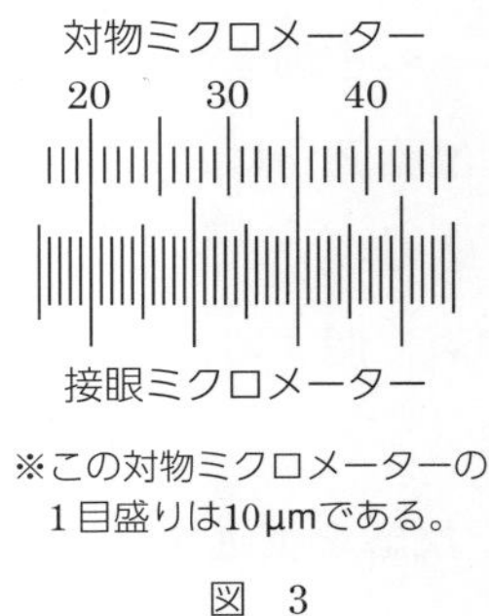

※この対物ミクロメーターの1目盛りは10µmである。

図　3

表1　りん葉の厚さと，細胞の長辺，短辺，核の直径の計測結果(小数点以下は四捨五入)

りん葉	測定部位	りん葉の厚さ(mm)	細胞の長辺(µm)	細胞の短辺(µm)	核の直径(µm)
周辺部	上部	5	28	10	2
	中央部	6	33	10	2
	下部	4	27	8	3
中間部	上部	3	20	8	3
	中央部	5	27	10	3
	下部	3	18	6	2
中心部	上部	2	15	6	3
	中央部	3	18	6	2
	下部	1	15	3	3

で染色してプレパラートをつくった。プレパラートを光学顕微鏡で観察すると，図２に示すような細胞が見えた。すべてのプレパラートで分裂中の細胞は見られなかった。各プレパラートで20個の細胞を選び，ミクロメーターを用いて細胞の長辺と短辺，核の直径を測った。各測定部位においてりん葉の厚さと，20個の細胞の計測値の平均値を求めて表１にまとめた。また，図３は，図２で細胞の核の直径を測った際と同じ接眼レンズを用いて，対物レンズの倍率を変えて，対物ミクロメーターを見たものである。

問１　この実験についての記述として最も適当なものを，次の①～⑤のうちから一つ選べ。

① 接眼ミクロメーターの目盛りは，ピントに関係なく常に見えている。

② 対物レンズの倍率が変わっても，接眼ミクロメーター1目盛りが示す長さは常に1μmである。

③ 対物レンズの倍率を大きくすると，接眼ミクロメーター1目盛りが示す長さは大きくなる。

④ 対物ミクロメーターの上に観察する試料を載せて，ピントを合わせて長さを測定する。

⑤ 仮に，図２，図３が同じ倍率の場合，核の直径は40μmである。

問２　図２と観察結果をまとめた表１からわかることとして適当なものを，次の①～⑧のうちから二つ選べ。

① りん葉は周辺部ほど厚くなる。

② りん葉が厚いものほど，細胞は小さい。

③ りん葉が薄いものほど，細胞の短辺の長さは長い。

④ 核の大きさは，りん葉の厚さに比例して大きくなる。

⑤ 同じりん葉の中では，下部の細胞ほど大きい。

⑥ 同じりん葉の中では，上部の細胞が最も小さい。

⑦ 同じりん葉の中では中央部の細胞の核が最も大きい。

⑧ 球根の中心から遠いりん葉ほど，細胞は大きい。

第2問 細胞と代謝に関する次の文章を読み，以下の問いに答えよ。

すべての生物は細胞からなり，(a)細胞には原核細胞と真核細胞がある。生物のなかには，一つの細胞からなる(b)単細胞生物と，複数の細胞からなる多細胞生物がいる。生物は生命活動を営むため，化学反応によって物質を変化させ，絶えずエネルギーを取り出して利用する必要がある。これらの生体内での化学反応全体を(c)代謝という。

問1 下線部(a)に関する次の記述ⓐ〜ⓕについて，正しいものを過不足なく含んでいるものを，後の①〜⓪のうちから一つ選べ。

ⓐ 植物の細胞だけ，光合成を行う。

ⓑ 原核生物の細胞は細胞壁をもち，DNA ももつが核膜をもたない。

ⓒ 真核生物は，細胞小器官をもつがサイトゾルはもたない。

ⓓ 真核細胞の核には，DNA とタンパク質を主な構成成分とする染色体が含まれる。

ⓔ 真核細胞の葉緑体に含まれる主な色素は，クロロフィルとアントシアンである。

ⓕ 葉緑体やミトコンドリアでは，ATP が合成される。

① ⓐ，ⓑ，ⓒ　② ⓐ，ⓑ，ⓓ　③ ⓐ，ⓑ，ⓔ　④ ⓐ，ⓑ，ⓕ
⑤ ⓑ，ⓒ，ⓓ　⑥ ⓑ，ⓒ，ⓔ　⑦ ⓑ，ⓓ，ⓔ　⑧ ⓑ，ⓓ，ⓕ
⑨ ⓒ，ⓓ，ⓔ　⓪ ⓒ，ⓓ，ⓕ

問2 下線部(b)について，次のⓖ〜ⓙのうち真核細胞からなる単細胞生物の組み合わせとして最も適当なものを，後の①〜⑨のうちから一つ選べ。

ⓖ ゾウリムシ　ⓗ オオカナダモ　ⓘ 酵　母　ⓙ ネンジュモ

① ⓖ，ⓗ　② ⓖ，ⓘ　③ ⓖ，ⓙ　④ ⓗ，ⓘ　⑤ ⓗ，ⓙ
⑥ ⓘ，ⓙ　⑦ ⓖ，ⓗ，ⓘ　⑧ ⓖ，ⓗ，ⓙ　⑨ ⓖ，ⓘ，ⓙ

問3 下線部(c)に関連して，エネルギーと代謝に関する記述として最も適当なものを，次の①〜④のうちから一つ選べ。

① 光合成では，光エネルギーを用い，窒素と二酸化炭素から有機物を合成する。

② 酵素は，生体内で行われる代謝において，生体触媒として作用する炭水化物である。

③ 同化は，外界から取り入れた単純な物質から，生命活動に必要な複雑な物質を合成する反応である。

④ 呼吸では，酸素を用いて有機物を分解し，放出されたエネルギーで ATP から ADP が合成される。

問４　ニワトリの肝臓に含まれる酵素の性質を調べるために，過酸化水素水にニワトリの肝臓片を加えたところ，酸素が盛んに泡となって発生した。この結果から，ニワトリの肝臓に含まれる酵素は，過酸化水素を分解し酸素を発生させる反応を触媒する性質をもつことが推測される。しかし，酸素の発生が酵素の触媒作用によるものではなく,「何らかの物質を加えることによる物理的刺激によって過酸化水素が分解し酸素が発生する」という可能性[1],「ニワトリの肝臓片自体から酸素が発生する」という可能性[2]が考えられる。可能性[1]と[2]を検証するために，次のⓚ～ⓟのうち，それぞれどの実験を行えばよいか。その組み合わせとして最も適当なものを，後の①～⑨のうちから一つ選べ。

ⓚ 過酸化水素水に酸化マンガン*を加える実験

ⓛ 過酸化水素水に石英砂**を加える実験

ⓜ 過酸化水素水に酸化マンガンと石英砂を加える実験

ⓝ 水にニワトリの肝臓片を加える実験

ⓞ 水に酸化マンガンを加える実験

ⓟ 水に石英砂を加える実験

*酸化マンガン:「過酸化水素を分解し酸素を発生させる反応」を触媒する。

**石英砂：「過酸化水素を分解し酸素を発生させる反応」を触媒しない。

	①	②	③	④	⑤	⑥	⑦	⑧	⑨
[1]	ⓚ	ⓚ	ⓚ	ⓛ	ⓛ	ⓛ	ⓜ	ⓜ	ⓜ
[2]	ⓝ	ⓞ	ⓟ	ⓝ	ⓞ	ⓟ	ⓝ	ⓞ	ⓟ

〔センター試 改〕

1回目　／	2回目　／

第9講 遺伝情報とDNA

1. 遺伝子とDNA

遺　伝　親から子に形質が伝わること。

遺伝子　生物の形質を決めるものを遺伝子という。遺伝子の本体は**DNA(デオキシリボ核酸)**という物質。親から子へ受け継がれる情報を**遺伝情報**という。

2. 遺伝子の本体がDNAであることの証明

A. グリフィスとエイブリーらの肺炎球菌の実験

グリフィスの実験　加熱殺菌したS型菌と生きたR型菌を混ぜてマウスに注射するとマウスは発病し，体内から生きたS型菌が見つかった。

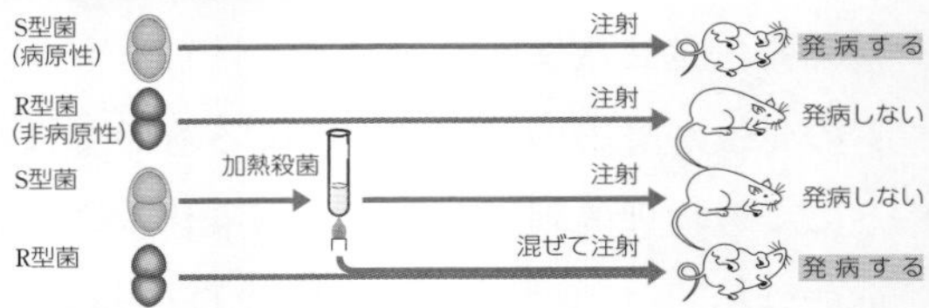

→R型菌がS型菌から何らかの物質を取りこみ，R型菌の形質が変化すること(**形質転換**)を発見した。

エイブリーらの実験　S型菌の抽出液をさまざまな分解酵素で処理してR型菌に混ぜたところ，DNA分解酵素で処理したときだけ形質転換が起こらなかった。

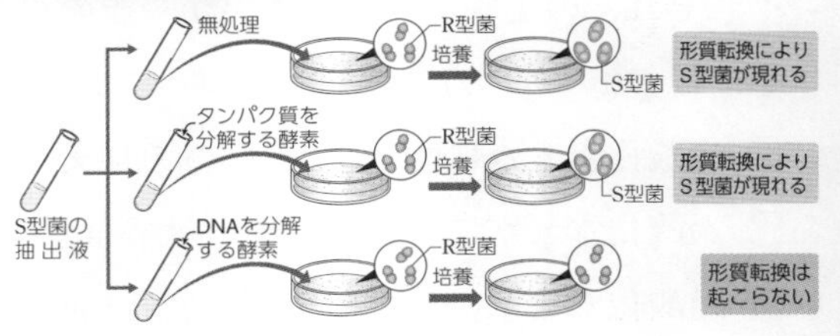

→S型菌のDNAがないとR型菌の形質転換は起こらない。

→形質転換の原因物質，つまり形質を決めるものはDNAであることを示唆した。

B. ハーシーとチェイスの実験　バクテリオファージ(ファージ)のDNAだけが大腸菌内に侵入し，完全なファージが大腸菌内でつくられた。

→DNAはファージをつくるためのすべての情報をもっていること，その情報を子孫に伝えることができる物質であることを明らかにした。→**遺伝子の本体はDNA。**

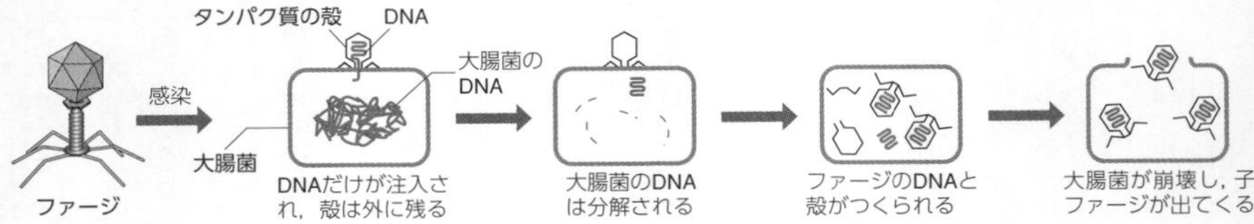

例題 8 ファージと大腸菌を用いた実験

バクテリオファージ(ファージ)は，DNA とタンパク質で構成されている。ファージと大腸菌を用いて次の実験１・実験２を行った。

実験１　ファージの DNA を物質 X，ファージのタンパク質を物質 Y で，それぞれ区別できるように目印をつけた。このファージを培養中の大腸菌に感染させ，5 分後に激しくかくはんして大腸菌に付着したファージを外した後，遠心分離して大腸菌を沈殿させた。沈殿した大腸菌を調べたところ，大腸菌内に物質 X が検出されたが，物質 Y は検出されなかった。また，上澄みを調べたところ，物質 X，物質 Y のどちらも検出された。

実験２　実験１で沈殿した大腸菌を，新しい培養液中でかくはんし培養したところ，3 時間後にすべての大腸菌の菌体が壊れた。その後，培養液を遠心分離して，壊れた大腸菌を沈殿させ，上澄みを調べたところ，ファージは実験１で最初に感染に用いた数の数千倍になっていた。

第 2 章

問１　実験１，２の結果について適当なものを，次の①～⑥のうちから二つ選べ。

① ファージのタンパク質とファージの DNA は，かたく結びついて離れない。
② ファージの DNA は，感染後 5 分以内に大腸菌内に入る。
③ ファージの DNA は，大腸菌の表面で増える。
④ ファージのタンパク質は，大腸菌が増えるために必須である。
⑤ ファージのタンパク質は，大腸菌の中でつくられる。
⑥ 実験２で得られた上澄みをそのまま培養すると，ファージが増え続け，3 時間後には，さらに数千倍になる。

問２　ファージの実験を行い，遺伝子の本体が DNA であることを明らかにした人物の組み合わせとして正しいものを，次の①～④のうちから一つ選べ。

① グリフィスとエイブリー　② ワトソンとクリック
③ メンデルとミーシャー　④ ハーシーとチェイス

解　答　問１　②，⑤(順不同)　問２　④

解　説　問１　① 大腸菌の体内から物質 X (DNA)のみが検出されたため，タンパク質と DNA が離れないというのは誤り。②，③ 感染させて 5 分以内に大腸菌内にファージが入っている。よって，②は正しく③は誤り。④ ファージのタンパク質は，大腸菌の増加には関係ないので誤り。⑤ 大腸菌内にはファージの DNA のみが入っているが，タンパク質を含むファージがつくられているので正しい。⑥ 上澄みには大腸菌は存在せず，ファージは大腸菌内でしか増殖できないので，誤り。

演習問題

18 形質転換 3分

肺炎球菌には，病原性をもたないR型菌と，病原性をもつS型菌がある。加熱殺菌したS型菌だけをマウスに注射すると発病しなかったが，加熱殺菌したS型菌をR型菌と混ぜてから注射すると発病した。発病したマウスの体内からはS型菌が見つかった。また，S型菌をすりつぶして得た抽出液をR型菌に加えて培養すると，一部のR型菌はS型菌に変わった。これらの現象は，S型菌の遺伝物質を取りこんだ一部のR型菌でS型菌への形質転換が起こり，それが病原性を保ったまま増殖することで引き起こされる。

問　この遺伝物質の本体を確かめるために，S型菌の抽出液に次の処理ⓐ～ⓒのいずれかを行った後，それぞれをR型菌に加えて培養する実験を行った。培養後にS型菌が見つかった処理はどれか。それを過不足なく含むものを，後の①～⑦のうちから一つ選べ。

ⓐ タンパク質を分解する酵素で処理した。
ⓑ RNA を分解する酵素で処理した。
ⓒ DNA を分解する酵素で処理した。

① ⓐ　② ⓑ　③ ⓒ　④ ⓐ，ⓑ
⑤ ⓐ，ⓒ　⑥ ⓑ，ⓒ　⑦ ⓐ，ⓑ，ⓒ　〔共通テスト〕

19 DNA の抽出実験 5分

ナツキさんとジュンさんは，ブロッコリーの花芽と茎からDNA簡易抽出方法でDNAを取り出す実験を行った。同重量の花芽と茎を用いたが，茎の場合には，花芽の場合よりも得られた白い繊維状の物質が少ないことに疑問を感じ，花芽と茎の細胞を顕微鏡で観察するため，(a)花芽と茎を酸で処理し，細胞を解離した後，核を

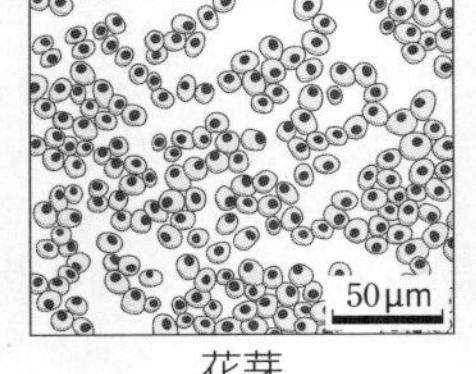

図 1

染色して，光学顕微鏡で観察した。

ナツキ：濃く染まっているのが核だね。

ジュン：花芽と茎とを比較すると，花芽のほうが［ア］から，DNA を多く得やすいんだね。

ナツキ：ところで，この(b)白い繊維状の物質は全部 DNA なのかな。

問１　下線部(a)について，図１は二人が観察した花芽と茎の細胞のスケッチである。この写真を踏まえて，上の会話文中の［ア］に入る文として最も適当なものを，次の①〜⑤のうちから一つ選べ。

① 核がより濃く染まっているので，核の DNA の密度が高い

② 核が大きいので，核に含まれている DNA 量が多い

③ 細胞が小さいので，単位重量当たりの細胞の数が多い

④ 一つの細胞に核が複数あるので，単位重量当たりの核の数が多い

⑤ 体細胞分裂が盛んに行われているので，染色体が凝縮している細胞の割合が高い

問２　下線部(b)に関連して，白い繊維状の物質に含まれる DNA 量を，試薬Ｘを用いて測定した。試薬Ｘは DNA に特異的に結合し，青色光が照射されると DNA 濃度に比例した強さの黄色光を発する。図２は，DNA 濃度と黄色光の強さ(相対値)の関係を表したグラフである。花芽 10g から得られた白い繊維状の物質を水に溶かして 4mL の DNA 溶液をつくり，試薬Ｘを使って調べたところ，0.6（相対値）の強さの黄色光を発した。この実験で花芽 10g から得られた DNA 量は何 mg か。最も近い数値を，次の①〜⑧のうちから一つ選べ。

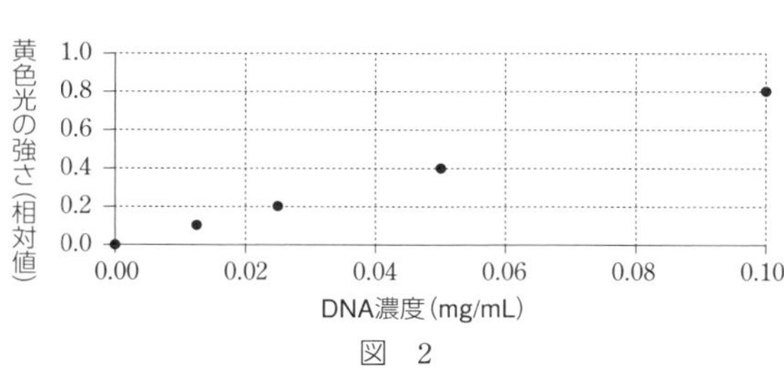

図　2

① 0.019mg　② 0.030mg　③ 0.075mg　④ 0.19mg

⑤ 0.30mg　⑥ 0.75mg　⑦ 1.9mg　⑧ 3.0mg　〔共通テスト 改〕

第10講 DNAの構造

1．DNAの構造

A．DNAの構成単位

ヌクレオチドの構造
リン酸　糖　塩基
デオキシリボース
A アデニン　C シトシン
G グアニン　T チミン

構成単位はリン酸，糖，塩基からなるヌクレオチド。

DNAのヌクレオチドの糖は**デオキシリボース**，塩基は**アデニン**（**A**），**グアニン**（**G**），**シトシン**（**C**），**チミン**（**T**）の4種類。

B．DNAの構造と塩基の相補性

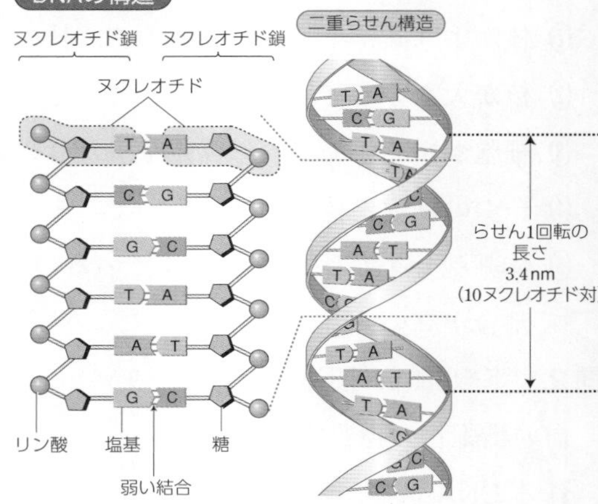

DNAは，多数のヌクレオチドがつながった2本のヌクレオチド鎖が，内側に突き出した塩基の部分で結合し，ねじれてらせん状になった構造をしている。この構造を**二重らせん構造**という。**ワトソン**と**クリック**が提唱。

相補性　塩基は結合する相手が決まっていて，AとT，GとCが結合する。これは互いに補いあうように結合するので，この関係を**相補性**という。

塩基の相補性
A T
G C

2本のヌクレオチド鎖からなるDNA全体に含まれるAとTの数の割合，GとCの数の割合はそれぞれ等しい。

DNA中の塩基の相補性：AとT，GとC

どの生物でも，DNA全体では　Aの数の割合＝Tの数の割合，Gの数の割合＝Cの数の割合　の関係が見られる。（シャルガフの規則）

C．DNAと遺伝情報

DNAを構成する4種類の塩基の数と並び方（塩基配列）は生物により異なる。

遺伝情報はDNAの塩基配列として存在し，塩基配列が変わると，正確な情報が伝わらなくなる。塩基配列に，生命活動を担うタンパク質をつくる情報が含まれる。

例題 9　DNA の構造

遺伝子の本体がDNAであることが証明されると，DNA の化学分析や構造の研究も盛んに行われるようになった。それにより，DNA には A・T・G・C で示される四つの塩基が含まれることがわかった。図は，DNA の構造を模式的に示したものである。次の問いに答えよ。

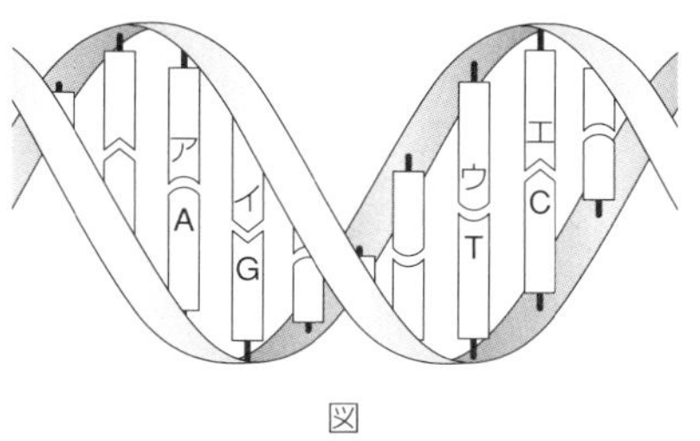

図

問1　図のア～エにあてはまる塩基を，次の①～④のうちから一つずつ選べ。

① A　② T　③ G　④ C

問2　ヒトの肝臓の細胞から抽出したDNA の塩基組成を調べたところ，シトシンの含まれる割合は全塩基数の約 20%であった。この DNA について，アデニンの占める割合は全塩基の何%と推定されるか。次の①～⑨のうちから一つ選べ。

① 0%　② 10%　③ 20%　④ 30%　⑤ 40%
⑥ 50%　⑦ 60%　⑧ 70%　⑨ 80%

問3　DNA に含まれる塩基の存在割合をそれぞれ調べ，その割合を使って計算をすると解がほぼ 1.0 となる式として最も適当なものを，次の①～⑤から一つ選べ。

① $\frac{G}{A}$　② $\frac{G}{A+T}$　③ $\frac{G+C}{A+T}$　④ $\frac{C-A}{T-G}$　⑤ $\frac{G+T}{A+C}$

問4　DNA 中の 10 個のヌクレオチド対の距離は 3.4 nm (3.4×10^{-9} m)で，ヒトの体細胞 1 個の DNA にはおよそ 1.2×10^{10} 個のヌクレオチドが存在する。ヒトの体細胞の DNA の長さはおよそ何 m か。最も近いものを次の①～④から一つ選べ。

① 0.02 m　② 0.2 m　③ 2.0 m　④ 20 m　〔センター試 改〕

解　答　問1　ア ②　イ ④　ウ ①　エ ③　問2　④　問3　⑤　問4　③

解　説　問2　C が 20%存在する場合，G も 20%存在し，A と T はどちらも 30%存在することになる。

問3　DNA の塩基は A と T，C と G が同じ割合で存在するので，⑤が 1.0 となる。

問4　DNA は二重らせん構造をとっているので，1 本の鎖のヌクレオチド対の数は全ヌクレオチド数の半分となる。1 個のヌクレオチド対の距離は $3.4\times10^{-9}\div10$ (m) なので，DNA の長さ＝(ヌクレオチド対の数)×(1 ヌクレオチドの長さ)＝

$$\frac{1.2\times10^{10}}{2}\text{(個)}\times\frac{3.4\times10^{-9}}{10}\fallingdotseq2.0\text{ (m)}$$

演　習　問　題

20　DNA の塩基　6分

遺伝子の本体である DNA は通常，二重らせん構造をとっている。しかし，例外的ではあるが，1 本鎖の構造をもつ DNA も存在する。表は，いろいろな生物材料の DNA を解析し，構成要素である 4 種類の塩基 A，G，C，T の数の割合(%)と核 1 個当たりの平均の DNA 量を比較したものである。

表

生物材料	DNA 中の各構成要素の数の割合(%)				核 1 個当たりの平均の DNA 量($\times 10^{-12}$ g)
	A	G	C	T	
ア	26.6	23.1	22.9	27.4	95.1
イ	27.3	22.7	22.8	27.2	34.7
ウ	28.9	21.0	21.1	29.0	6.4
エ	28.7	22.1	22.0	27.2	3.3
オ	32.8	17.7	17.3	32.2	1.8
カ	29.7	20.8	20.4	29.1	−
キ	31.3	18.5	17.3	32.9	−
ク	24.4	24.7	18.4	32.5	−
ケ	24.7	26.0	25.7	23.6	−
コ	15.1	34.9	35.4	14.6	−

−：データなし

問 1　解析したア～コの 10 種類の生物材料の中に，1 本鎖の構造の DNA をもつものが一つ含まれている。最も適当なものを，次の①～⓪のうちから一つ選べ。

①ア　②イ　③ウ　④エ　⑤オ
⑥カ　⑦キ　⑧ク　⑨ケ　⓪コ

問 2　核 1 個当たりの平均の DNA 量が記されている生物材料(ア～オ)の中に，同じ生物の肝臓に由来したものと精子に由来したものがそれぞれ一つずつ含まれている。この生物の精子に由来したものとして最も適当なものを，次の①～⑤のうちから一つ選べ。

①ア　②イ　③ウ　④エ　⑤オ

問３　新しいDNAサンプルを解析したところ，TがGの２倍含まれていた。このDNAの推定されるAの割合として最も適当な値を，次の①～⑥のうちから一つ選べ。ただし，このDNAは二重らせん構造をとっている。

① 16.7%　② 20.1%　③ 25.0%　④ 33.4%　⑤ 38.6%　⑥ 40.2%

〔センター試〕

21　DNAの構造　4分

図はDNAの構造を模式的に示している。ここで［ア］は，［イ］，［ウ］，［エ］が結合した物質である。さらに，DNAは複数の［ア］からなる２本の鎖が［イ］どうしの間で相補的に結合した構造である。

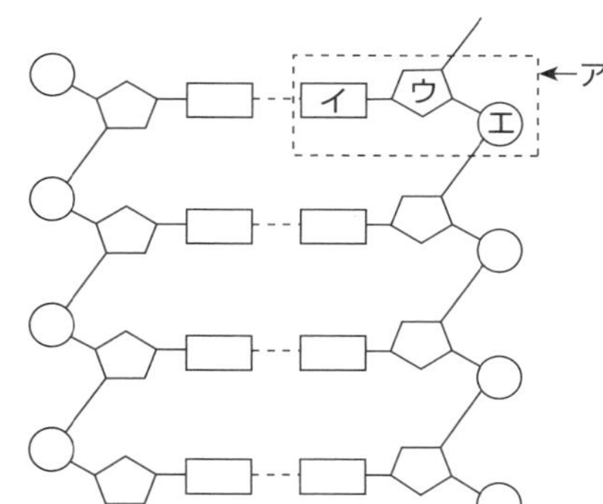

図　DNAの模式図

問１　文章中の［ア］～［エ］に入る最も適当な語を，次の①～⑧のうちからそれぞれ一つずつ選べ。

① ATP　② リボース

③ ウラシル　④ 塩　基　⑤ リン酸　⑥ デオキシリボース

⑦ ヌクレオシド　⑧ ヌクレオチド

問２　文章中の下線部に示す立体構造モデルは２人の研究者によって提唱された。その研究者の名前として適当なものを，次の①～⑨から二つ選べ。

① エイブリー　② ウィルキンス　③ クリック　④ グリフィス

⑤ チェイス　⑥ シャルガフ　⑦ ハーシー　⑧ メンデル　⑨ ワトソン

問３　ヒトの体細胞のDNAには約60億の塩基対(ヌクレオチド対)が含まれる。塩基対と塩基対の間隔が0.34 nm（$1\,nm = 1 \times 10^{-9}\,m$）とすると，体細胞１個の核に含まれるDNAの長さの総和は何mか。最も近い数値を，次の①～⑤のうちから一つ選べ。

① 0.4　② 1.0　③ 2.0　④ 10.2　⑤ 20.4

1回目　／	2回目　／

第11講 遺伝情報の複製と分配

1. 遺伝情報の複製

体細胞分裂により細胞が増えるとき，染色体(DNAとタンパク質からなる)が**複製**されて，2個の細胞に等しく分配される。

A．細胞周期　体細胞分裂を行う細胞では，DNAの複製と分配の過程が周期的にくり返されており，この周期を**細胞周期**という。分配の過程を**分裂期**(**M期**)といい，それ以外の時期をまとめて**間期**という。間期は**DNA合成準備期**(G_1期)，**DNA合成期**(S期)，**分裂準備期**(G_2期)に分けられる。

B．DNAの複製

遺伝情報はDNAの塩基配列として存在。塩基配列を正確に複製する必要がある。

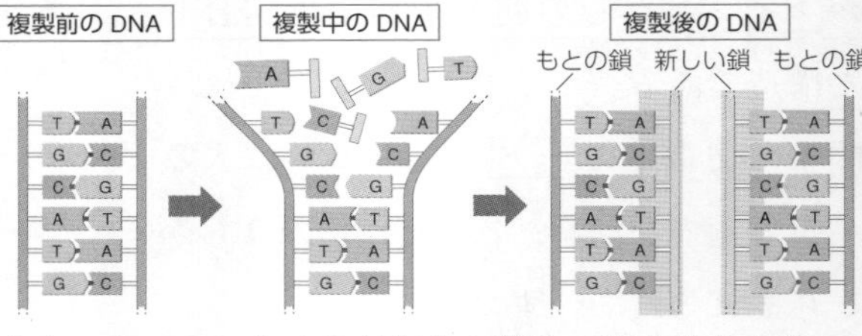

① DNAの二重らせんがほどけ，ヌクレオチド鎖が1本ずつに分かれる。

② 分かれたヌクレオチド鎖のそれぞれが鋳型となり，相補的な塩基をもったヌクレオチドが塩基の部分で弱く結合する。

③ 順次ヌクレオチドが結合していき，隣り合ったヌクレオチド間で結合し，新たなヌクレオチド鎖が形成される。

→もととまったく同じ塩基配列をもったDNAが2本できる→**半保存的複製**

2. 遺伝情報の分配

A．DNAの分配と染色体の変化

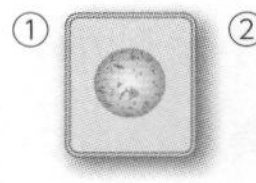
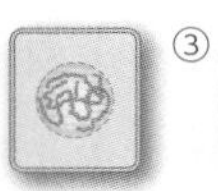

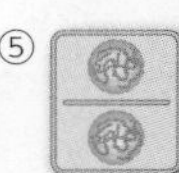

①間期　②前期　③中期　④後期　⑤終期

DNAは①間期のS期に複製され，できた2本のDNAはタンパク質とともにそれぞれ染色体となる。2本の染色体はくっついた状態で②前期には凝縮して太いひも状となり，③中期に赤道面に並び，④後期にはくっついていた部分が分離して両極に移動し，⑤終期に2つの細胞に分配される。

B．細胞周期とDNA量の変化

1回の細胞周期における細胞1個当たりのDNA量の変化をまとめると，右図のようになる。

例題 ⑩ 細胞周期と DNA 量の変化

図は，ある細胞の培養時間と細胞 1 個当たりの DNA 量の関係を調べたものである。また，細胞周期を a ～ d の四つの特徴的な時期に分けて示した。下の問いに答えよ。

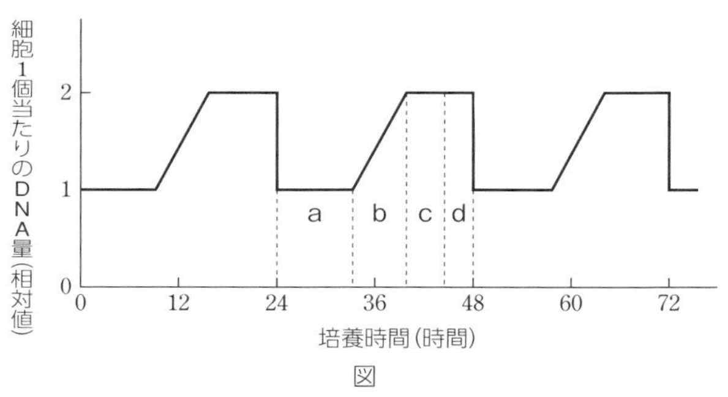

図

問 1　次のア～オの細胞は，図の a ～ d のどの範囲の状態にあるか。最も適当なものを，下の①～⓪のうちから一つずつ選べ。

ア　凝縮した染色体が見られる細胞　　イ　DNA を複製している細胞

ウ　G_1 期の細胞　　エ　間期の細胞　　オ　G_2 期の細胞

① a　② b　③ c　④ d　⑤ a + b　⑥ b + c　⑦ c + d

⑧ a + b + c　⑨ b + c + d　⓪ a + b + c + d

問 2　この細胞の 1 回の細胞周期に要する時間から，分裂直後の 1 個の細胞が 200 時間後には約何個にまで増えているか。最も近いものを，次の①～⑧から一つ選べ。

① 約 20 個　② 約 40 個　③ 約 80 個　④ 約 100 個

⑤ 約 120 個　⑥ 約 250 個　⑦ 約 800 個　⑧ 約 2000 個

解 答　問1　ア④　イ②　ウ①　エ⑧　オ③　問2　⑥

解 説

問 1　a ～ d は細胞周期の特徴的な時期である。a ～ c は間期，d は分裂期を示す。また，間期はさらに a － G_1 期（DNA 合成準備期），b － S 期（DNA 合成期），c － G_2 期（分裂準備期）に分けられる。ア：凝縮した染色体が見られるのは分裂期の細胞なので d。イ：S 期にあたるので b。ウ：G_1 期は a。エ：間期は a + b + c。オ：G_2 期は c。

問 2　図より，細胞周期が 24 時間であることがわかる。24 時間で 1 回分裂するので，200 時間後までには 8 回分裂していることになる。1 回の分裂で細胞数は 2 倍になるので，8 回の分裂後には $2^8 = 256$ 個となり，⑥が最も近い。

第 2 章

演習問題

22 DNAの複製 6分

DNAの複製方法について以下の仮説1，仮説2を検証しようと考えた。以下の仮説の説明をもとに，後の問いに答えよ。

仮説1　もとの2本鎖DNAはそのまま残り，新たな2本鎖DNAができるという保存的複製方法。

仮説2　もとの2本鎖DNAのそれぞれの鎖を鋳型に新たなヌクレオチド鎖が合成されるという半保存的複製方法。

大腸菌を，窒素(N)を ^{14}N よりも重い ^{15}N で置きかえた栄養分を含む培地で培養すると，^{15}N からなる塩基をもつ重いDNAができる。塩基をすべて ^{15}N からなる塩基に置きかえたDNAをもつ大腸菌を，^{14}N を含む培地に移して培養し，(a)1回，(b)2回と分裂した大腸菌からDNAを取り出して，遠心分離によりその比重を調べる。DNAの塩基がすべて ^{15}N からなる塩基であった場合は遠心管のAの部分に，^{14}N，^{15}N を半分ずつ含む塩基であった場合はBの部分に，すべて ^{14}N からなる塩基であった場合はCの部分にDNAが集まり，層として現れる。

問1　仮説1，仮説2について，それぞれの仮説が正しい場合，下線部(a)で1回分裂した大腸菌から取り出したDNAの層は，A，B，Cのどの位置にどのような割合で現れると考えられるか。仮説1，仮説2について，次の①～⑨のうちから最も適当なものを一つずつ選べ。ただし，割合はA：B：Cの順に，比で示している。

①　1：0：0　②　0：1：0　③　0：0：1　④　1：1：0　⑤　0：1：1
⑥　1：0：1　⑦　1：3：0　⑧　0：1：3　⑨　1：0：3

問2　下線部(b)で2回分裂した大腸菌から取り出したDNAについて，仮説1，仮説2のそれぞれが正しい場合に得られる結果を，問1の①～⑨のうちから一つずつ選べ。

23 細胞周期 5分

(a)真核生物は体細胞分裂をして成長する。ある真核生物から(b)体細胞分裂をくり返している細胞の集団を取り出し，DNA と結合すると蛍光を発する色素で各細胞の DNA を染色した。このとき，各細胞が発する蛍光の強さは，それぞれの細胞内の DNA 量を反映している。蛍光の強さから各細胞がもつ DNA 量を測定したところ，細胞1個当たりの DNA 量と細胞数の関係は，図のようになった。

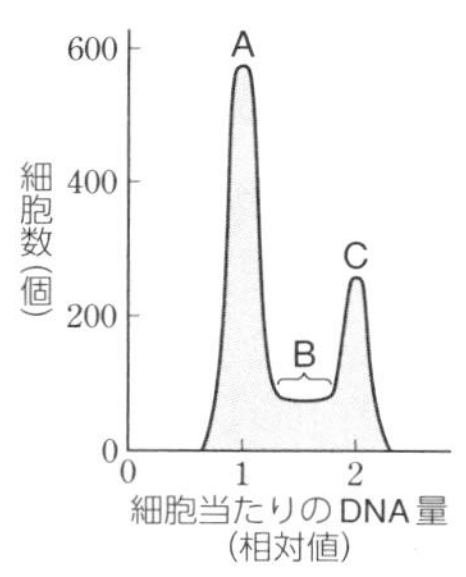

問1　下線部(a)に関する記述として最も適当なものを，次の①～④のうちから一つ選べ。

① 分裂期では，核分裂が起こったと同時に，細胞質分裂が起こる。

② 分裂期において，染色体が凝縮する。

③ 細胞当たりの DNA 量は，G_1 期の細胞では G_2 期の細胞の2倍である。

④ 分裂期の後期に，細胞に含まれる DNA 量が半分になる。

問2　下線部(b)に関連して，この細胞の集団を染色・観察して間期と分裂期の細胞数を数えた結果，間期の細胞が168個，分裂期の細胞が42個であった。この細胞の間期が20時間であったとすると，細胞周期全体の長さと分裂期の長さはそれぞれ何時間になるか。それぞれの時間の組み合わせとして最も適当なものを，次の①～⑥のうちから一つ選べ。

	①	②	③	④	⑤	⑥
細胞周期全体の長さ	20	25	50	62	168	210
分裂期の長さ	4	5	10	42	42	42

問3　細胞周期の G_1 期，S 期，G_2 期，分裂期の細胞は，それぞれ図中のA，B，Cのどの場所に含まれると考えられるか。最も適当なものを，次の①～⑥のうちから一つずつ選べ。

① A　② B　③ C　④ AとB　⑤ AとC　⑥ BとC

〔センター試 改，センター追試 改〕

第12講 遺伝情報の発現

1. 遺伝情報とタンパク質

A. 生体ではたらくタンパク質

タンパク質　細胞を構成する成分であるとともに，酵素やホルモン，物質の運搬(例：ヘモグロビン…酸素の運搬)にはたらくなど，生命にとって重要な役割を担う。

B. タンパク質とアミノ酸　タンパク質は多数の**アミノ酸**が鎖状につながった有機物。その性質やはたらきは，構成するアミノ酸の種類，数，配列順序で決まっている。

注：摂取したタンパク質はアミノ酸にまで消化され，遺伝情報に基づき必要なタンパク質に再合成される。

2. タンパク質の合成

A. 遺伝情報とタンパク質の関係　DNA の塩基配列のうち，タンパク質をつくるための情報の領域を**遺伝子**という。DNA の塩基 3 個がアミノ酸 1 個に対応している。

B. 遺伝情報の流れ　遺伝情報は，次の過程を経て発現する(**セントラルドグマ**)。

DNA の塩基配列 →(転写)→ RNA の塩基配列 →(翻訳)→ タンパク質のアミノ酸配列

C. RNA とそのはたらき

RNA(リボ核酸)　4種類のヌクレオチドが鎖状につながった分子。DNA といくつかの点で異なる(右表)。

	DNA	RNA
糖	デオキシリボース	リボース
塩基	A，T，G，C	A，U，G，C
構造	2 本鎖	1 本鎖
存在場所	核(染色体)	細胞質

D. 転写と翻訳

転　写　DNA の 2 本鎖の一方の鎖にある遺伝子の部分の塩基配列に相補的な塩基をもつ RNA のヌクレオチドが結合していき，隣どうしのヌクレオチドが連結して 1 本鎖の **mRNA** (**伝令 RNA**)ができる。

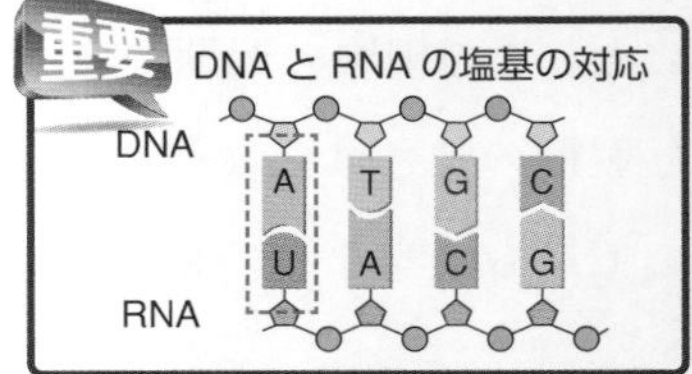

翻　訳　mRNA の**コドン**に対応する**アンチコドン**をもつ **tRNA** (**転移 RNA**)が結合し，運ばれてきたアミノ酸は隣どうしが順次結合してタンパク質が合成される。

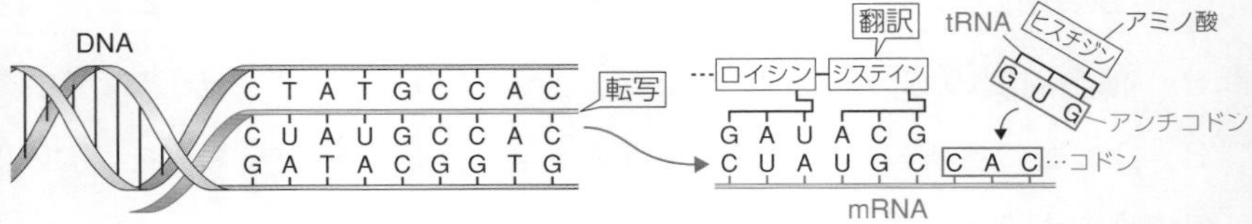

E. ゲノム　相同染色体のどちらか一方を集めた 1 組に含まれるすべての遺伝情報のこと。ゲノムの大きさは塩基対数で示す。遺伝子はゲノム DNA 中，飛び飛びに存在。

例：大腸菌…460 万塩基対　遺伝子 4400 個，ヒト…30 億塩基対　遺伝子 20500 個

例題 11 ゲノムとタンパク質合成

ゲノムにはその生物の生命活動に必要な遺伝情報が含まれ，遺伝情報が発現するときには，DNA の鋳型鎖の塩基配列に相補的な塩基配列をもつ mRNA が合成され，その情報に従ったアミノ酸配列をもつタンパク質が合成される。

DNA（非鋳型鎖）の塩基配列　……－G－G－T－［イ □－□－□］－□－□－□－……

DNA（鋳型鎖）の塩基配列　……－［ア □－□－□］－□－□－□－G－T－A－……

mRNA の塩基配列　……－□－□－□－C－A－A－［ウ □－□－□］－……

問1　下線部について，次のⓐ～ⓓの記述から，ゲノムに含まれる情報を過不足なく含むものを，下の①～⑧のうちから一つ選べ。

ⓐ 遺伝子の領域のすべての情報　ⓑ 遺伝子の領域の一部の情報

ⓒ 遺伝子以外の領域のすべての情報　ⓓ 遺伝子以外の領域の一部の情報

① ⓐ　② ⓑ　③ ⓒ　④ ⓓ

⑤ ⓐ，ⓒ　⑥ ⓐ，ⓓ　⑦ ⓑ，ⓒ　⑧ ⓑ，ⓓ

問2　DNA と RNA の記述として誤っているものを，次の①～④のうちから一つ選べ。

① DNA も RNA も糖，リン酸，塩基からなるヌクレオチドが構成単位である。

② DNA は2本のヌクレオチド鎖で，RNA は1本鎖のヌクレオチド鎖である。

③ DNA も RNA も4種類の同じヌクレオチドからできている。

④ DNA を構成する糖はデオキシリボースで，RNA の糖はリボースである。

問3　図中のア～ウに最も適する塩基配列を，次の①～⑨のうちから一つずつ選べ。

① CCA　② CAA　③ CAU　④ GUU　⑤ CUC

⑥ GTG　⑦ GTT　⑧ CAC　⑨ GGT

問4　次のエ，オのような塩基配列をもつ RNA は，どの塩基から翻訳されても何種類かのコドンとなり，何種類かのアミノ酸がくり返されたタンパク質分子になる。それぞれ何種類のコドンができるか。下の①～⑥のうちから一つずつ選べ。

エ UGUG……（UG のくり返し配列）　オ UGCUGC……（UGC のくり返し）

① 1　② 2　③ 3　④ 4　⑤ 6　⑥ 9

〔共通テスト追試 改，センター試 改，センター追試 改〕

解答　問1 ⑤　問2 ③　問3 ア①　イ②　ウ③　問4 エ②　オ①

解説　問1　ゲノムは，遺伝子領域も，遺伝子領域でないところもすべて含む。

問2　DNA と RNA では，糖が異なり，塩基も T と U で異なる。

問4　エは UGU と GUG の2種類。オは UGC，GCU，CUG のいずれか1種類。

第2章

演 習 問 題

24 遺伝情報の発現 7分

遺伝子は，必要に応じて細胞にタンパク質を産生させることができる。このように，遺伝子がもっている情報にしたがってタンパク質がつくられることを遺伝子の発現という。真核生物の場合，まず1 DNA の遺伝情報が mRNA に写し取られる。できた2 mRNA の塩基配列がタンパク質のアミノ酸配列に変換される。

問1 DNA と RNA に関する次の ⓐ～ⓓ の記述のうち，正しいものはどれか。最も適当なものを，下の ①～⓪ のうちから一つ選べ。

ⓐ DNA にはリン酸が含まれない。

ⓑ DNA と RNA は，ともに同じ四つの塩基を含む。

ⓒ DNA と RNA は糖に違いがある。

ⓓ 通常，RNA は 1 本鎖で，DNA は 2 本鎖である。

① ⓐのみ　② ⓑのみ　③ ⓒのみ　④ ⓓのみ　⑤ ⓐとⓑ
⑥ ⓐとⓒ　⑦ ⓐとⓓ　⑧ ⓑとⓒ　⑨ ⓑとⓓ　⓪ ⓒとⓓ

問2 文章中の下線部1に関して，次の ⓔ～ⓗ の記述のうち正しいものはどれか。最も適当なものを，下の ①～⓪ のうちから一つ選べ。

ⓔ ある遺伝子が発現するとき，DNA の一方の鎖だけが鋳型となる。

ⓕ DNA の一部の塩基配列だけが写し取られる。

ⓖ 翻訳の過程がくり返されて，mRNA が複数つくられる。

ⓗ 鋳型鎖 DNA の塩基シトシンには，塩基ウラシルをもったヌクレオチドが相補的に結合して，mRNA がつくられる。

① ⓔのみ　② ⓕのみ　③ ⓖのみ　④ ⓗのみ　⑤ ⓔとⓕ
⑥ ⓔとⓖ　⑦ ⓔとⓗ　⑧ ⓕとⓖ　⑨ ⓕとⓗ　⓪ ⓖとⓗ

問3 ある遺伝子が転写された mRNA を取り出し，その塩基組成（分子数の割合％）を調べたところ，次表のようになった。このとき，遺伝子（鋳型鎖DNA）の塩基組成について，表中のア～エはそれぞれ何％になるか。最も適当なものを，下の①～⓪のうちから一つずつ選べ。ただし，鋳型鎖DNAの塩基配列は欠落や重複することなくmRNAに写し取られるものとする。

	アデニン	グアニン	シトシン	ウラシル
mRNA	31.0%	25.4%	16.6%	27.0%
	アデニン	グアニン	シトシン	チミン
鋳型鎖DNA	ア	イ	ウ	エ

① 9.5%　② 11.5%　③ 12.3%　④ 16.6%　⑤ 19.0%
⑥ 23.0%　⑦ 24.6%　⑧ 25.4%　⑨ 27.0%　⓪ 31.0%

問4　文章中の下線部2について，次の文章中の［A］～［C］に入る数値として最も適当なものを，下の①～⑦のうちから一つずつ選べ。

タンパク質を構成するアミノ酸は20種類であるが，mRNAに含まれる塩基の種類は［A］種類である。mRNAは連続した［B］つの塩基の組合せによって一つのアミノ酸を指定しているため，計算上は［C］種類のアミノ酸を指定することができるので，20種類のアミノ酸を指定することが可能となる。

① 3　② 4　③ 9　④ 12　⑤ 20　⑥ 46　⑦ 64

25　合成RNAを用いたコドンの解読　5分

問　タンパク質を構成する各アミノ酸を，mRNAの塩基のどのような並びが指定するのかについては，大腸菌の抽出物を用いて，特定の塩基配列をもつ合成RNAから人工的にタンパク質を合成させる実験によって調べることができる。下記の合成RNAから，「アミノ酸w－アミノ酸x－アミノ酸y－アミノ酸w－アミノ酸z」のくり返し配列(wxywzwxywzwxywz…)からなるタンパク質1種類だけが合成された。この場合，アミノ酸yを指定するmRNAの塩基の並びとして最も適当なものを，後の①～④のうちから一つ選べ。

合成RNAの塩基配列　…AAAACAAAACAAAACAAAAC…

① AAA　② AAC　③ ACA　④ CAA　〔共通テスト追試〕

1回目　／	2回目　／

第13講 実践問題

第1問　次の文章を読み，以下の問いに答えよ。

培養液で満たしたペトリ皿の中で動物細胞を培養し，増殖している細胞のようすを観察したところ，(a)細胞周期の間期の細胞はペトリ皿の底に貼り付いて扁平であったが，分裂期の細胞はペトリ皿の底から球形に盛り上がっていた。(b)培養細胞が細胞周期のどの時期にあるのかは，細胞周期における特定の時期に発現するタンパク質を指標として調べることができる。また，これは，(c)DNA複製のしくみを利用することによっても調べることができる。

問1　下線部(a)に関連して，ヒトの体細胞では，細胞周期に伴うDNAの複製は，DNAの複数の場所から開始される。1回の細胞周期の間に，DNAの一つの場所で1×10^6塩基対のDNAが複製されるとすると，1個の体細胞の核ですべてのDNAが複製されるためには，いくつの場所で複製が開始される必要があるか。その数値として最も適当なものを，次の①～⑥のうちから一つ選べ。ただし，ヒトの精子の核の中には，3×10^9塩基対からなるDNAが含まれるとする。

①　1500　　②　2000　　③　3000　　④　6000　　⑤　12000　　⑥　24000

問2　下線部(b)に関連して，タンパク質Xは，分裂終了直後に発現を開始し，DNAの複製中に減少していく。他方，タンパク質Yは，DNAの複製が始まると発現を開始し，分裂終了直後に急速に減少する。ペトリ皿の底に貼り付いている扁平な細胞についてタンパク質Xとタンパク質Yの発現を調べたところ，一部の細胞はタンパク質Xのみを発現し，タンパク質Yを発現していなかった。この細胞における細胞周期の時期として最も適当なものを，次の①～④のうちから一つ選べ。

①　G_1期　　②　G_2期　　③　S期　　④　M期

問3　下線部(c)に関連して，細胞周期がばらばらで同調していない多数の培養細胞を含む培養液に，細胞内に入り複製中のDNAに取り込まれる物質Aを加えて，短時間培養した後に細胞を固定した。細胞ごとに物質Aの量と全DNA量を測定したところ，図の結果が得られた。図中のア～ウの三つの細胞集団のうち，ウの細胞集団における細胞周期の時期として最も適当なものを，次の①～⑧のうちから一つ選べ。ただし，物質Aは，複製中のDNAに取り込まれるだけでなく，細胞周期のどの時期においても細胞質に少量残存する。また，物質Aを加えて培養する時間は細胞周期に比べて十分に短いものとする。

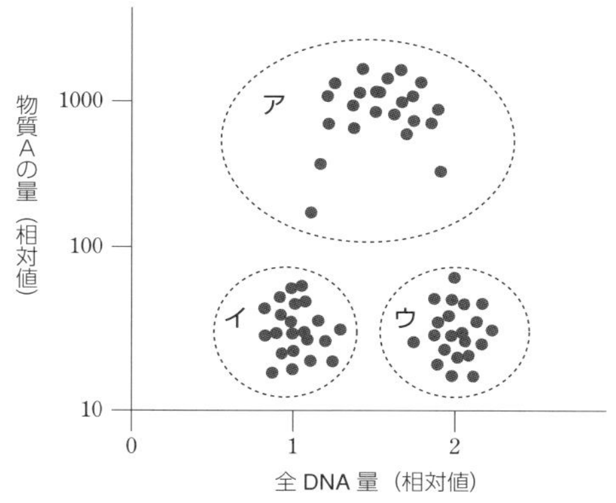

注：●は一つ一つの細胞の測定値を示す。
また，全DNA量についてはイの細胞集団の平均値を1とする。

図

① G_1 期　② G_2 期　③ S 期
④ M 期　⑤ G_1 期と S 期　⑥ G_1 期と M 期
⑦ G_2 期と S 期　⑧ G_2 期と M 期　〔共通テスト〕

第2問　次の文章を読み，以下の問いに答えよ。

(a)DNAは遺伝子の本体であり，真核生物では染色体を構成している。DNAは(b)細胞分裂により娘細胞に分配される。また，遺伝子が発現するときは，DNAの遺伝子部分の塩基配列が(c)転写・翻訳されて(d)タンパク質がつくられる。近年，DNAにかかわる学問や技術は飛躍的に進歩し，さまざまな生物種で(e)ゲノムが解読された。

問1　下線部(a)に関連して，DNAや染色体の構造に関する記述として最も適当なものを，次の①～⑤のうちから一つ選べ。

① DNAの中で隣接するヌクレオチドどうしは，糖と糖の間で結合している。

② DNAの中で隣接するヌクレオチドどうしは，リン酸とリン酸の間で結合している。

③ DNAの中で隣接するヌクレオチドどうしは，塩基と塩基の間で結合している。

④ 染色体は間期には糸状に伸びて核全体に分散しているが，体細胞分裂の分裂期には凝縮される。

⑤ 二重らせん構造を形成しているDNAでは，2本のヌクレオチド鎖の4種類の塩基の割合は，互いに同じである。

問2　下線部(b)に関連して，同じ1つの真核細胞のG_1期とG_2期とにおいて，核に含まれるDNA量を比較した結果に関する記述として最も適当なものを，次の①～④のうちから一つ選べ。

① 核に含まれる2本鎖DNAの総質量は，G_1期とG_2期とにおいてほぼ同じである。

② 核に含まれる2本鎖DNAの総本数は，G_1期とG_2期とにおいてほぼ同じである。

③ 核に含まれる全2本鎖DNA中のアデニンとグアニンの数の比は，G_1期とG_2期とにおいて，ほぼ同じである。

④ 核に含まれる全2本鎖DNA中のアデニンとグアニンの数の合計は，G_1期とG_2期とにおいてほぼ同じである。

問3　下線部(c)に関連して，次の文章中の［ア］，［イ］に入る数値として最も適当なものを，後の①～⑦のうちからそれぞれ一つずつ選べ。ただし，同じものをくり返し選んでもよい。

塩基三つの並び	アミノ酸
UGG	トリプトファン
UCA，UCG，UCC，UCU，AGC，AGU	セリン

DNAの塩基配列は，RNAに転写され，塩基三つの並びが一つのアミノ酸を指定する。例えば，トリプトファンとセリンというアミノ酸は，上の表の塩基三つの並びによって指定される。任意の塩基三つの並びがトリプトファンを指定する確率は［ア］

分の1であり，セリンを指定する確率はトリプトファンを指定する確率の
[イ]倍である。

① 4　② 6　③ 8　④ 16　⑤ 20　⑥ 32　⑦ 64

問4　下線部(d)に関連して，タンパク質についての記述として誤っているものを，次の①～④のうちから一つ選べ。

① 細胞内の代謝のほとんどは，タンパク質を主成分とする酵素によって行われる。

② タンパク質を構成するアミノ酸の配列は，タンパク質の種類によって異なる。

③ タンパク質を構成するアミノ酸の種類と総数が決まれば，タンパク質のはたらきと性質も決まる。

④ タンパク質には，それが合成された組織や器官とは異なる場所ではたらくものもある。

問5　下線部(e)に関連して，ゲノムや遺伝子に関する記述として最も適当なものを，次の①～⑤のうちから一つ選べ。

① ゲノムのDNAに含まれる，アデニンの数とグアニンの数は等しい。

② ゲノムのDNAには，RNAに転写されず，タンパク質にも翻訳されない領域が存在する。

③ 同一個体における皮膚の細胞とすい臓の細胞とでは，中に含まれるゲノム情報が異なる。

④ 単細胞生物が分裂によって2個体になったとき，それぞれの個体に含まれる遺伝子の種類は互いに異なる。

⑤ 細胞がもつ遺伝子は，卵と精子が形成されるときに種類が半分になり，受精によって再び全種類がそろう。

〔センター追試 改，共通テスト試行調査 改，共通テスト 改，共通テスト追試 改〕

1回目 ／	2回目 ／

第14講 体液という体内環境

1．体内環境の維持

A．体内環境の意義　生物は生命活動を維持するために，からだを構成する細胞が存在している環境を適切に保つ必要がある。

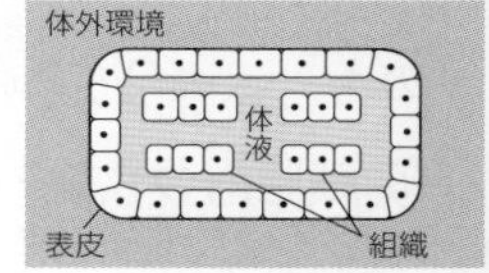

体内環境（内部環境）　生物の細胞を取り巻いている体液によってつくられる環境のこと。

（注）体内環境に対し，生物の体を取り巻く環境を，体外環境（外部環境）という。

B．体内環境と恒常性

恒常性（ホメオスタシス）　体内環境を一定範囲内に保とうとする性質のこと。動物では，体液の状態の変化を感知して，調節することで，体液の状態を一定範囲内に保っている。

C．体液の組成　ヒトの体液は組織液，血液，リンパ液の液体成分からなる。

・**組織液**　血液の液体成分である血しょうが毛細血管からしみ出たもので，大部分は毛細血管にもどって再び血しょうとなるが，一部はリンパ管に入ってリンパ液となる。

　栄養分や酸素を組織の細胞に供給し，細胞からの老廃物や二酸化炭素を受け取って運ぶ。

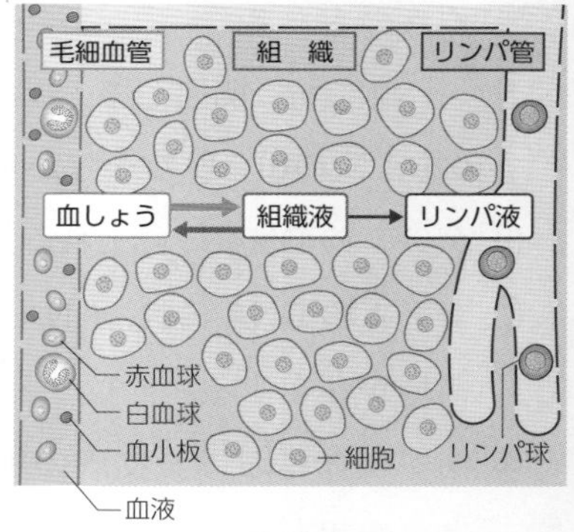

・**血液**　液体成分である血しょうと，有形成分の赤血球，白血球，血小板からなる。

▼ヒトの血液の成分

		核	数（/mm^3）	はたらき
有形成分	赤血球	無	380万～530万	ヘモグロビンを含み酸素運搬
	白血球	有	4000～9000	免疫
	血小板	無	20万～40万	血液凝固
液体成分	血しょう	水（約90％），タンパク質（約7％），グルコース（約0.1％），脂質，無機塩類		栄養分や老廃物などの物質運搬，血液凝固や免疫（抗体）に関与するタンパク質を含む

（注）赤血球・白血球・血小板は骨髄でつくられる。

・**リンパ液**　リンパ管内を流れる液体（組織液の一部がリンパ管に入る）。白血球の一種であるリンパ球を含む。リンパ管は合わさって鎖骨下静脈に合流する。

例題 12 ヒトの体液

ヒトの体液は，血管内を流れる(a)血液，細胞を取り巻く(b)組織液(間質液)，およびリンパ管を流れるリンパ液からなり，各種の栄養分や酸素などを全身に供給するとともに，老廃物を運び去っている。

問1　下線部(a)に関する記述として最も適当なものを，次の①～⑧から一つ選べ。

① 血液は，有形成分の血球と液体成分の血清とからなる。
② 有形成分で核をもっているのは白血球だけである。
③ 血液による酸素の運搬は，主に血しょうによって行われる。
④ 血しょうは，グルコースや無機塩類を含むが，タンパク質は含まない。
⑤ 血液の液体成分に溶けている物質のうち，質量として最も多く占めるものは無機塩類である。
⑥ 白血球は，免疫を担うとともに，老廃物の運搬，除去を行う。
⑦ 赤血球，白血球，および血小板のうち，最も数が多いのは血小板である。
⑧ 血小板は血液凝固による血管の修復や二酸化炭素の運搬を行う。

問2　下線部(b)に関して，次のⓐ～ⓓのうち，組織液と組成(含んでいる物質とその濃度)が近いものの組み合わせとして最も適当なものを，下の①～⑥から一つ選べ。

ⓐ 血しょう　ⓑ 細胞質基質(サイトゾル)　ⓒ 海水　ⓓ リンパ液

① ⓐ，ⓑ　② ⓐ，ⓒ　③ ⓐ，ⓓ　④ ⓑ，ⓒ
⑤ ⓑ，ⓓ　⑥ ⓒ，ⓓ　〔共通テスト 改，センター試 改〕

解答　問1 ②　問2 ③

解説　問1 ① 血液は有形成分である赤血球，白血球，血小板と，液体成分である血しょうからなる。血清は血しょうから血液凝固に関係するタンパク質の成分を取り除いたものである。② 哺乳類では赤血球と血小板には核が存在しない。③ 酸素は赤血球中のヘモグロビンに結合して運搬される。④ 血しょう中にはさまざまな酵素やホルモン，血液凝固に関係するフィブリンのもとになるタンパク質などが含まれている。⑤ 血しょうに溶けている成分のうち最も質量として多いのはタンパク質である。⑥ 白血球は免疫に関係するが，老廃物の運搬は血しょうのはたらきである。⑦ 最も数が多いのは赤血球である。⑧ 血小板は血液凝固にはたらくが，二酸化炭素の運搬は血しょうのはたらきである。
問2 血管からしみ出た血しょうが組織液で，リンパ管内に入るとリンパ液になる。

演 習 問 題

26 脊椎動物の体液 4分

生物が生命活動を維持していくためには，体を構成する細胞が存在している環境を適切な状態に保つ必要がある。体の表面を覆う皮膚などの一部の細胞を除くと，細胞は［ア］とよばれる液体に浸された状態になっている。［ア］は［イ］，［ウ］，［エ］の液体成分からなり，［イ］は［ウ］の液体成分である［オ］が毛細血管からしみ出たもので，その大部分は再び毛細血管に戻るが，一部はリンパ管内に入って，［エ］となる。

動物では，［ア］の状態を感知し，調節して，一定の範囲内に保っている。このような［ア］の状態が一定範囲内に維持されている状態を［カ］という。

問1　文中の［ア］～［カ］に適する語句を，次の①～⓪のうちからそれぞれ一つずつ選べ。

① 細胞液　② 組織液　③ 体　液　④ 血　液　⑤ 血　清
⑥ 血しょう　⑦ リンパ液　⑧ リンパ球　⑨ 恒常性　⓪ 定常性

問2　文中の［イ］，［ウ］，［エ］に関する記述として誤っているものを，次の①～⑤のうちから一つ選べ。

① ［イ］には有形成分は含まれていない。
② ［ウ］には有形成分が含まれている。
③ ［エ］には有形成分が含まれている。
④ ［イ］と［ウ］では，液体成分に違いはない。
⑤ ［イ］と［エ］では，液体成分に違いがある。

27 体液という体内環境 5分

淡水にすむ単細胞生物のゾウリムシでは，細胞内は細胞外よりも塩類濃度が高く，細胞膜を通して水が流入する。ゾウリムシは，体内に入った過剰な水を，収縮胞によって体外に排出している。収縮胞は，図のように，水が集まって拡張し，収縮して体外に水を排出することをくり返している。

ゾウリムシは，細胞外の塩類濃度の違いに応じて，収縮胞が１回当たりに排出する水の量ではなく，収縮する頻度を変えることによって，体内の水の量を一定の範囲に保っている。ゾウリムシの収縮胞の活動を調べるため，次の**実験１**を行った。

収縮胞

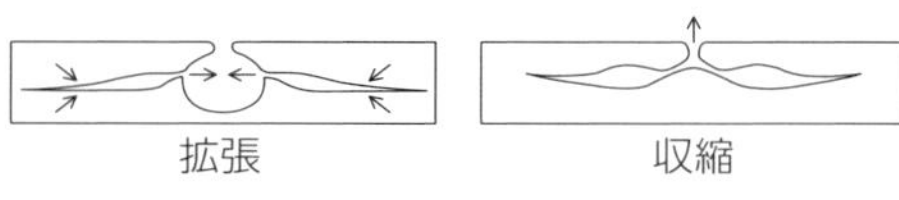

水が集まる ⟺ 水を排出する

注：矢印(→)は水の動きを示す。

図

実験１　ゾウリムシを0.00％（蒸留水）から0.20％まで濃度の異なる塩化ナトリウム水溶液に入れて，光学顕微鏡で観察した。ゾウリムシはいずれの濃度でも生きており，収縮胞は拡張と収縮を繰り返していた。そこで，１分間当たりに収縮胞が収縮する回数を求めた。

問　下線部について，**実験１**で予想される結果のグラフとして最も適当なものを，次の①～⑤のうちから一つ選べ。

①
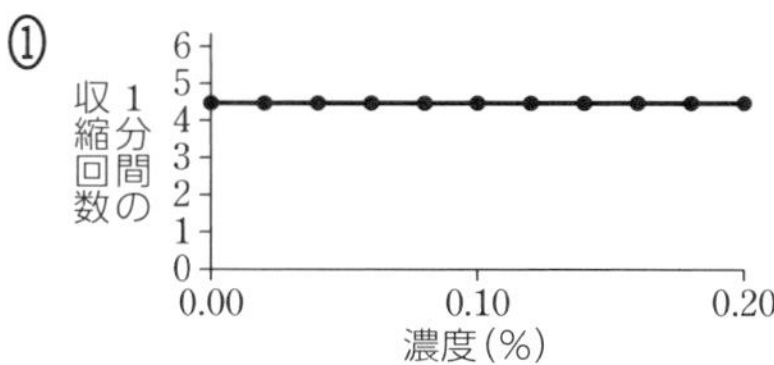

②
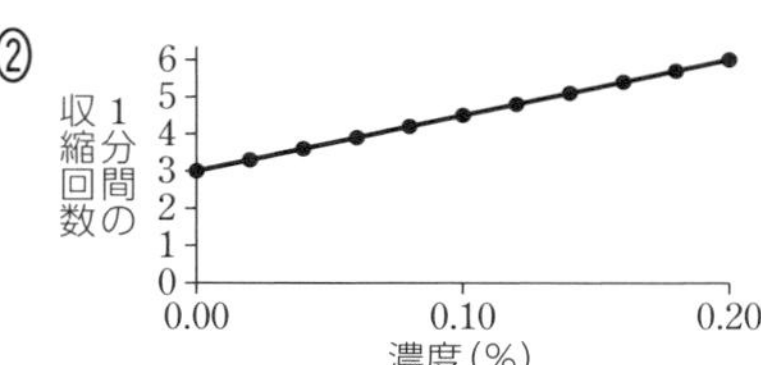

③
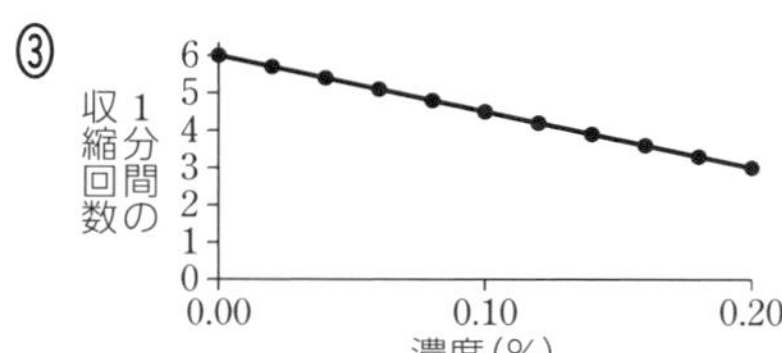

④
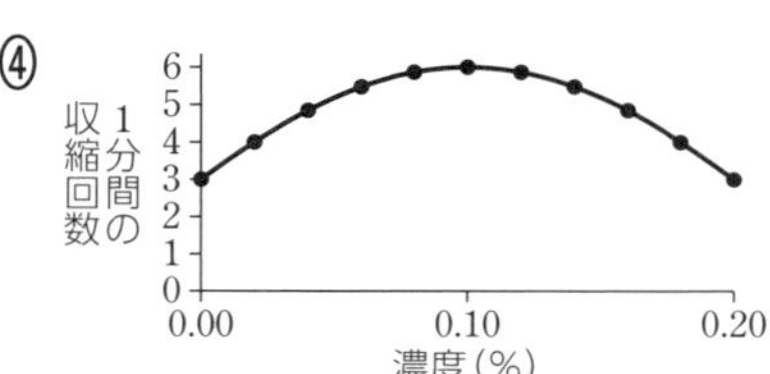

⑤
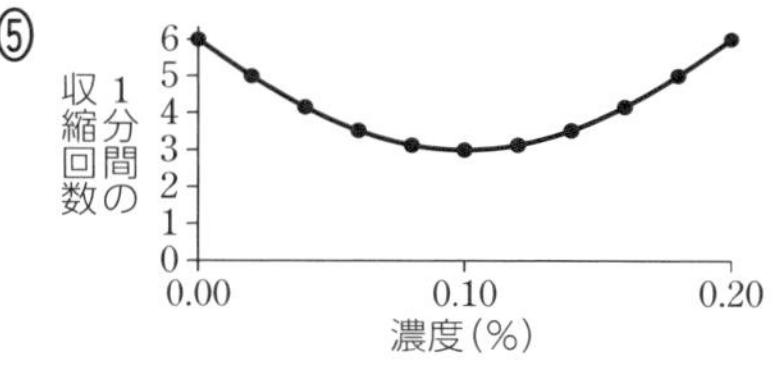

〔共通テスト〕

第３章

1回目　／	2回目　／

第15講 体内環境と恒常性

A．恒常性のしくみ

体液の状態は体外の環境変化を受け変化する。また，細胞は盛んに呼吸するため，周辺の体液は酸素が不足し，二酸化炭素が多くなる。よって，細胞が活動する体内環境を一定範囲内に保つため，神経系や内分泌系がはたらき恒常性を保っている。

体外の環境変化　　細胞活動

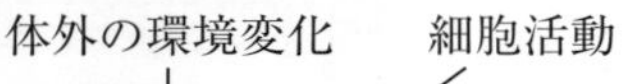

体液の状態の変化→感知→神経系・内分泌系→体液調節→ 恒常性 一定範囲内に収まる

B．体液の循環

細胞は活動に必要な酸素や栄養分を体液から取りこみ，活動によって生じた二酸化炭素や老廃物を体液へと放出する。体液は循環し，呼吸器官では酸素を取りこみ，二酸化炭素を排出する。また，消化器官では栄養分を取りこみ，細胞が出す老廃物は排出器官へと運ぶ。**血管系**（心臓と血管）と**リンパ系**（リンパ管とリンパ節）をあわせて**循環系**といい，多細胞生物は循環系が発達している。

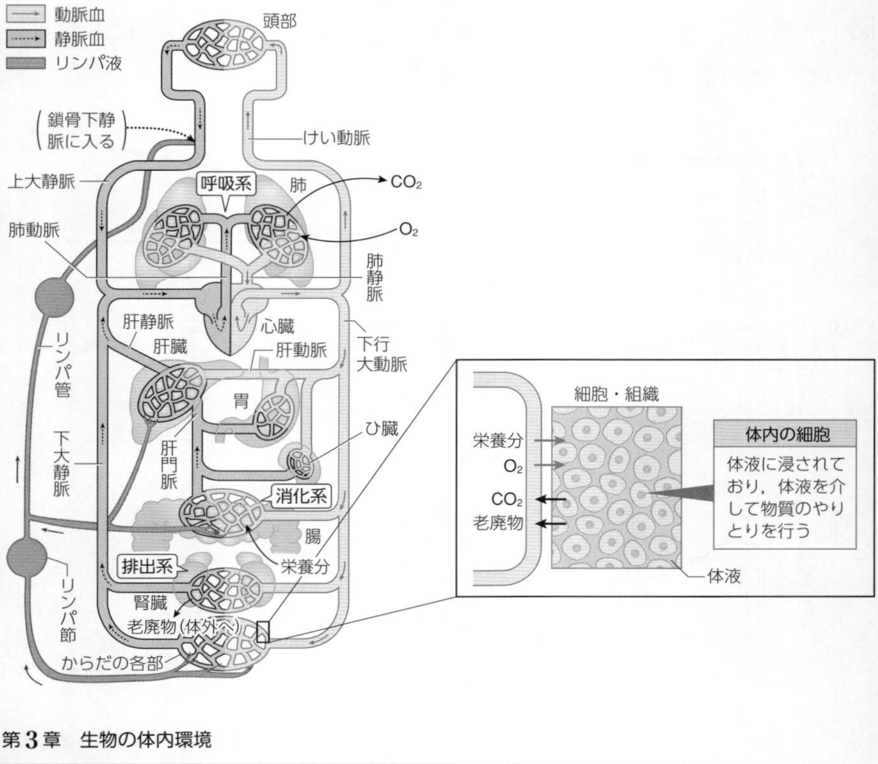

動脈血
静脈血
リンパ液
頭部
鎖骨下静脈に入る
けい動脈
上大静脈
呼吸系
肺
CO_2
O_2
肺動脈
肺静脈
心臓
肝静脈
肝臓
肝動脈
下行大動脈
リンパ管
胃
ひ臓
下大静脈
肝門脈
消化系
腸
排出系
栄養分
腎臓
老廃物（体外へ）
リンパ節
からだの各部
細胞・組織
栄養分
O_2
CO_2
老廃物
体内の細胞
体液に浸されており，体液を介して物質のやりとりを行う
体液

例題 13 ヒトの血液循環

問1　図は，哺乳類の血液循環の模式図である。空欄1～9には血管名または心臓の構造名を〔語群1〕の①～⓪のうちからそれぞれ一つずつ，空欄A～Cには臓器などの名称を〔語群2〕の①～③のうちからそれぞれ一つずつ選べ。

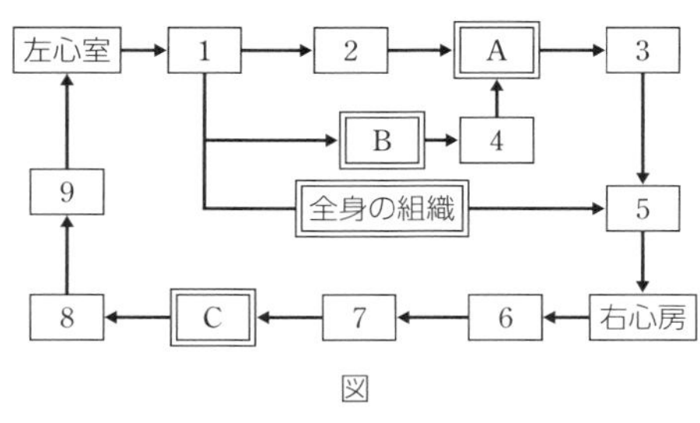

図

〔語群1〕 ① 右心室　② 左心房　③ 大静脈　④ 大動脈　⑤ 肺動脈
⑥ 肺静脈　⑦ 肝動脈　⑧ 肝静脈　⑨ 肝門脈　⓪ 鎖骨下静脈

〔語群2〕 ① 小　腸　② 肝　臓　③ 肺

問2　ヒトの心臓の心室の壁の厚さに関して正しいものを，次の①～③のうちから一つ選べ。

① 左心室の壁が右心室の壁より厚い。
② 右心室の壁が左心室の壁より厚い。
③ 右心室の壁も左心室の壁もほとんど同じ厚さである。

問3　血圧に関して正しいものを，次の①～④のうちから一つ選べ。

① 血圧は，大動脈で最も高く，大静脈で最も低い。
② 血圧は，大静脈で最も高く，大動脈で最も低い。
③ 血圧は，末しょうの毛細血管で最も高い。
④ 血圧は，血管系のどこでも同じである。

問4　ヒトの血液循環に関して最も適当なものを，次の①～④のうちから一つ選べ。

① 肺では，肺静脈から運ばれてきた血液が酸素の多い動脈血である。
② 心臓の左心室は，動脈血を全身へ送り出すポンプのはたらきをする。
③ 左心室から送り出された血液の一部は，全身を巡った後，左心房へと戻る。
④ リンパ管は，リンパ液を動脈へ戻すはたらきをもつ。　〔センター試 改〕

解答　問1　1 ④　2 ⑦　3 ⑧　4 ⑨　5 ③　6 ①　7 ⑤　8 ⑥　9 ②　A ②　B ①　C ③　問2　①　問3　①　問4　②

解説　問1　静脈を通って心臓にもどってきた血液は，まず心房を通って心室に入る。心室から出た血液は動脈を通る。肺に行く動脈は肺動脈で，この中は静脈血が流れている。小腸に入った血液はすべて肝門脈を通って肝臓に入る。

問2～4　左心室から全身に動脈血を送るので筋肉は発達し，大動脈の血圧が最も高い。

第3章

演習問題

28 哺乳類の循環系 5分

図は，ヒトの血液循環を模式的に示したものである。次の問いに答えよ。

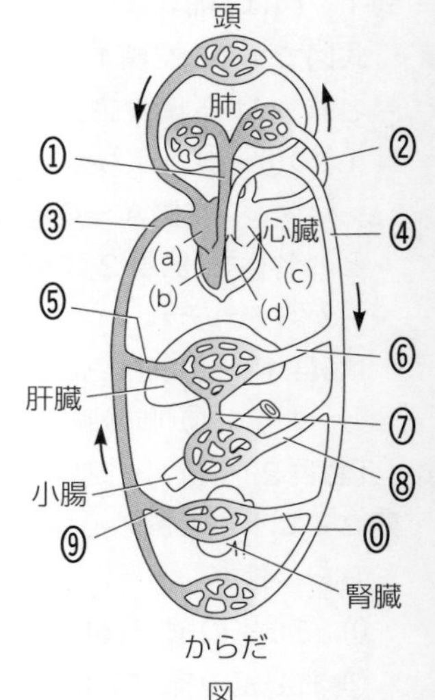

図

問1　次のア～ウの血液が流れている血管はどれか。図中の血管①～⓪のうちからそれぞれ一つずつ選べ。

ア　酸素を最も多く含む血液

イ　食後にグルコースを最も多く含む血液

ウ　尿素などの老廃物が最も少ない血液

問2　図に関する記述として最も適当なものを，次の①～⑤のうちから一つ選べ。

① (b)から出た血液が(a)に戻ってくる循環を肺循環という。

② (b)から大動脈を経て全身へ血液が送られ，再び心臓に戻ってくる循環を体循環という。

③ (d)と(b)を仕切る壁に大きな穴が開いた場合，(d)から送り出された血液の一部が，全身を巡った後，大静脈から(c)に戻る。

④ (d)と(b)を仕切る壁に大きな穴が開いた場合，(b)から送り出された血液の一部が，肺に到達した後，(a)へと戻る。

⑤ (d)と(b)を仕切る壁に大きな穴が開いた場合，肺静脈から(c)に戻ってきた血液の一部が，再び肺へと送り出される。

〔センター試 改〕

29 心臓の拍動 7分

心臓は，心房と心室が交互に収縮と弛緩をすること（拍動）で血液を送り出すポンプである。図1は，ヒトの心臓を腹側から見た断面を模式的に示したものである。AとBの位置には，それぞれ弁が存在しており，Aの位置にある弁は心房の内圧が心室の内圧よりも高いときに開き，低いときに閉じる。図2は，一回の拍動における，体循環での動脈内，心室内，および心房内それぞれの圧力と，心室内の容量の変化を示したものである。

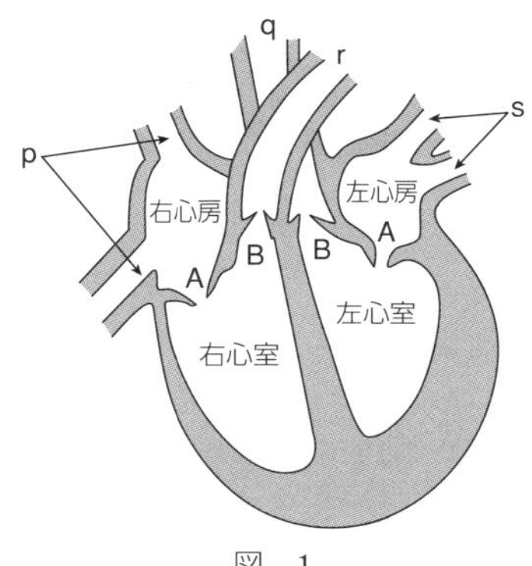

図 1

問1　図1の血管p～sのうち，肺で酸素を取り込んで心臓に戻ってくる血液の循環(肺循環)を担っている血管の組み合わせとして最も適当なものを，次の①～⑥のうちから一つ選べ。

①　p，q　②　p，r　③　p，s　④　q，r　⑤　q，s　⑥　r，s

問2　下線部について，心臓がポンプとしてはたらくためには，心臓に備わっている弁が，心房と心室の収縮と弛緩に連動した適切なタイミングで開閉する必要がある。図2に示した期間Ⅰ～Ⅴの中で，図1の弁Aが開いている期間として適当なものを，次の①～⑤のうちから二つ選べ。

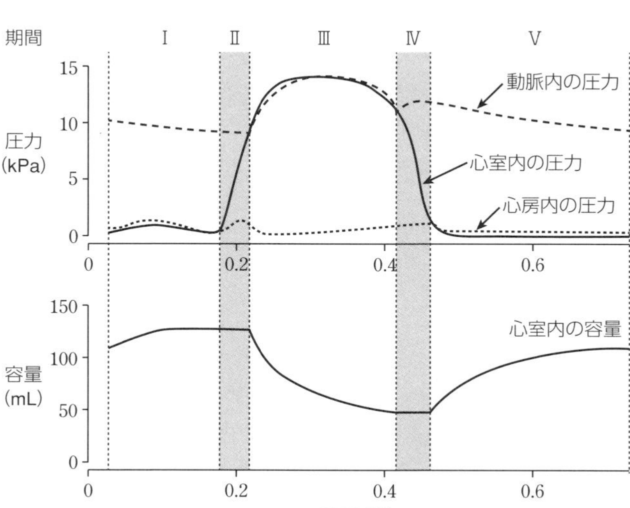

図 2

①　期間Ⅰ　②　期間Ⅱ　③　期間Ⅲ　④　期間Ⅳ　⑤　期間Ⅴ

〔共通テスト追試〕

第3章

1回目　／　2回目　／

第16講 体液濃度の調節

体液濃度の調節には，腎臓と肝臓が重要な役割を果たしている。

1. 腎臓　ヒトのからだの背側に左右一対ある，こぶし大のソラマメの形をした器官。血液中の水分や無機塩類の量を調節したり，老廃物をこしとったりするなど，体液の恒常性にはたらいている。

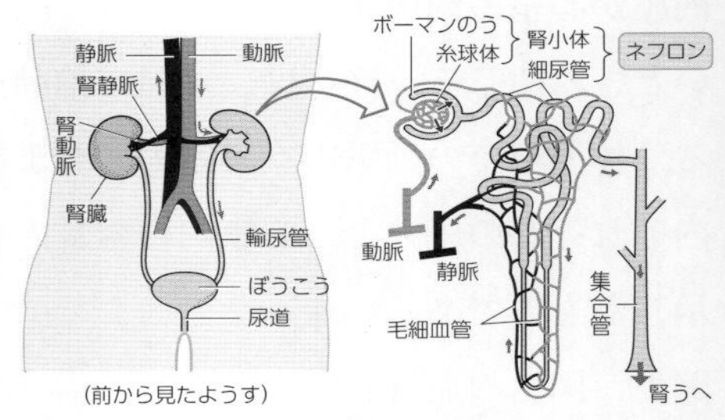

A. 腎臓のつくり　1つの腎臓は約100万個の**ネフロン**(**腎単位**)とよばれる構造で構成されている。ネフロンは，毛細血管が集まって球状になった**糸球体**とそれを包む袋状の**ボーマンのう**からなる**腎小体**と，それに連なる**細尿管**からなる。

B. 腎臓のはたらき

腎小体　糸球体の血管から血液中の低分子物質(水，グルコース，無機塩類，老廃物)をボーマンのうへろ過し，原尿をつくる。

細尿管・集合管　原尿が細尿管・集合管を通る際，水，グルコースや無機塩類など必要な物質が血液中に再吸収される。再吸収されなかったものが尿として排出される。

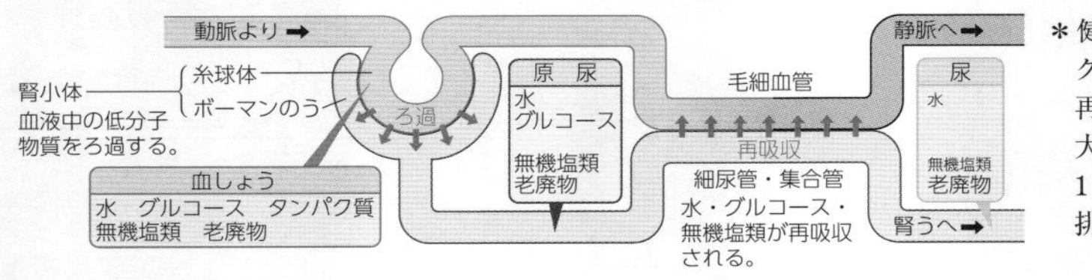

＊健康なヒトの場合，グルコースは100％再吸収される。水は，大部分が再吸収され，1％ほどが尿として排出される。

2. 肝臓　肝臓は，消化管から運ばれた栄養分の貯蔵や供給により血液中のグルコース濃度を約0.1％に保つ。また，盛んに化学反応を行い，熱を産生して体温を保持したり，有害な老廃物を無毒化したりして，体液の恒常性にはたらいている。

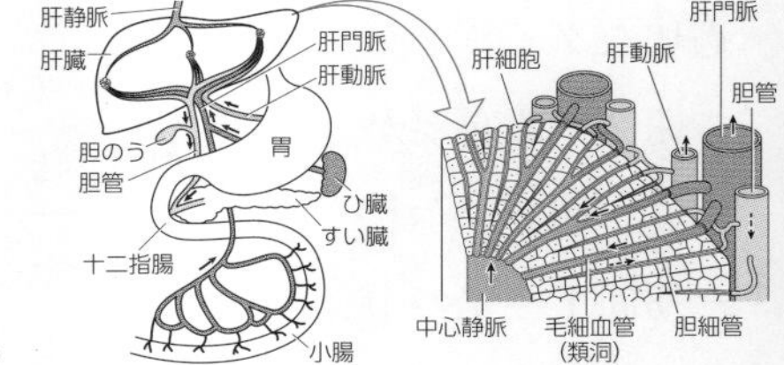

A. 肝臓のつくり　人体で最大の臓器で，肝臓には肝動脈と小腸などの消化管やひ臓とつながる肝門脈から血液が入ってきて，肝細胞の間を通って肝静脈から出る。

B. 肝臓のはたらき

① 炭水化物(グリコーゲンの合成や分解)，脂肪，タンパク質の代謝

② 胆汁の生成　③ 熱の産生　④ 解毒作用

⑤ 有害なアンモニアを毒性の低い尿素に変える

例題 14　腎臓と肝臓のはたらき

腎臓は，血液中の水分や無機塩類などの量を調節する。腎臓では，糸球体を構成する血管から多くの物質をボーマンのうにろ過して原尿をつくり，原尿が細尿管・集合管を通過する間に必要なものは吸収(再吸収)することで量を調節し，再吸収しなかった成分を尿として排出している。

図

問1　健康なヒトの場合，糸球体からボーマンのうにこし出されない成分を，次の①～⑥のうちから二つ選べ。

① タンパク質　　② グルコース　　③ 水
④ 無機塩類　　⑤ 老廃物　　⑥ 赤血球

問2　健康なヒトでは，細尿管を流れる間に100%再吸収される成分を，問1の①～⑥のうちから一つ選べ。

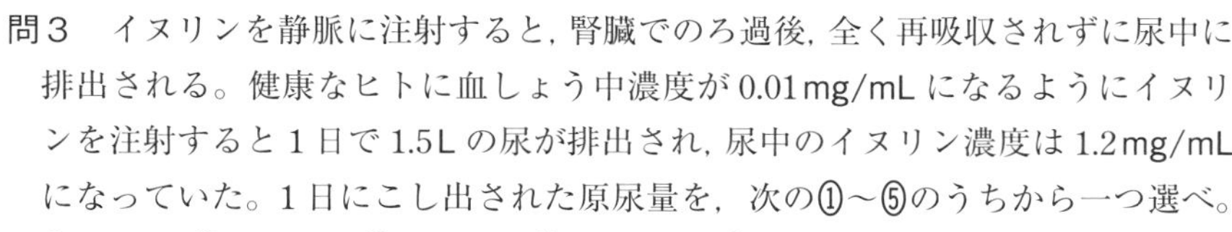

問3　イヌリンを静脈に注射すると，腎臓でのろ過後，全く再吸収されずに尿中に排出される。健康なヒトに血しょう中濃度が0.01mg/mLになるようにイヌリンを注射すると1日で1.5Lの尿が排出され，尿中のイヌリン濃度は1.2mg/mLになっていた。1日にこし出された原尿量を，次の①～⑤のうちから一つ選べ。

① 8L　② 12L　③ 80L　④ 120L　⑤ 180L

問4　肝臓も体液の恒常性にはたらく。肝臓のはたらきとして適当でないものを，次の①～④のうちから一つ選べ。

① グリコーゲンの貯蔵　　② 血しょう中のタンパク質合成
③ 解　毒　　④ 胆汁の貯蔵

解　答　問1　①，⑥(順不同)　問2　②　問3　⑤　問4　④

解　説

問1　高分子であるタンパク質や細胞である赤血球は糸球体からボーマンのうへこし出されず，血液中の低分子物質だけがこし出される。

問2　原尿が細尿管を通るとき，健康なヒトの場合，からだにとって有用な成分である水は約99%，グルコースは100%，無機塩類は体液中の濃度に応じて任意な量が毛細血管に再吸収される。

問3　イヌリンは全く再吸収されないので，こし出された血しょう(原尿)中と尿中のイヌリンの量は同じである。原尿 X L の中に含まれるイヌリン量(0.01mg/mL × X × 1000mL)と尿1.5Lに含まれるイヌリン量(1.2mg/mL × 1.5 × 1000mL)は等しいので，0.01mg/mL × X × 1000 = 1.2mg/mL × 1.5 × 1000 より，X = 180L

問4　肝臓は胆汁をつくるが，貯蔵するのは胆のうであるので，④は誤り。

演習問題

30 腎臓のはたらき 8分

腎臓のはたらきに関する次の文章を読み，下の問いに答えよ。

腎臓では，まず(a)血液が糸球体でろ過されて原尿が生成される。その後，(b)水分や塩類など多くの物質が血液中に再吸収されることで，尿がつくられている。その際，尿中のさまざまな物質は濃縮されるが，その割合は物質の種類によって大きく異なっている。**表**は，健康なヒトの静脈に多糖類の一種であるイヌリンを注入した後の，血しょう，原尿，および尿中の主な成分の質量パーセント濃度を示している。なお，イヌリンはすべて糸球体でろ過されるが，細尿管では分解も再吸収もされない。また，尿は毎分 1 mL 生成され，血しょう，原尿，および尿の密度は，いずれも 1 g/mL とする。

表

成分	質量パーセント濃度(%)		
	血しょう	原尿	尿中
タンパク質	7	0	0
グルコース	0.1	0.1	0
尿素	0.03	0.03	2
ナトリウムイオン	0.3	0.3	0.3
イヌリン	0.01	0.01	1.2

問1　下線部(a)について，**表**から導かれる，1 分間あたりに生成される原尿は何 mL か。最も適当な数値を，次の①～⑤のうちから一つ選べ。

① 0.008 mL　② 1 mL　③ 60 mL　④ 120 mL　⑤ 360 mL

問2　下線部(b)について，**表**から導かれる，1 分間あたりに再吸収されるナトリウムイオンは何 mg か。最も適当な数値を，次の①～⑤のうちから一つ選べ。

① 1 mg　② 60 mg　③ 118 mg　④ 357 mg　⑤ 420 mg

〔共通テスト追試〕

31 肝臓のはたらき 7分

肝臓は体内環境の維持を担っている。図1はヒトの腹部の横断面を，図2は人の肝臓の一部分を拡大したものをそれぞれ模式的に示したものである。

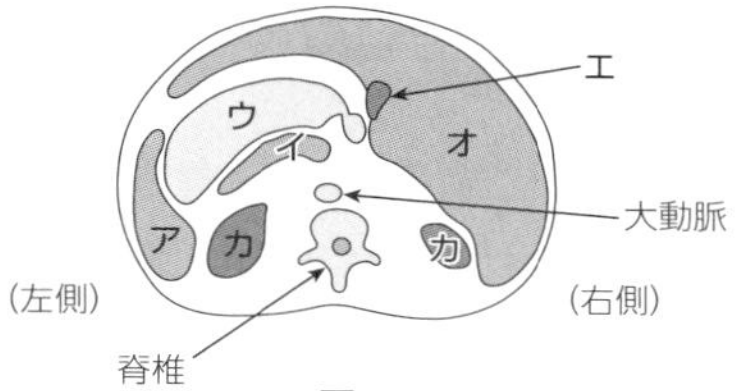

図 1

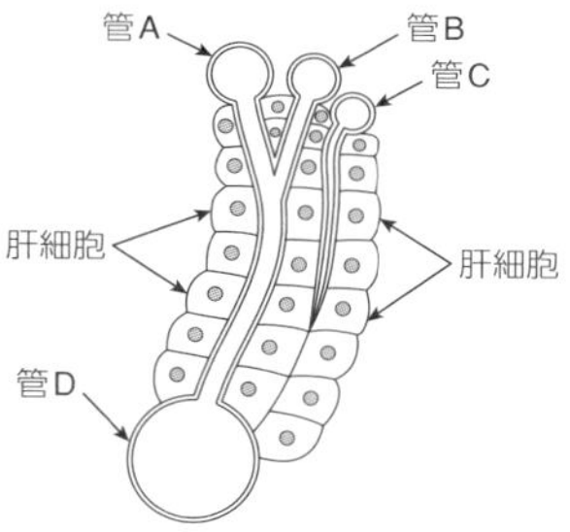

問1　図1中のア～カのうち，肝臓はどれか。次の①～⑥のうちから一つ選べ。

① ア　　② イ　　③ ウ

④ エ　　⑤ オ　　⑥ カ

図 2

問2　図2についての記述として適当なものを，次の①～⑥のうちから二つ選べ。なお，管Bには酸素を多く含む血液が流れている。

① 血液は，管Aから管Dの方向に流れている。

② 血液は，管Dから管Bの方向に流れている。

③ 管Aには，消化管からの血液が流れている。

④ 管Cから流れてきた液体は，肝細胞の隙間に拡散する。

⑤ 管Bは，肝静脈である。

⑥ 管Dは，肝門脈である。

問3　下線部について，次の記述ⓐ～ⓔのうち，ヒトの肝臓の機能についての記述の組み合わせとして最も適当なものを，後の①～⑨のうちから一つ選べ。

ⓐ タンパク質を合成し，血しょう中に放出する。

ⓑ 胆汁を貯蔵し，十二指腸に放出する。

ⓒ 尿素を分解し，アンモニアとして排出する。

ⓓ 発熱源となり，体温の保持にかかわる。

ⓔ 解毒作用があり，尿を合成する。

① ⓐ，ⓑ　② ⓐ，ⓒ　③ ⓐ，ⓓ　④ ⓐ，ⓔ　⑤ ⓑ，ⓒ

⑥ ⓑ，ⓓ　⑦ ⓑ，ⓔ　⑧ ⓒ，ⓓ　⑨ ⓒ，ⓔ　〔共通テスト試行調査 改〕

1回目　／	2回目　／

第17講 自律神経系のはたらき

1. 神経による調節－自律神経系

ニューロン(神経細胞)　動物の神経系をつくる，一部が細長く伸びた形状の細胞。

自律神経系　意識とは無関係にからだのはたらきの調整を行う末しょう神経で，**交感神経**と**副交感神経**からなる。中枢は**間脳の視床下部**。

交感神経　脊髄から出て諸器官に作用する。興奮時や緊張時にはたらく。

副交感神経　中脳･延髄･脊髄の下部から出る。安静時やリラックス時にはたらく。

脳　幹　生命を維持するために重要な機能が集まっている，間脳・中脳・延髄などをまとめた部位。

脳死と植物状態　脳幹を含む脳全体の機能が失われた状態を**脳死**，大脳の機能は停止しているが脳幹の機能は残っている状態を**植物状態**という。

自律神経系の分布

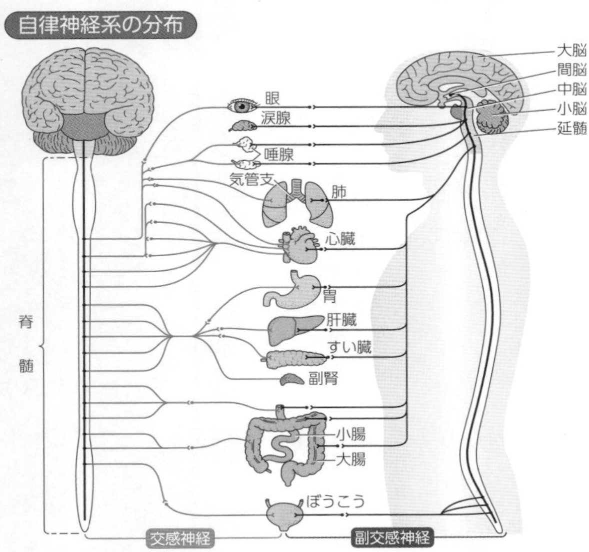

	交感神経	副交感神経
ひとみ	拡　大	縮　小
心臓拍動	促　進	抑　制
体表血管	収　縮	－
血　圧	上　昇	低　下
気管支	拡　張	収　縮
立毛筋	収　縮	－
胃腸ぜん動	抑　制	促　進
排　尿	抑　制	促　進

(－は，副交感神経が分布していないことを示す)

2. 心臓の拍動の調節

心臓は，右心房にある**ペースメーカー(洞房結節)**によって，通常，規則的なリズムで自動的に拍動している(**自動性**)。心臓の拍動は，ペースメーカーに分布する交感神経と副交感神経によって調節されている。

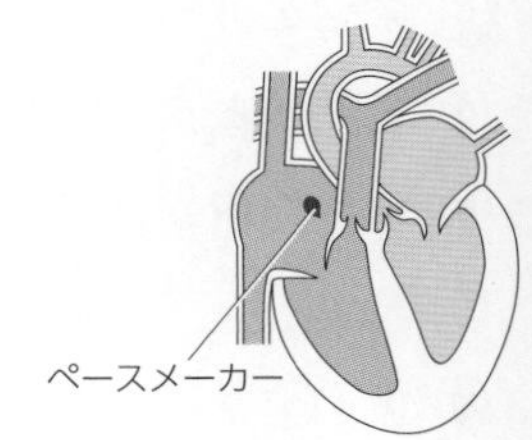

例題 15 恒常性と神経系

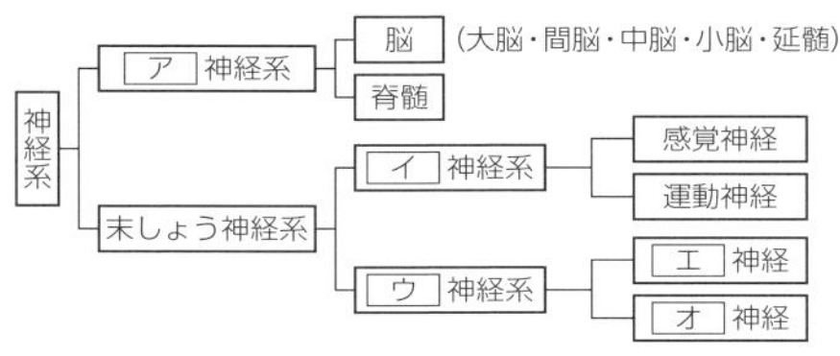

人体は体外環境の変化に応答し，体内の恒常性を保っている。これは生体制御システムである神経系と内分泌系による調節のおかげである。神経系は脳および脊髄からなる［ア］神経系と，［ア］神経とからだの各器官をつないで情報を伝達する末しょう神経系に区別される。末しょう神経系ははたらきの面から［イ］神経系と，意識とは無関係にはたらく［ウ］神経系とに分けられる。そして，［イ］神経系は皮膚などから外界の情報を受容し中枢に伝達する感覚神経と，逆に中枢から骨格筋へ命令を伝達する運動神経とに分けられる。［ウ］神経系は心臓をはじめとする内臓や分泌腺などにも分布し，次の二つの神経系が拮抗(きっこう)して体内の恒常性を調節している。<u>一つは生体を活動状態・緊張状態に導く［エ］神経で，もう一つは生体を緊張のほぐれた休息状態に導く［オ］神経である。</u>

問1　文章中の［ア］～［オ］に入る語を，次の①～⑦から一つずつ選べ。

① 自　律　② 樹　状　③ 交　感　④ 副交感
⑤ 集　中　⑥ 中　枢　⑦ 体　性

問2　下線部で示す［オ］神経が［エ］神経に対し優勢にはたらくとき，ぼうこうからの排尿はどうなるか。最も適当なものを，次の①～③から一つ選べ。

① 排尿は促進される。　② 排尿は抑制される。
③ 排尿は変わらない。

問3　［エ］神経が関係しているものを，次の①～④から一つ選べ。

① ひとみが収縮する。　② 鳥肌が立つ。
③ すい液の分泌が促進される。　④ 体表の血管が拡張し，顔面が紅潮する。

解　答　問1　ア⑥　イ⑦　ウ①　エ③　オ④　問2　①　問3　②

解　説　問1　ア：神経系は中枢神経系と末しょう神経系に分けられる。イ，ウ：末しょう神経系は体性神経系と，意識とは無関係にはたらく自律神経系に分けられる。エ，オ：自律神経系のうち，生体を緊張状態にするのは交感神経，休息状態にするのは副交感神経。

問2　副交感神経が優勢にはたらくと，排尿が促進される。

問3　交感神経がはたらくと，ひとみは拡張し，鳥肌が立ち，すい液の分泌は抑制され，体表の血管が収縮して顔面は蒼白になる。

第3章

演 習 問 題

32 自律神経系 5分

図は，ヒトの自律神経系の分布を示した模式図である。自律神経系は，おもにからだを緊張状態にする［ア］と，からだを休息状態にする［イ］の二つの神経系からなる。体内のほとんどすべての器官はこれら両方の支配を受けており，二つの神経系は拮抗的にはたらいて調節を行う。

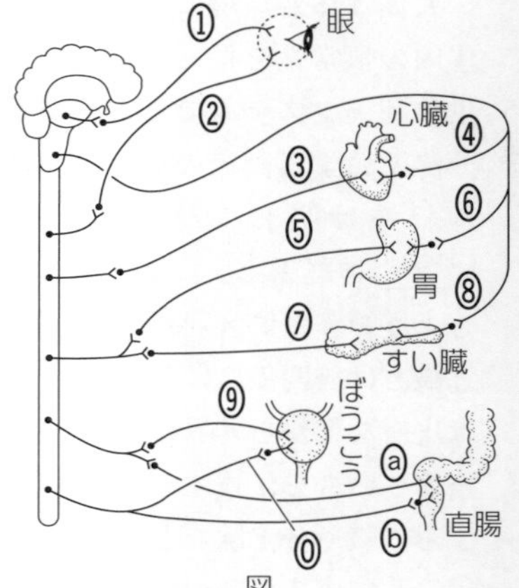

図

問1 ［ア］の神経にあたるものを，図の神経①～ⓑのうちから六つ選べ。

問2 ［イ］の神経のはたらきとして適当でないものを，次の①～⑥のうちから一つ選べ。

① ひとみを縮小させる。　② 体表近くの血管を収縮させる。

③ 気管支を収縮させる。　④ 心臓の拍動を抑制する。

⑤ 消化液の分泌を促進する。　⑥ 血圧を低下させる。

問3 自律神経系について適当なものを，次の①～④のうちから一つ選べ。

① 自律神経系には，神経分泌細胞が含まれている。

② 自律神経系は，内分泌腺にははたらかない。

③ 自律神経系は末しょう神経系に属する。

④ 自律神経系の最高位の中枢は中脳の視床下部である。

33 心臓の拍動 5分

運動が呼吸と心臓の拍動に及ぼす効果を調べるために，次のような測定を行った。

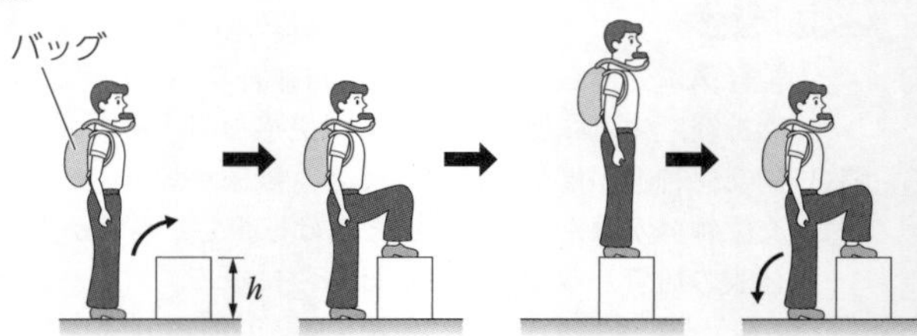

弁によって呼気と吸気の送路を分けるようにしたマウスピースを被験者にくわえさせ，口で呼吸をさせて，呼気のみを被験者が背負ったバッグに集めた。この状態で，図のように，一定の高さ h の台を，2 秒間に 1 回のリズムで昇り降りする運動をさせた。200 秒間昇り降りさせた直後に 1 分間当たりの心拍数を測定し，さらにバッグに集められた気体を分析して，からだに取りこまれた酸素の量と，からだから排出された二酸化炭素の量を求めた。h は 10，20，30，40，50 cm とし，それぞれの高さについて同じ測定を行った。

問１　X 軸に台の高さ h，Y 軸に 1 分間当たりの心拍数をとってグラフにすると，どのような関係になるか。最も適当なものを，次のグラフ①～⑥のうちから一つ選べ。

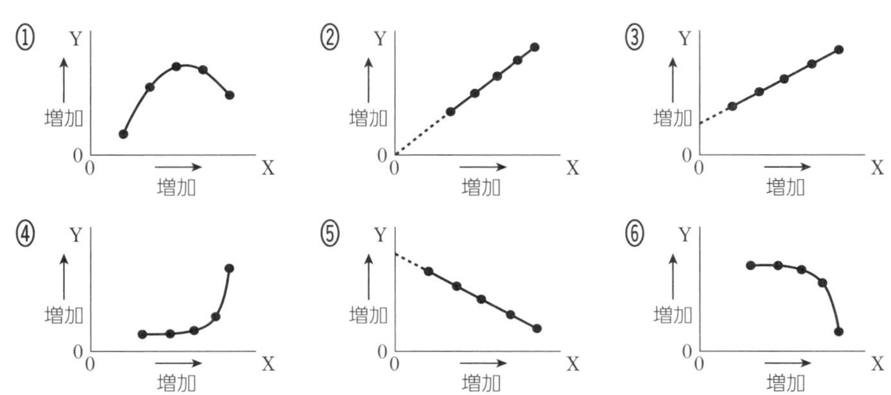

問２　取りこまれた酸素の量を X 軸に，排出された二酸化炭素の量を Y 軸にとってグラフにすると，どのような関係になるか。最も適当なものを，問１のグラフ①～⑥のうちから一つ選べ。

問３　次の文章中の［ア］，［イ］に適する語句を下の①～④のうちから一つずつ選べ。

心臓が一定のリズムで拍動するのは，自律的に電気的信号を発生する部位があるからである。この部位は［ア］とよばれ，心臓の［イ］の上側に存在する。

① 右心房　② 左心室　③ 洞房結節　④ 拍動中枢　〔センター追試 改〕

1回目 ／	2回目 ／

第18講 ホルモンのはたらき

1．内分泌系による情報の伝達と調節

A．内分泌腺とホルモン　ホルモンは**内分泌腺**でつくられ，血液中に分泌され，からだの各部に運ばれ，特定の組織や器官の活動に影響を与える物質。

ホルモンの特徴

① 内分泌腺でつくられ，直接血液中に分泌される。

② ごく微量ではたらく。

③ 各ホルモンは，そのホルモンと結合する**受容体**をもつ器官・細胞（**標的器官・標的細胞**）にのみ作用する。

ヒトのおもな内分泌腺

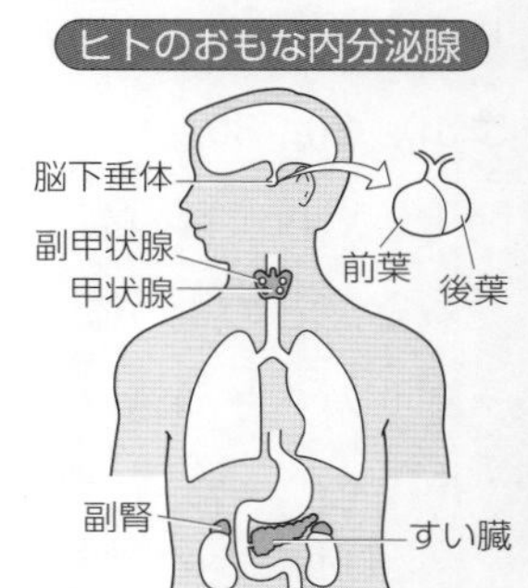

B．ホルモンの分泌と作用　ホルモンは**脳下垂体・甲状腺・副甲状腺・副腎・すい臓（ランゲルハンス島）**などの内分泌腺から分泌される。

おもな内分泌腺とホルモンおよびそのはたらき

内分泌腺		ホルモン	おもなはたらき
視床下部		放出ホルモン	脳下垂体から分泌される各種ホルモンの分泌促進と抑制
		放出抑制ホルモン	
脳下垂体	前葉	成長ホルモン	タンパク質合成の促進，血糖濃度を増加 骨の発育促進。からだ全体の成長促進
		甲状腺刺激ホルモン	甲状腺の発育促進。甲状腺からのチロキシンの分泌促進
		副腎皮質刺激ホルモン	副腎皮質の発育促進。副腎皮質からの糖質コルチコイドの分泌促進
	後葉	バソプレシン	血管を収縮させ血圧上昇。腎臓での水分の再吸収促進
甲状腺		チロキシン	生体の化学反応（代謝）促進，成長と分化促進
副甲状腺		パラトルモン	血液中のカルシウムイオン濃度を増加
副腎	髄質	アドレナリン	交感神経と協調する。グリコーゲンの分解を促進し，血糖濃度を増加
	皮質	糖質コルチコイド	タンパク質からの糖の合成を促進し，血糖濃度を増加
		鉱質コルチコイド	腎臓でのナトリウムイオンの再吸収とカリウムイオンの排出を促進
すい臓のランゲルハンス島	A細胞	グルカゴン	グリコーゲンの分解を促進し，血糖濃度を増加
	B細胞	インスリン	グリコーゲンの合成と糖の消費を促進し，血糖濃度を減少

2．ホルモンの分泌量の調節

フィードバック　最終産物や最終的なはたらきの効果が，はじめの段階にもどって作用を及ぼすこと。最終的なはたらきがはじめの段階に対して抑制的にはたらく場合を**負のフィードバック**という。このしくみによりホルモン濃度は一定に保たれている。

例題 16 内分泌腺とホルモン

図は，ヒトの内分泌系のおもな器官および中枢を示したものである。

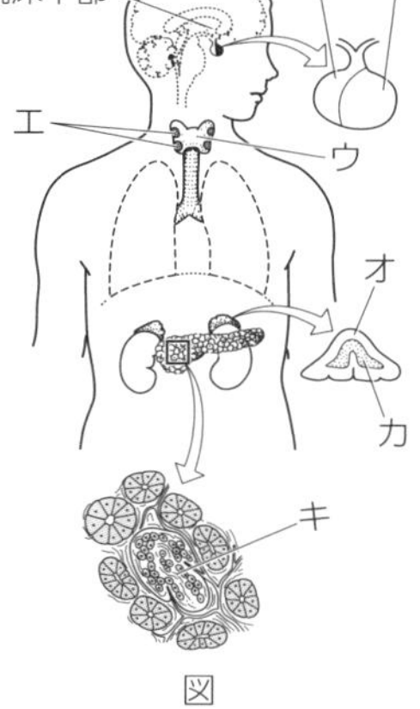

図

問1　図のア～キの内分泌腺の名称として適当なものを，次の①～⑦のうちからそれぞれ一つずつ選べ。

① 副甲状腺　② 脳下垂体前葉
③ 副腎髄質　④ 脳下垂体後葉
⑤ 副腎皮質　⑥ 甲状腺
⑦ すい臓(ランゲルハンス島)

問2　図のア～キから分泌されるホルモンを，次の①～⑦のうちからそれぞれ一つずつ選べ。

① バソプレシン　② アドレナリン
③ 鉱質コルチコイド　④ チロキシン
⑤ パラトルモン　⑥ インスリン
⑦ 甲状腺刺激ホルモン

問3　図のア～キから分泌されるホルモンのはたらきを，次の①～⑦のうちからそれぞれ一つずつ選べ。

① 代謝の促進，成長と分化を促進
② 骨中のカルシウムを血液中に放出し，カルシウムイオン濃度を増加
③ 血圧の上昇，腎臓での水分の再吸収を促進
④ 腎臓でのナトリウムイオンの再吸収とカリウムイオンの排出を促進
⑤ 甲状腺でのチロキシンの分泌を促進
⑥ グリコーゲンの分解を促進し，血糖濃度を増加
⑦ グリコーゲンの合成を促進し，血糖濃度を減少

問4　図のアから分泌され，全身の細胞に作用して骨・筋肉・内臓諸器官の成長を促進するはたらきをするホルモンは何か。次の①～④のうちから一つ選べ。

① グルカゴン　② 成長ホルモン　③ 糖質コルチコイド　④ 放出ホルモン

解答

問1　ア ②　イ ④　ウ ⑥　エ ①　オ ⑤　カ ③　キ ⑦
問2　ア ⑦　イ ①　ウ ④　エ ⑤　オ ③　カ ②　キ ⑥
問3　ア ⑤　イ ③　ウ ①　エ ②　オ ④　カ ⑥　キ ⑦　問4　②

解説

問1　脳下垂体前葉と脳下垂体後葉は間違えやすいので注意すること。脳下垂体前葉のほうが前方側にあり，脳下垂体後葉のほうが視床下部とつながっていることから見分けるとよい。

第3章

演習問題

34 動物のからだの調節と恒常性 5分

動物のからだの調節と恒常性に関する次の文章を読み，下の問いに答えよ。

特定の器官から血液中に分泌され，別の組織や器官のはたらきを調節する化学物質をホルモンといい，これをつくる内分泌腺をもつ器官を内分泌器官，ホルモンが作用する器官をそのホルモンの標的器官という。私たちの体内では，恒常性を維持するためにさまざまなホルモンがはたらいている。これらのホルモン分泌量は，フィードバックにより適正な値に調節されている。

問1 下線部に関して，恒常性の維持にはたらく次のa～fのホルモンは，おもに図の①～③のどの部分にある内分泌腺から分泌されているか。①～③のうちからそれぞれ一つずつ選べ。

a 副腎皮質刺激ホルモン　　b パラトルモン

c インスリン　　d 成長ホルモン

e 鉱質コルチコイド　　f バソプレシン

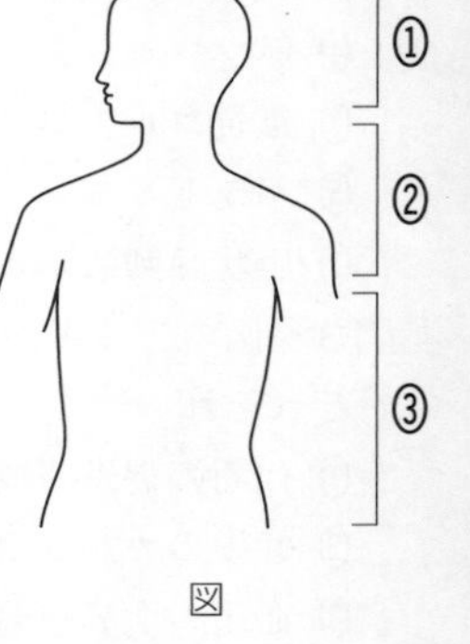

図

問2 甲状腺のはたらきを調べる目的で，幼時のネズミに甲状腺除去手術を行った。手術後のネズミに関する記述として適当なものを，次の①～⑧のうちから二つ選べ。

① タンパク質の分解が活発に行われ，やせたネズミになった。

② 腎臓での水の再吸収が減り，薄い尿を多量に排出するようになった。

③ 体温調節がうまくいかなくなり，体温は気温変化に連動して変化した。

④ 成長ホルモンの分泌が高まり，大きなネズミになった。

⑤ 甲状腺刺激ホルモンの標的器官がなくなったため，手術直後から甲状腺刺激ホルモンの分泌が低下した。

⑥ 負のフィードバック調節がなくなり，チロキシンの分泌が高まった。

⑦ 成長や組織の分化が遅れた。

⑧ 代謝が低下し，体温が下がった。　〔センター追試〕

35 視床下部と脳下垂体 5分

ヒトでは，血液中に分泌されたホルモンは，全身に運ばれ，標的器官に作用し，それぞれの器官のはたらきを調節する。図は，ホルモン分泌の調節にはたらく視床下部と脳下垂体を示している。図中のAとBは，視床下部に細胞体をもちホルモンを分泌する［ア］細胞である。Aの突起の末端から分泌された［イ］ホルモンは，血流にのって脳下垂体に到達し，［ウ］の分泌が促進される。

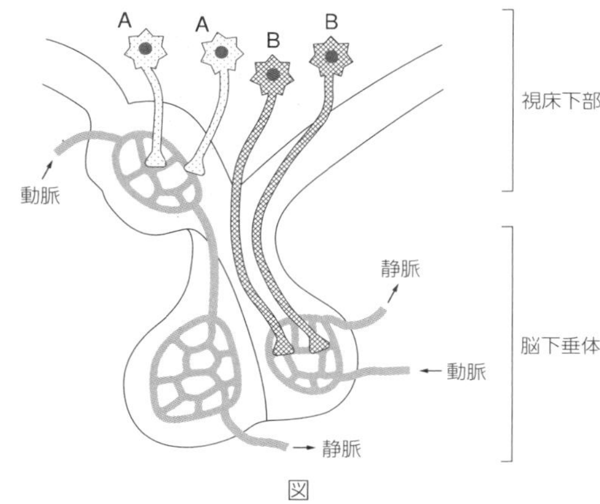

図

問1　文中の［ア］～［ウ］に入る最も適当な語句を，次の①～⑧のうちからそれぞれ一つずつ選べ。

① 内分泌　② 外分泌　③ 神経分泌　④ 放　出　⑤ 抑　制
⑥ 甲状腺刺激ホルモン　⑦ バソプレシン　⑧ 鉱質コルチコイド

問2　ホルモンに関する記述として最も適当なものを，次の①～⑥のうちから一つ選べ。

① 一つの内分泌腺は，1種類のホルモンを分泌する。
② 1種類のホルモンは，1種類の標的器官にはたらく。
③ 1種類の標的器官には，1種類のホルモンがはたらく。
④ ホルモンの種類は，血糖濃度を上昇させるものより，血糖濃度を低下させるものの方が多い。
⑤ 糖質コルチコイドは，血糖濃度が高いとフィードバックを受けて分泌が促進される。
⑥ 標的細胞は，特定のホルモンに結合する受容体をもつ。

〔センター追試 改〕

第3章

1回目　／　2回目　／

第19講 自律神経系とホルモン

1. 自律神経系とホルモンによる調節

自律神経系と内分泌系によって，体内環境が一定に保たれるしくみを，血糖濃度(血糖量)，体温，体液の塩分濃度を例としてみてみよう。

A. 血糖濃度(血糖量)の調節　血液中のグルコースを**血糖**という。グルコースは必要に応じて肝臓から放出され，健康なヒトではほぼ**0.1%(0.1g/100mL)**に保たれている。

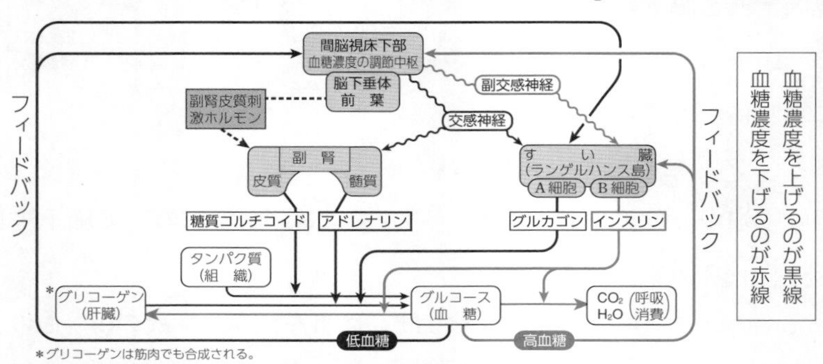

*グリコーゲンは筋肉でも合成される。

B. 体温の調節　体温はおもに血管の拡張と収縮で調節されるが，より低温時には代謝を促進して熱を発生させる。また，高温時には発汗による放熱で調節される。

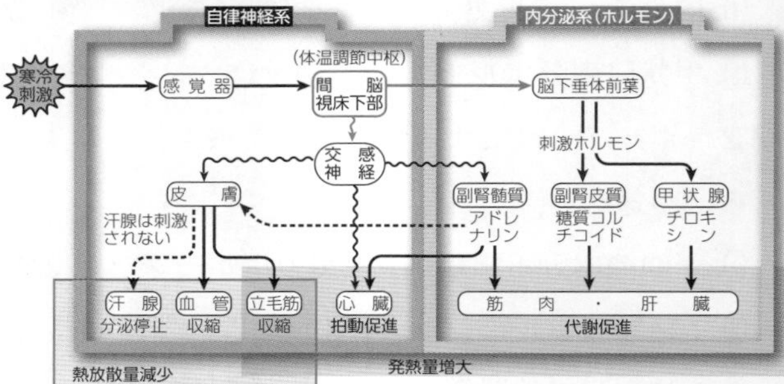

C. 体液の塩分濃度の調節　塩分濃度の高低を間脳視床下部で感知し，脳下垂体後葉からのバソプレシンの分泌を調節して腎臓からの水分の再吸収を調節する。また，副腎皮質から分泌される鉱質コルチコイドは，腎臓でのナトリウムイオンの再吸収を促進することによって，体液の塩分濃度や水分量の調節にかかわる。

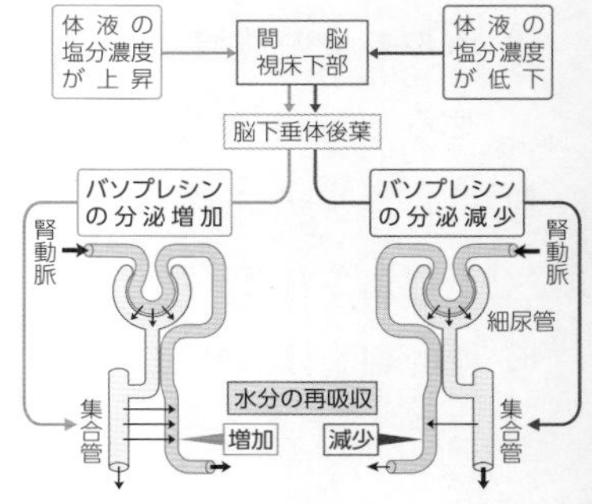

例題 17 血糖濃度の調節

図は，血糖濃度の調節のしくみを示したものである。図中のア，イは神経，A～Dはホルモンを示す。ただし，ホルモンのはたらきを示す線は破線であるが，矢印になっていない。また，ウによって------が引き起こされ，エによって┅┅が引き起こされるものとする。図を参考にして，下の問いに答えよ。

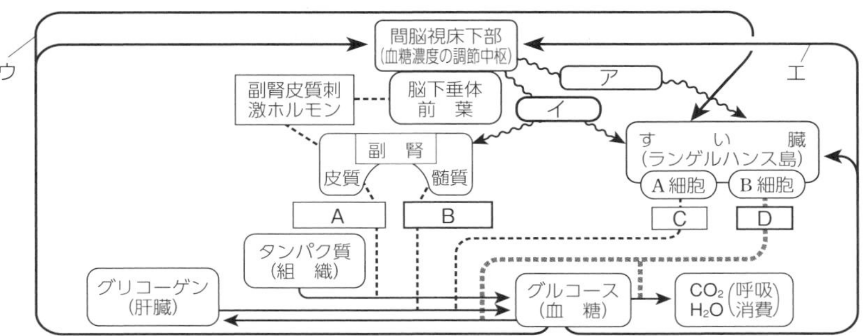

問1　自律神経系には拮抗的にはたらく二つの神経があり，図のア，イはその二つを示している。それぞれの名称を，次の①～④から一つずつ選べ。

① 運動神経　② 感覚神経　③ 交感神経　④ 副交感神経

問2　図のA～Dのホルモンの名称を，次の①～⑥からそれぞれ一つずつ選べ。

① グルカゴン　② アドレナリン　③ 糖質コルチコイド
④ インスリン　⑤ 成長ホルモン　⑥ チロキシン

問3　図のA～Dのホルモンは，どのようなはたらきをするか。次の①～④からそれぞれ一つずつ選べ。ただし，同じものを何回用いてもよい。

① グリコーゲンをグルコースにする。　② グルコースをグリコーゲンにする。
③ タンパク質から糖を合成する。　④ グルコースをタンパク質にする。

問4　図のウに関する記述として適当なものを，次の①，②から一つ選べ。

① 低血糖の血液を示す。　② 高血糖の血液を示す。

解　答　問1　ア ④　イ ③　問2　A ③　B ②　C ①　D ④
問3　A ③　B ①　C ①　D ②　問4　①

解　説　アはすい臓ランゲルハンス島B細胞に作用しているので副交感神経，イは副腎髄質とA細胞に作用しているので交感神経である。ウは低血糖の血液，エは高血糖の血液で，フィードバックを示す。血糖濃度を上げるおもなホルモンが3種類あるのに対し，血糖濃度を下げるホルモンはインスリンのみである。

第3章

演 習 問 題

36 血糖濃度の調節 4分

図は，健康なヒトが食事を始めたときから1時間ほどたったときまでのホルモンXとY，および両ホルモンの分泌と関係する物質Zの血液中の濃度変化を模式的に示したものである。

図

問1　図に示された範囲内で起こっているホルモンXとY，および物質Zの濃度変化に関する記述として最も適当なものを，次の①～④のうちから一つ選べ。

① XはYの分泌を促進している。
② ZはXの分泌を促進している。
③ YはXの分泌を促進している。
④ ZはYの分泌を促進している。

問2　図中の範囲内での変化から考えて，X，Y，Zに相当するホルモンおよび物質の組み合わせとして最も適当なものを次の①～④のうちから一つ選べ。

	①	②	③	④
X	グルカゴン	グルカゴン	アドレナリン	インスリン
Y	インスリン	アドレナリン	インスリン	グルカゴン
Z	グルコース	グルコース	グリコーゲン	グリコーゲン

〔センター試 改〕

37 体液濃度の調節 4分

ヒトの体液の塩分濃度もホルモンによって調節されている。体内の水分が不足し，塩分濃度が高くなると，(a)脳下垂体後葉からバソプレシンが分泌されることで，腎臓で生成する尿の量を減少させ，体内の水を保持する。また，(b)副腎皮質から分泌される鉱質コルチコイドも体液の塩分濃度や体液の量の調節にかかわっている。

問1　下線部(a)について，次の文章中の［ア］・［イ］に入る語句として最も適当なものを，下の①～④のうちから一つずつ選べ。

バソプレシンは，血液中の塩類濃度が［ア］なると分泌され，腎臓の［イ］，その結果，尿の量が減少する。

① 高　く　　② 細尿管においてナトリウムイオンの再吸収を促進し

③ 低　く　　④ 集合管において水を透過しやすくさせて

問2　下線部(b)に関連した次の文章中の［ウ］～［オ］に入る語句を，下の①～④のうちから一つずつ選べ。同じものを二度以上用いてもよい。

鉱質コルチコイドの作用でナトリウムイオンの再吸収が促進されると，尿中のナトリウムイオン濃度は［ウ］なる。このとき，腎臓での水の再吸収量が［エ］してくると，体内の細胞外のナトリウムイオン濃度が維持される。その結果，体液の量が［オ］し，それに伴い血圧が上昇する。

① 低　く　　② 高　く　　③ 減　少　　④ 増　加

〔共通テスト 改，共通テスト追試 改〕

第3章

38 体温調節 3分

恒温動物では，体温の情報が［ア］という脳の体温調節中枢に伝えられると，中枢は自律神経系や内分泌系を通じていろいろな組織や器官にはたらきかけ，体温を一定に保っている。例えば，寒冷環境下で体温が低下すると，［ア］の［イ］にある体温調節中枢が［ウ］神経を通じてはたらきかけることにより，皮膚の毛細血管が［エ］し，体表の血流を［オ］させ，放熱量が［カ］する。また，［キ］や副腎から分泌されるホルモンにより，熱の産生量が［ク］する。その結果，体温が上昇する。

問　文中の［ア］～［ク］に適する語句を次の①～ⓒのうちから一つずつ選べ。ただし，同じ語句を何度使用してもよい。

① 中　脳　　② 間　脳　　③ 延　髄　　④ 脳下垂体　　⑤ 視床下部

⑥ 甲状腺　　⑦ すい臓　　⑧ 交　感　　⑨ 副交感　　⓪ 拡　張

ⓐ 収　縮　　ⓑ 増　加　　ⓒ 減　少

〔岐阜大 改〕

1回目　／　2回目　／

第20講 酸素の運搬と血液凝固

1．赤血球のはたらき

A．酸素の運搬　酸素は，赤血球中に含まれている鉄を含んだ**ヘモグロビン**というタンパク質に結合して，肺から組織へ運ばれる。

B．ヘモグロビンの性質　ヘモグロビンは酸素濃度が高く，二酸化炭素濃度が低いところでは酸素と結合して酸素ヘモグロビンとなる。一方，酸素濃度が低く，二酸化炭素濃度が高いところではヘモグロビンは酸素を離す(解離する)。

O_2 濃度高い，CO_2 濃度低い(肺胞)

ヘモグロビン ⇄ 酸素ヘモグロビン

O_2 濃度低い，CO_2 濃度高い(組織)

酸素ヘモグロビンの割合と酸素濃度との関係を示したグラフを**酸素解離曲線**という。

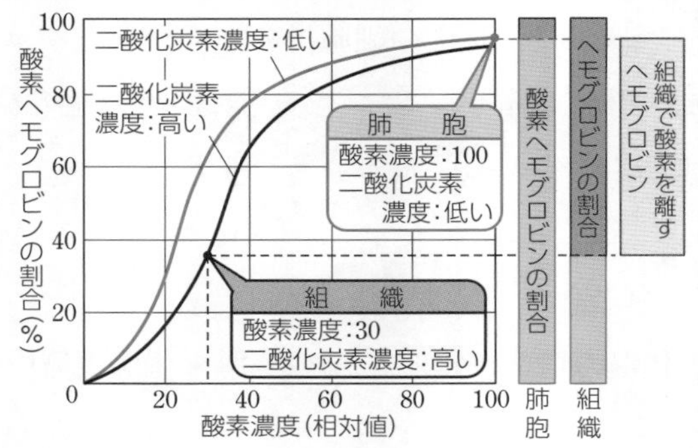

2．血液の循環を維持するしくみ－血液凝固と線溶

血液凝固のしくみ　血管が破れて出血すると，傷ついた箇所に**血小板**が集まり，血小板から出された物質などのはたらきにより**フィブリン**という繊維状のタンパク質ができる。このフィブリンに赤血球などの血球が絡まって，**血ぺい**ができ，傷口をふさぐ。この過程を**血液凝固**という。

フィブリン　水に溶けにくい繊維状のタンパク質。血液を試験管に採るなどして静置しておくとフィブリンが血球を絡めて血ぺいを形成し，血液は血ぺいと血清に分かれる。血清とは，血しょうから血液凝固に関係するタンパク質を除いたもの。

線溶(フィブリン溶解)　血管の傷が修復されると，酵素によってフィブリンが分解される。これを**線溶**という。このようにして血ぺいが除去される。

血液　→(静置)→　血清／血ぺい

例題 18　酸素の運搬

図は，ある哺乳類の酸素解離曲線を示したものである。肺胞での酸素濃度は相対値 100，二酸化炭素濃度は相対値 40 であり，組織での酸素濃度は相対値 20，二酸化炭素濃度は相対値 60 である。

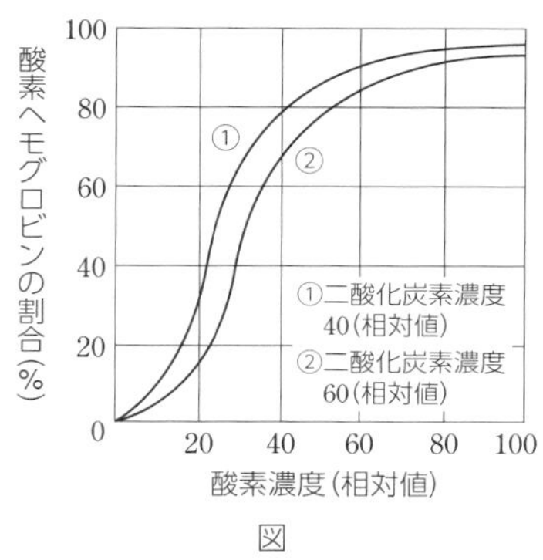

図

問1　肺胞での血液中の酸素ヘモグロビンの割合を，次の①～④のうちから一つ選べ。

① 60%　② 80%　③ 90%　④ 95%

問2　組織での血液中の酸素ヘモグロビンの割合を，次の①～④のうちから一つ選べ。

① 15%　② 25%　③ 30%　④ 50%

問3　組織では，全ヘモグロビンのうち何%のヘモグロビンが酸素を解離したことになるか。問1の①～④のうちから最も適するものを一つ選べ。

問4　組織で放出される酸素は血液 100 mL 当たりいくらか。次の①～④のうちから一つ選べ。ただし，血液 100 mL 中には酸素飽和度 100% で酸素 20 mL が溶けているものとし，肺胞から組織に達する途中での酸素の放出はないものとする。

① 95 mL　② 80 mL　③ 19 mL　④ 16 mL

解答　問1 ④　問2 ①　問3 ②　問4 ④

解説　問1・問2　肺胞では二酸化炭素濃度が相対値 40，酸素濃度が相対値 100 であるから，①のグラフの酸素濃度 100 のときの酸素ヘモグロビンの割合を読み取ると，約 95% である。組織では二酸化炭素濃度の相対値 60 で，酸素濃度が相対値 20 であるから，②のグラフの酸素濃度 20 のときの酸素ヘモグロビンの割合を読み取ると，約 15% である。

問3　肺胞ではヘモグロビンの 95% が酸素ヘモグロビンとなるが，組織ではヘモグロビンの 15% しか酸素ヘモグロビンとして存在できないので，酸素を解離したヘモグロビンの割合は 95% − 15% = 80% である。

問4　酸素飽和度とは酸素ヘモグロビンの占める割合のことで，100% なら 20 mL の酸素を運んでいるということ。問3で求めた答えである 80% のヘモグロビンが組織で酸素を解離したことになるので，組織で放出される酸素は血液 100 mL 当たり $20\,\mathrm{mL} \times \dfrac{80}{100} = 16\,\mathrm{mL}$ となる。

第3章

演習問題

39 酸素の運搬 8分

ヒトでは，細胞の呼吸に必要な酸素は，赤血球中のヘモグロビン(Hb)に結合して運ばれる。動脈血中の酸素が結合したヘモグロビン(HbO_2)の割合(%)は，図1のような光学式血中酸素飽和度計を用いて，指の片側から赤色光と赤外光とを照射したときのそれぞれの透過量をもとに連続的に調べることができる。図2は，Hb と HbO_2 がさまざまな波長の光を吸収する度合いの違いを示しており，縦軸の値が大きいほどその波長の光を吸収する度合いが高い。光学式血中酸素飽和度計では，実際の測定値を，あらかじめさまざまな濃度で酸素が溶けている血液を使って調べた値と照合することで，動脈血中のHbO_2の割合を求めている。

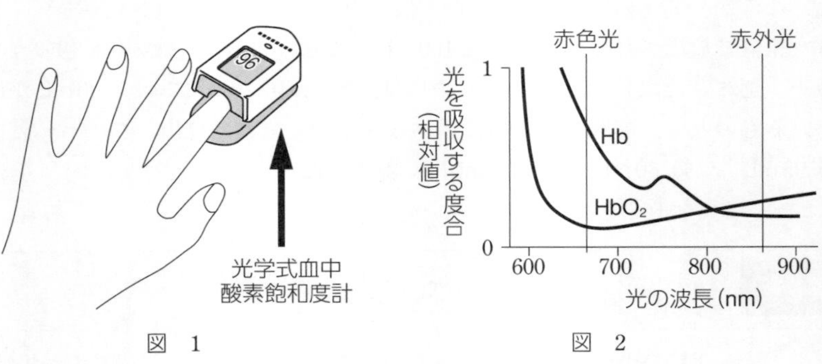

図 1　　図 2

問1　下線部に関連して，図2を参考に，光学式血中酸素飽和度計を用いた測定に関する記述として最も適当なものを，次の①～④のうちから一つ選べ。

① 動脈血では，赤色光に比べて赤外光の透過量が多くなる。

② 組織で酸素が消費された後の血液は，赤色光が透過しやすくなる。

③ 血管内の血流量が変化すると，それに伴い赤色光と赤外光の透過量も変化するため，透過量の時間変化から脈拍の頻度が推定できる。

④ 赤外光の透過量から，動脈を流れる Hb の総量を推定できる。

問2　ある人が富士山に登ったところ，山頂付近（標高3770 m の地点）で息苦しさを感じた。そこで，光学式血中酸素飽和度計を使って HbO_2 の割合を計測すると，80％だった。図3を踏まえて，山頂付近における(a)動脈血中の酸素濃度（相対値）と，(b)動脈血中の HbO_2 のうち組織で酸素を解離した割合（％）の数値として最も適当なものを，後の①～⑥のうちからそれぞれ一つずつ選べ。なお，山頂付近における組織の酸素濃度（相対値）は20であるとする。

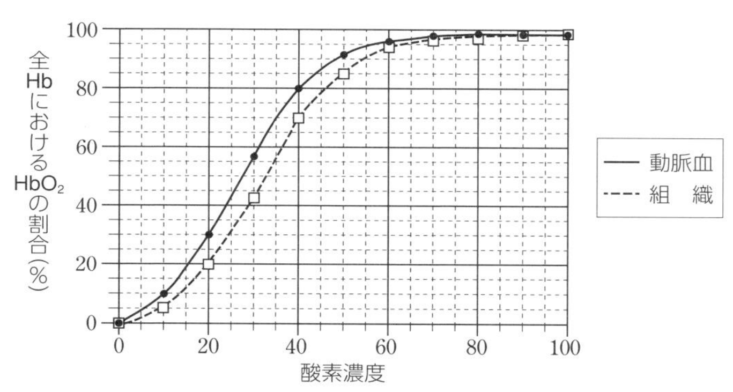

（平地における動脈血中の酸素濃度を100としたときの相対値）

図　3

① 30　　② 40　　③ 60　　④ 75　　⑤ 80　　⑥ 95

〔共通テスト〕

40　血液凝固　3分

問　次の記述ⓐ～ⓒは，血管が傷ついたときに，傷口がふさがれて出血が止まるまでの過程で起こる現象を示したものである。傷口で起こる現象の順序として最も適当なものを，後の①～⑥のうちから一つ選べ。

ⓐ 繊維状の物質が形成される。

ⓑ 赤血球などを絡めた塊ができる。

ⓒ 血小板が集まる。

① ⓐ→ⓑ→ⓒ　　② ⓐ→ⓒ→ⓑ　　③ ⓑ→ⓐ→ⓒ

④ ⓑ→ⓒ→ⓐ　　⑤ ⓒ→ⓐ→ⓑ　　⑥ ⓒ→ⓑ→ⓐ　　〔共通テスト〕

1回目　／　2回目　／

第21講 免　疫

1. からだを守るしくみ―免疫

A. 免疫とは　病原体や有害物質などの異物が体内に侵入するのを阻止したり，侵入した異物を排除したりして，生物のからだを守るしくみ。

粘膜による防御

鼻・口
鼻水・唾液による殺菌。くしゃみ・せきによる異物の排除

眼
涙による殺菌

気管
繊毛上皮による異物の排除

胃
胃酸による殺菌

2. 自然免疫

A. 物理的・化学的防御

皮膚や粘膜で異物の侵入を防ぐ，体表での防御。

① **物理的防御**　皮膚の表面はケラチンというタンパク質でできた角質層でおおわれ，鼻や口・消化管・気管の表面は粘膜でおおわれて，病原体などの侵入を防ぐ。

② **化学的防御**　皮膚や粘膜からの分泌物が，病原体の繁殖を防ぐ。また，分泌物に含まれる**リゾチーム**や**ディフェンシン**などが，病原体を破壊する。

B. 食作用　体内に入った異物は，白血球の一種である**好中球**や**マクロファージ**，**樹状細胞**の**食作用**によって消化・分解される。樹状細胞は，異物を取りこむとリンパ節に移動し，取りこんだ異物の情報をリンパ球に提示して，**適応免疫**を開始させる。

食細胞による食作用

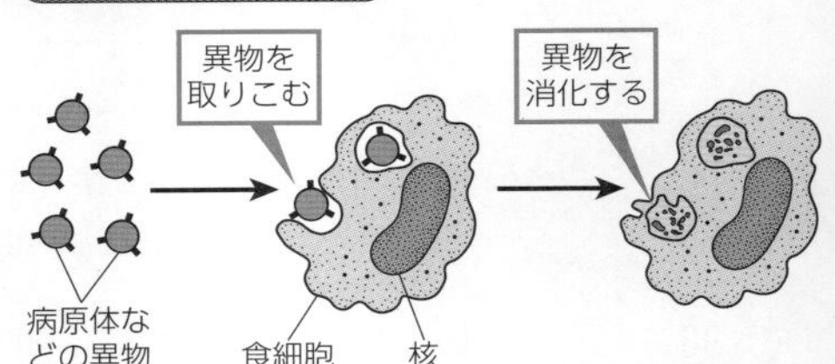

C. ナチュラルキラー細胞(NK 細胞)　病原体に感染した細胞やがん細胞を排除する。

3. 適応免疫

自然免疫で排除しきれなかった異物に対してはたらく。

体液性免疫：リンパ球のうち，おもに**B 細胞**がはたらく。**抗体**を生産。

細胞性免疫：リンパ球のうち，おもに**T 細胞**がはたらく。感染細胞への攻撃など。

4. ABO 式血液型の凝集反応

ヒトにはABO式血液型があり，異なる血液型の血液を混ぜ合わせると，血液凝集反応が起こる。これは一種の**抗原抗体反応**であるが，抗体に相当する**凝集素**が生まれつき存在している点で，獲得免疫と異なる。

	凝集原	凝集素
A 型	A	β
B 型	B	α
AB 型	A と B	なし
O 型	なし	α と β

それぞれの血液型のヒトの赤血球表面に存在する**凝集原**(**抗原**)と血しょう中に存在する凝集素(抗体)は右表の通りである。凝集原Aと凝集素 α，凝集原Bと凝集素 β が特異的に結合するので，A型のヒトの赤血球(凝集原A)とB型のヒトの血清(凝集素 α)を混合すると血液は凝集する。

例題 19 免疫反応

(a)ヒトの皮膚や消化管などの上皮は，外界からの菌や異物の侵入を物理的・化学的に防いでいる。それが破られて体内に異物が侵入すると，食作用をもった細胞がはたらき，それでも排除しきれないものに対しては，適応免疫がはたらく。

問1　次の記述ⓐ～ⓓのうち，下線部(a)の例の組み合わせとして最も適当なものを，後の①～⑥のうちから一つ選べ。

ⓐ 気管支の内面は，繊毛に覆われている。
ⓑ マクロファージが食作用を行う。
ⓒ 消化管の内壁では，消化酵素が分泌される。
ⓓ すい臓からグルカゴンが分泌される。

① ⓐ，ⓑ　② ⓐ，ⓒ　③ ⓐ，ⓓ　④ ⓑ，ⓒ　⑤ ⓑ，ⓓ　⑥ ⓒ，ⓓ

問2　免疫の記述として誤っているものを，次の①～④のうちから一つ選べ。

① 生まれつき備わっている食細胞が関与する免疫は自然免疫である。
② 皮膚や粘膜からの分泌物に含まれるリゾチームは化学的防御の一つである。
③ B細胞のつくった抗体による免疫は，体液性免疫である。
④ 病原体に感染した細胞やがん細胞を攻撃するNK細胞は細胞性免疫を担う。

問3　次の現象ⓔ～ⓗで，免疫のしくみに基づいて起こる現象の組み合わせとして最も適当なものを，後の①～⑥のうちから一つ選べ。

ⓔ 出血時の血液凝固　ⓕ カタラーゼによる過酸化水素の分解
ⓖ 臓器移植による拒絶反応　ⓗ アレルギー

① ⓔ，ⓕ　② ⓔ，ⓖ　③ ⓔ，ⓗ　④ ⓕ，ⓖ　⑤ ⓕ，ⓗ　⑥ ⓖ，ⓗ

問4　次の表のア～ウに入る語を，下の①～④のうちから一つずつ選べ。

	自然免疫	適応免疫
排除の速さ	ア	イ
おもに関与する細胞	ウ	T細胞，B細胞

① 速　い　② 遅　い　③ 好中球　④ 形質細胞　〔センター追試 改〕

解答　問1 ②　問2 ④　問3 ⑥　問4 ア① イ② ウ③

解説
問1 皮膚や消化管上皮の防御であることに注意。
問2 NK細胞(ナチュラルキラー細胞)は自然免疫を担う細胞の一つである。
問3 臓器移植による拒絶反応は細胞性免疫，アレルギーは過敏な免疫反応である。
問4 自然免疫は好中球が関与し，侵入後数時間で起こる。形質細胞は分化したB細胞。

第3章

演習問題

41 自然免疫と適応免疫 5分

免疫には，(a)物理的・化学的な防御を含む自然免疫と(b)適応免疫(獲得免疫)とがある。自然免疫には(c)食作用を起こすしくみがある。

問1 下線部(a)に関する記述として誤っているものを，次の①～⑤のうちから一つ選べ。

① マクロファージは，細菌を取り込んで分解する。

② ナチュラルキラー細胞(NK細胞)は，ウイルスに感染した細胞を食作用により排除する。

③ だ液に含まれるリゾチームは，細菌の細胞壁を分解する。

④ 皮膚の角質層や気管の粘液は，ウイルスの侵入を防ぐ。

⑤ 汗は，皮膚表面を弱酸性に保ち，細菌の繁殖を防ぐ。

問2 自然免疫について，細菌感染の防御における役割を調べるため，実験1を行った。実験1の結果から導かれる後の考察文中の［ア］・［イ］に入る語句を，後の①～⑤のうちからそれぞれ一つずつ選べ。

実験1 大腸菌を，マウスの腹部の臓器が収容されている空所(以下，腹腔)に注射した。注射前と注射4時間後の腹腔内の白血球数を測定したところ，図の実験結果が得られた。

図

〔考察文〕

大腸菌の注射により，多数の好中球が［ア］から周辺の組織を経て腹腔内に移動したと考えられる。好中球は，［イ］とともに，食作用により大腸菌を排除すると推測される。

① 血　管　② リンパ管　③ 胸　腺

④ マクロファージ　⑤ NK細胞

問３　下線部(b)の免疫には関係しない細胞を次の①～⑤のうちから一つ選べ。

① マクロファージ　② 樹状細胞　③ NK 細胞

④ T 細胞　⑤ B 細胞

問４　下線部(c)に関連して，次のⓐ～ⓒのうち，食作用をもつ白血球を過不足なく含むものを，下の①～⑦のうちから一つ選べ。

ⓐ 好中球　ⓑ 樹状細胞　ⓒ リンパ球

① ⓐ　② ⓑ　③ ⓒ　④ ⓐ，ⓑ

⑤ ⓐ，ⓒ　⑥ ⓑ，ⓒ　⑦ ⓐ，ⓑ，ⓒ　〔共通テスト 改〕

42　ABO 式血液型と血液凝集反応　５分

ヒトの ABO 式血液型では，赤血球の表面の凝集原（抗原）と血清中の凝集素（抗体）の違いによって 4 種類の血液型に分けられる。血液型が A 型のヒトの血清を A 型標準血清，B 型のヒトの血清を B 型標準血清という。そして，凝集原 A と凝集素 α，または凝集原 B と凝集素 β が同時に存在すると，凝集反応が起こる。

血液型	A 型	B 型	AB 型	O 型
赤血球の表面の凝集原	A	B	A，B	なし
血清中の凝集素	β	α	なし	α，β

問１　ある人の ABO 式血液型を調べるため，その人の血液を 1 滴ずつ A 型標準血清および B 型標準血清に加えて凝集反応を調べたところ，右図のようになった。この人の血液型を，次の①～④のうちから一つ選べ。

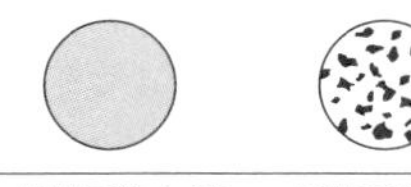

A型標準血清　B型標準血清

① A 型　② B 型　③ AB 型　④ O 型

問２　男女合わせて 100 人の血液型を調べたところ，17 人は A 型標準血清に，48 人は B 型標準血清に，それぞれ凝集反応を示した。四つの血液型のうち，AB 型の人が最も少なく，O 型の人の 8 分の 1 であった。A 型，AB 型の人数はそれぞれ何人か。次の①～⑤のうちからそれぞれ一つずつ選べ。

① 5 人　② 12 人　③ 31 人　④ 40 人　⑤ 43 人

1回目　／　2回目　／

第22講 免疫のしくみと病気

適応免疫　自然免疫では排除できなかった異物(抗原)に対して特異的に排除する免疫。おもにリンパ球の**T細胞**(骨髄でつくられ，胸腺で分化)と**B細胞**(骨髄でつくられ，そこで分化)がはたらく。T細胞にはヘルパーT細胞とキラーT細胞がある。

A．リンパ球の特異性と多様性

適応免疫にはたらくリンパ球には，一種類の抗原にのみはたらくという特異性がある。多様な抗原に対応するため，多様なT細胞やB細胞が存在する。自己の細胞にはたらくリンパ球は排除されるので，通常，自己には免疫がはたらかない。この状態を**免疫寛容**という。

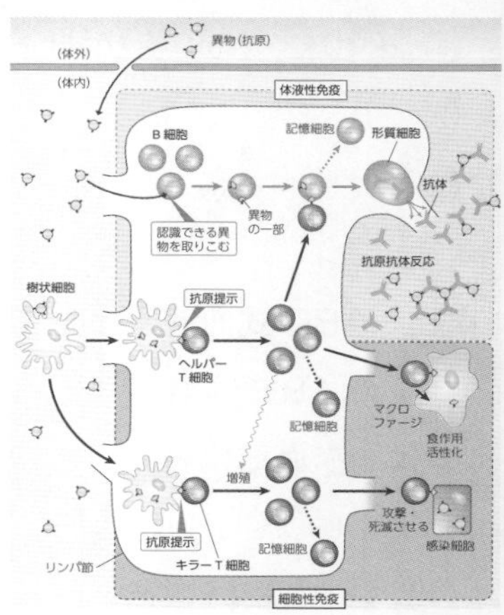

B．抗原提示　体内に入った異物(抗原)を樹状細胞やマクロファージ，B細胞が取りこんで分解し，その一部を細胞表面に提示すること。

C．適応免疫のしくみ

❶ **抗体による免疫反応(体液性免疫)**　B細胞は，各々が認識できる抗原であれば取りこんで抗原提示する。リンパ節で樹状細胞が提示した抗原に適合するヘルパーT細胞が接触すると，ヘルパーT細胞は活性化し，増殖する。増殖したヘルパーT細胞は同じ抗原を提示するB細胞に接触して活性化させ，B細胞は増殖し，**形質細胞**(**抗体産生細胞**)へと分化する。形質細胞は，**免疫グロブリン**とよばれるタンパク質からなる**抗体**を血液中に放出する。この抗体が抗原と結合(**抗原抗体反応**)して，抗原を無毒化する。抗体による免疫を**体液性免疫**という。

❷ **食作用の増強と感染細胞への攻撃(細胞性免疫)**　増殖したヘルパーT細胞は感染した組織に移動し，抗原提示しているマクロファージを活性化して，食作用を促進させる。樹状細胞の提示した抗原に対応する**キラーT細胞**も増殖し，同じ抗原を提示している細胞(病原体に感染した細胞)を攻撃し，死滅させる(**細胞性免疫**)。

D．免疫記憶　初めての抗原が侵入すると免疫(**一次応答**)が起こるまで時間がかかるが，そのとき活性化したT細胞やB細胞の一部は**記憶細胞**として残る。それ以降同じ抗原が入ってくると速やかで強い免疫反応(**二次応答**)が起こるので，発病から免れやすい。

E．免疫の利用　弱毒化した病原体やその産物を接種し，人工的に免疫記憶を獲得させる方法を**予防接種**という。このとき接種するものを**ワクチン**という。

F．アレルギー　免疫反応が過敏になり生体に不利にはたらくこと。アレルギーの原因物質を**アレルゲン**といい，重篤な全身症状を**アナフィラキシーショック**という。

例題 20 免疫と感染

(1)ヒトを含めて動物には，ウイルスや細菌などの病原体やさまざまな異物が体内に侵入すると，速やかに排除する免疫のしくみが備わっている。脊椎動物の免疫系では，白血球の一種である［ア］球が中心的なはたらきをしている。［ア］球には，B細胞とT細胞がある。B細胞は［イ］でつくられ，そこで分化してから血液や末しょう［ア］節，ひ臓に入る。一方，T細胞は［イ］でつくられた後，未成熟な状態で［ウ］に入り，そこで成熟する。(2)B細胞は体内に侵入した異物に対する抗体を生産する形質細胞となる。T細胞には，(3)ウイルスなどに感染した細胞を直接攻撃し排除する［エ］，およびB細胞の抗体生産や［エ］のはたらきを助ける［オ］などがある。

ヒト免疫不全ウイルス(HIV)は［オ］に感染し，これを破壊するため，免疫系のはたらきを長期にわたって低下させる。そのため，(4)健康なヒトでは増殖が抑えられている微生物が，HIV感染者の体内では増殖し重篤な感染症を引き起こす。

問１　文章中の［ア］～［オ］に入る語を，次の①～⑧のうちから一つずつ選べ。

① 骨　髄　② 脊　椎　③ 胸　腺　④ キラーT細胞
⑤ リンパ　⑥ 好　中　⑦ ヘルパーT細胞　⑧ 形質細胞

問２　下線部(1)について，抗体の標的となる異物を一般的に何というか。次の①～④のうちから一つ選べ。

① 凝集原　② 抗　原　③ 酵　素　④ アレルゲン

問３　下線部(2)について，抗体による特異的な結合を何というか。次の①～④のうちから一つ選べ。

① 抗原抗体反応　② 代　謝　③ 食作用　④ 体液性免疫

問４　下線部(3)について，［エ］がウイルスなどに感染した細胞を直接攻撃し，排除する免疫のしくみを何というか。次の①～④のうちから一つ選べ。

① 自然免疫　② 物理的・化学的防御　③ 体液性免疫　④ 細胞性免疫

問５　下線部(4)のような感染を何というか。次の①～④のうちから一つ選べ。

① 接触感染　② アナフィラキシー　③ 日和見感染　④ 空気感染

解答　問１　ア⑤　イ①　ウ③　エ④　オ⑦　問２　②　問３　①
問４　④　問５　③

解説　問３　抗体は抗原と特異的に結合する。この反応を抗原抗体反応という。
問５　HIVに感染すると免疫機能が低下し，通常では感染しても発症しないような病気にかかることがある。これを日和見感染という。

第3章

演習問題

43 免疫のしくみ 10分

ヒトの体内に侵入した病原体は，(a)自然免疫の細胞と適応免疫（獲得免疫）の細胞が協調してはたらくことによって排除される。適応免疫には，(b)一度感染した病原体の情報を記憶するしくみがある。

問1　下線部(a)に関連して，図はウイルスが初めて体内に侵入してから排除されるまでのウイルスの量と2種類の細胞のはたらきの強さの変化を表している。ウイルス感染細胞を直接攻撃する図の細胞ⓐと細胞ⓑのそれぞれに当てはまる細胞として最も適当なものを，次の①～⑤のうちから一つずつ選べ。

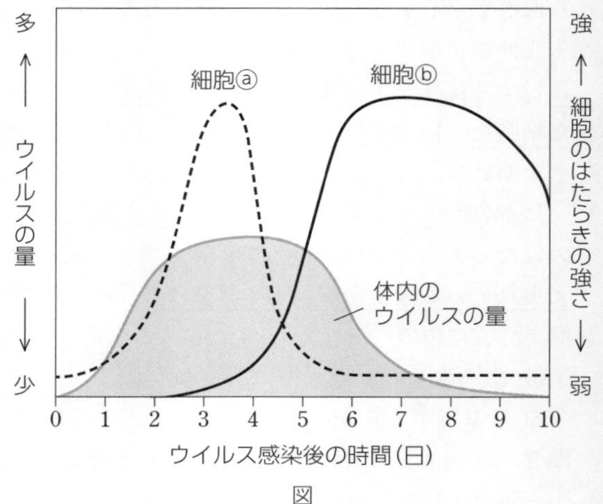

図

① マクロファージ　② ナチュラルキラー細胞　③ B細胞
④ ヘルパーT細胞　⑤ キラーT細胞

問2　適応免疫のうち細胞性免疫がもつはたらきの例として最も適当なものを，次の①～⑤のうちから一つ選べ。

① がん細胞を認識して，直接攻撃し排除する。
② ヘビの毒をあらかじめ接種したウマから得られた血清を，ヘビにかまれたヒトに注射すると，ヘビの毒素は無毒化される。
③ エイズ（AIDS）を引き起こす。
④ スギやブタクサの花粉を抗原として認識し，花粉症が起こる。
⑤ 抗体が結合した抗原は，マクロファージの食作用により排除される。

問３　マウスもヒトと同様の細胞性免疫機構によって，非自己を認識して排除する。細胞表面タンパク質が異なる三匹のマウスＸ，Ｙ，Ｚを用いて皮膚移植の実験をした。マウスＸとＹには生まれつきＴ細胞が存在せず，マウスＺにはＴ細胞が存在する。拒絶反応が起こるのはどれか。次の①～⑥のうちから一つ選べ。

① マウスＸの皮膚をマウスＹに移植

② マウスＹの皮膚をマウスＸに移植

③ マウスＸの皮膚をマウスＺに移植

④ マウスＺの皮膚をマウスＹに移植

⑤ マウスＺの皮膚をマウスＸに移植

⑥ マウスＺの皮膚をマウスＺに移植

問４　下線部(b)に関連して，以前に抗原を注射されたことがないマウスを用いて，抗原を注射した後，その抗原に対応する抗体の血液中の濃度を調べる実験を行った。１回目に抗原Ａを，２回目に抗原Ａと抗原Ｂとを注射したときの，各抗原に対する抗体の濃度の変化を表した図として最も適当なものを，次の①～④のうちから一つ選べ。

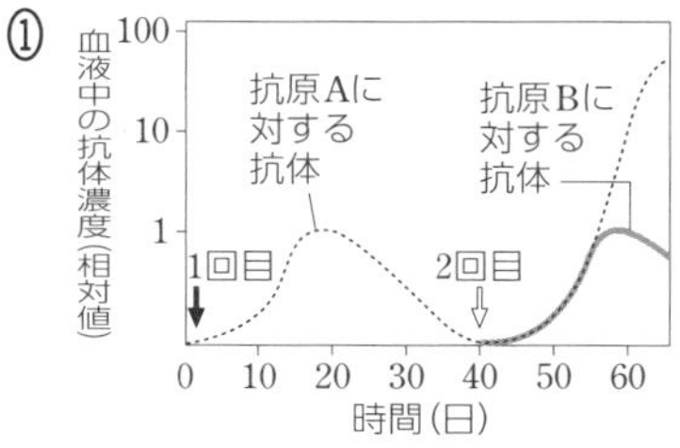

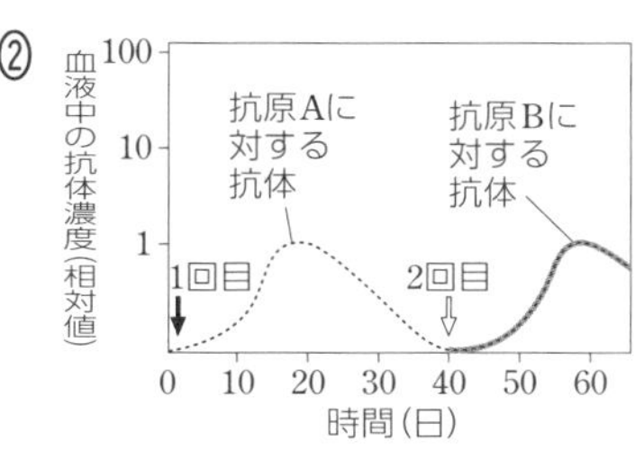

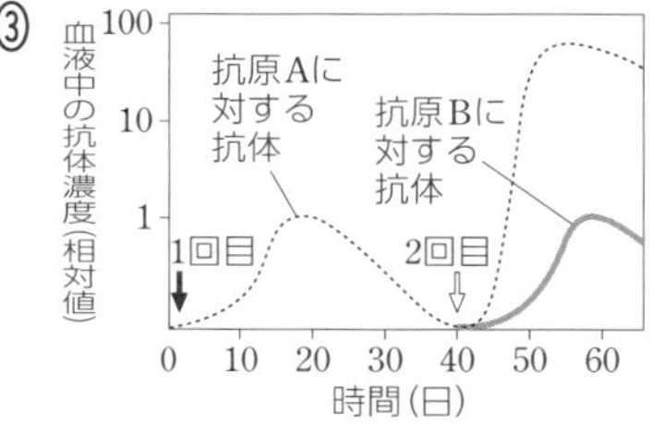

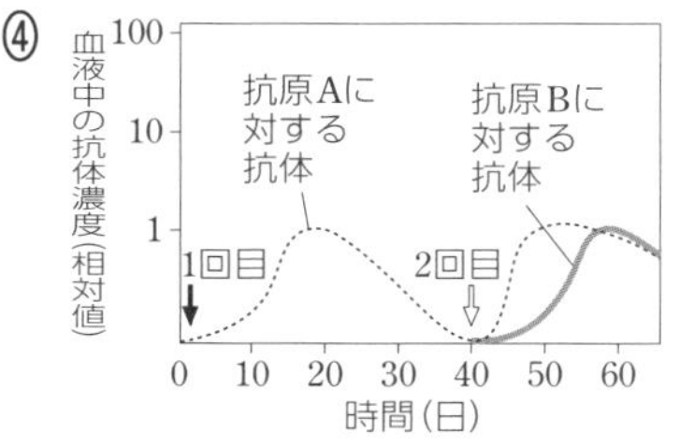

〔共通テスト 改，センター追試 改〕

第23講 実践問題

第1問　次の文章を読み，後の問いに答えよ。

心臓の拍動によって体循環に送り出される血流量(以下，心拍出量)は心拍数と密接な関係があり，激しい運動時(以下，運動時)に心拍数が増加すると，心拍出量も増加する。また，各器官や組織に配分される血流量や，その心拍出量に対する割合(以下，血流配分率)も，安静時と運動時とで異なる。**表**は，ある人の安静時と運動時の各器官または組織における1分間当たりの血流量と血流配分率を測定した結果である。

表

器官または組織	安静時 血流量(L/分)	安静時 血流配分率(%)	運動時 血流量(L/分)	運動時 血流配分率(%)
脳	0.75	15	1.00	4
心筋	0.25	5	1.25	5
肝臓・消化管	1.25	25	1.00	4
腎臓	1.00	20	0.75	3
骨格筋	1.00	20	18.50	74
皮膚	0.25	5	2.25	9
骨・生殖器・その他	0.50	10	0.25	1

問1　**表**の人の安静時における，1分間当たりの肺循環の血流量(L/分)として最も適当なものを，次の①～⑥のうちから一つ選べ。

① 0.00　② 0.25　③ 1.25
④ 5.00　⑤ 10.00　⑥ 25.00

問２　**表**に基づいて，運動時に見られる安静時からの血流配分率の変化と，それに伴ってからだに生じていると考えられる現象の記述として適当なものを，次の①～⑥のうちから二つ選べ。

① 骨格筋への血流配分率が増えているので，運動の継続に必要な酸素の骨格筋への供給量が増加している。

② 皮膚への血流配分率が増えているので，体表からの熱の放散が抑制されている。

③ 心筋への血流配分率が変化していないので，心臓の拍動に必要なエネルギーの供給量が不足している。

④ 肝臓・消化管への血流配分率が減っているので，減った分の血液が血流量の増加する器官に供給されている。

⑤ 脳への血流配分率が減っているので，脳へ供給されるグルコースの量が減少している。

⑥ 腎臓への血流配分率は減っているが，つくり出される原尿の量は増加している。

問３　**表**の人が運動をやめたところ，運動中に優位にはたらいていた自律神経Ａに代わって，それとは異なる自律神経Ｂが優位にはたらき始めた。この自律神経Ｂが行う作用として誤っているものを，次の①～⑤のうちから一つ選べ。

① 瞳孔(ひとみ)を縮小させる。

② 心臓の拍動数を減少させる。

③ 立毛筋を収縮させる。

④ 胃のぜん動を促進する。

⑤ 気管支を収縮させる。

〔共通テスト追試〕

第2問 次の文章A，Bを読み，後の問いに答えよ。

A (a)チロキシンは生体内の代謝を促進するホルモンであるが，カエルでは変態にも必須で，幼生(オタマジャクシ)の血液中のチロキシン濃度は，変態の進み具合に応じて変化する。また，幼生の飼育水にチロキシンを加えておくと，加えていない場合よりも変態が速く進む。この現象に着目し，アフリカツメガエルの幼生を使って，変態に影響を及ぼすことがわかっている化学物質Xが，チロキシンの作用を阻害するか，それとも増強するかを調べることにした。変態の進み具合は，幼生の形態的変化を指標に数値化(以下，形態指標)できる。血液中のチロキシンが検出可能となる濃度まで上昇した幼生の形態指標を1に設定したところ，その後の経過日数に対する形態指標および血液中のチロキシン濃度は，図1のように変化した。これを参考に，実験1を行った。

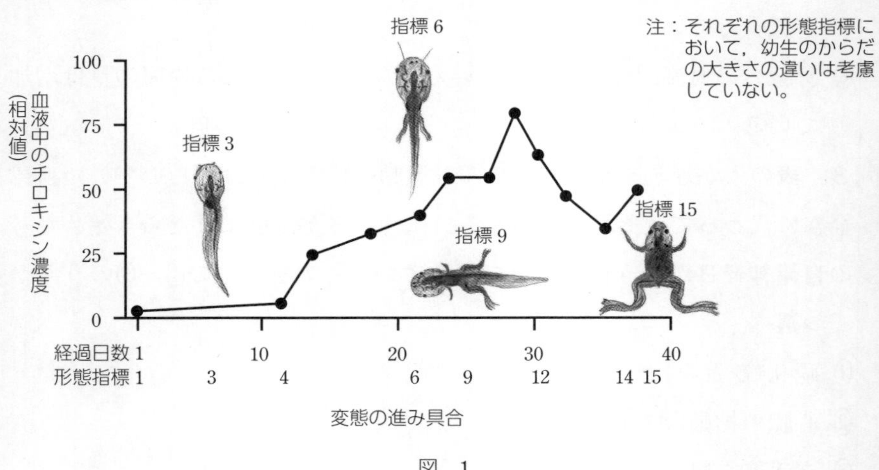

図 1

実験1 形態指標1の幼生を数匹ずつ四つの水槽に入れ，それぞれ「対照実験群(飼育水のみ)」，「チロキシン投与群」，「化学物質X投与群」，「チロキシンおよび化学物質X投与群」とした。温度や餌，明暗周期などの条件をすべて同一にして飼育し，3週間後の形態を形態指標に基づいて比較した。なお，投与したチロキシンおよび化学物質Xの濃度は，いずれの投与群でも，それぞれ等しいものとする。

問１　下線部(a)に関連して，カエルがヒトやマウスと同じ機構でチロキシンの分泌調節を行っていると仮定する。カエルの成体から次の器官ⓐ〜ⓒを摘出し，すりつぶしてそれぞれの抽出液をつくり，形態指標１の幼生に注射した場合，変態が速く進むと考えられるホルモンを含んでいるものはどれか。それを過不足なく含むものを，後の①〜⑦のうちから一つ選べ。

ⓐ 間脳の視床下部　　ⓑ 脳下垂体　　ⓒ 甲状腺

① ⓐ　　② ⓑ　　③ ⓒ　　④ ⓐ，ⓑ

⑤ ⓐ，ⓒ　　⑥ ⓑ，ⓒ　　⑦ ⓐ，ⓑ，ⓒ

問２　仮にカエルがヒトやマウスと同じ機構でチロキシンの分泌調節を行っているとすると，脳下垂体を摘出したカエルの成体に見られる現象として誤っているものを，次の①〜④のうちから一つ選べ。

① 甲状腺刺激ホルモン放出ホルモンの分泌量が増す。

② 甲状腺が肥大する。

③ チロキシンの分泌量が減少する。

④ 甲状腺刺激ホルモンの分泌がなくなる。

問３　図２は実験の結果であり，Ⅰ〜Ⅳは実験の四つの処理群のいずれかに相当する。図１と比較すれば，Ⅰ〜Ⅳのうち対照実験群に相当するものがわかるので，化学物質Ｘがチロキシンの作用を阻害しているか，あるいは増強しているかがわかる。図２のⅢ・Ⅳに相当する処理として最も適当なものを，次の①〜④のうちからそれぞれ一つずつ選べ。

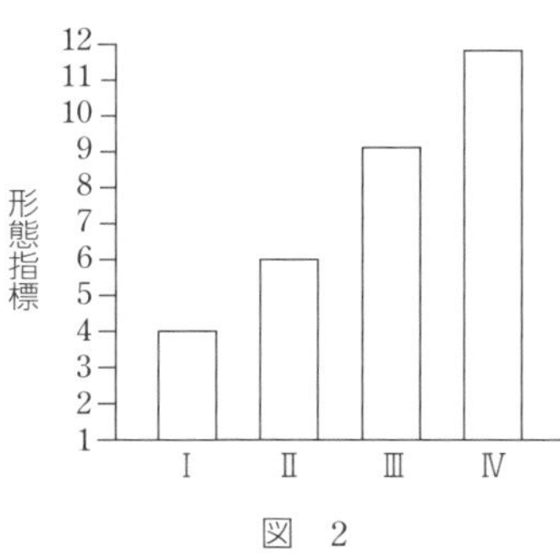

図　2

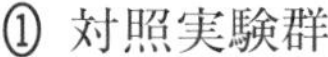
① 対照実験群　　② チロキシン投与群

③ 化学物質Ｘ投与群　　④ チロキシンおよび化学物質Ｘ投与群

B　ヒトやブタなどの動物では，血液中に含まれる糖の濃度(血糖濃度)をほぼ一定に保つしくみがある。糖を摂取した後，血糖濃度は一時的に上昇するが，その後血糖が細胞に取りこまれることで，通常の濃度に戻る。他方，血糖は細胞に取りこまれた後エネルギー源として常に消費されているため，空腹時や運動後には(b)血糖濃度は低下するが，蓄えられていた糖や新たにつくられた糖が血液中に放出されることで，通常の濃度に戻る。

前夜から絶食させたブタに，体重1kg当たり2.5gのグルコースを口から投与し，血糖濃度および血糖濃度の調節にかかわるホルモンXとホルモンYの濃度を，時間を追って測定した。図3は，その結果を示したものである。なお，ホルモンXとホルモンYは同一器官から分泌されている。

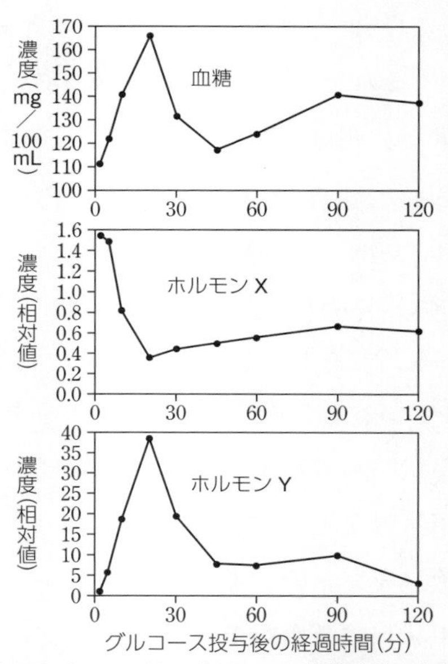

注：ホルモンについては，グルコースの投与直前の濃度を1とする。

図　3

問4　図3を踏まえて，次の文章中の［ア］～［エ］に入る記号や語句として最も適当なものを，後の①～⑤のうちから一つずつ選べ。

血糖濃度が上昇すると，ホルモン［ア］がはたらき，血糖濃度を減少させる。ホルモン［ア］は［イ］である。いったん血糖濃度が減少した後，ホルモン［ウ］がはたらき，血糖濃度を上昇させる。ホルモン［ウ］は［エ］である。

①　X　　②　Y　　③　インスリン　　④　アドレナリン　　⑤　グルカゴン

問5　下線部(b)に関連して，血糖濃度が低下したときに分泌されるホルモンは複数知られており，これらのホルモンのはたらきにより，血糖濃度は上昇する。次の記述ⓓ～ⓕのうち，血糖濃度を上昇させるしくみについての記述として適当なものはどれか。それを過不足なく含むものを，後の①～⑦のうちから一つ選べ。

ⓓ バソプレシンが分泌され，原尿に含まれる糖の再吸収が促進される。

ⓔ アドレナリンが分泌され，肝臓でのグリコーゲンの分解が促進される。

ⓕ 糖質コルチコイドが分泌され，タンパク質からのグルコース合成が促進される。

① ⓓ　② ⓔ　③ ⓕ　④ ⓓ，ⓔ

⑤ ⓓ，ⓕ　⑥ ⓔ，ⓕ　⑦ ⓓ，ⓔ，ⓕ

問6　ホルモンに関する次の文章中の［オ］・［カ］に入る語句として最も適当なものを，後の①～⑤のうちから一つずつ選べ。

ホルモンは，内分泌腺から血液中に分泌され，標的細胞の［オ］に直接結合することで作用を引き起こす。ホルモンによる体内環境の調節は，ぼうこうでの排尿の調節などの自律神経系による調節と比較して，作用が生じるまでの時間が［カ］。

① 受容体　② ATP　③ DNA　④ 短　い　⑤ 長　い

〔共通テスト追試 改〕

第3問　次の文章を読み，後の問いに答えよ。

適応免疫には(a)体液性免疫と(b)細胞性免疫がある。免疫を人工的に獲得させ，感染症を予防する方法として，(c)予防接種がある。

問1　下線部(a)に関連して，抗体のはたらきを調べるため**実験1**を行った。後の記述ⓐ～ⓓのうち，**実験1**でマウスが生存できたことについての適当な説明を過不足なく含むものを，下の①～⓪のうちから一つ選べ。

実験1　マウスに致死性の毒素を注射した直後に，毒素を無毒化する抗体を注射したところ，マウスは生存できた。

ⓐ 予防接種の原理がはたらいた。　ⓑ 血清療法の原理がはたらいた。

第3章

ⓒ このマウスのT細胞がはたらいた。

ⓓ このマウスのB細胞がはたらいた。

① ⓐ　② ⓑ　③ ⓒ　④ ⓓ

⑤ ⓐ，ⓒ　⑥ ⓐ，ⓓ　⑦ ⓑ，ⓒ　⑧ ⓑ，ⓓ

⑨ ⓐ，ⓒ，ⓓ　⓪ ⓑ，ⓒ，ⓓ

問2　下線部(a)に関連して，抗体産生に関する次の文章を読み，文中の［ア］に入る語句として最も適当なものを，後の①～⑥のうちから一つ選べ。

ウイルスWが感染したすべてのマウスは，10日以内に死に至る。ウイルスWを無毒化したものをマウスに注射したところ，2週間後，マウスは生存しており，その血清中にウイルスWの抗原に対する抗体が検出された。この過程において，マウスの［ア］の接触は重要な役割を果たしたと考えられる。

① 胸腺における樹状細胞とヘルパーT細胞

② 胸腺における樹状細胞とキラーT細胞

③ 胸腺におけるヘルパーT細胞とキラーT細胞

④ リンパ節における樹状細胞とヘルパーT細胞

⑤ リンパ節における樹状細胞とキラーT細胞

⑥ リンパ節におけるヘルパーT細胞とキラーT細胞

問3　下線部(b)に関連して，移植された皮膚に対する拒絶反応を調べるため，実験2を行った。実験2の結果から導かれる考察として最も適当なものを，後の①～⑥のうちから一つ選べ。

実験2　マウスXの皮膚を別の系統のマウスYに移植した。マウスYでは，マウスXの皮膚を非自己と認識することによって拒絶反応が起こり，移植された皮膚(移植片)は約10日後に脱落した。その数日後，移植片を拒絶したマウスYにマウスXの皮膚を再び移植すると，移植片は5～6日後に脱落した。

① 免疫記憶により，2度目の拒絶反応は強くなった。

② 免疫記憶により，２度目の拒絶反応は弱くなった。
③ 免疫不全により，２度目の拒絶反応は強くなった。
④ 免疫不全により，２度目の拒絶反応は弱くなった。
⑤ 免疫寛容により，２度目の拒絶反応は強くなった。
⑥ 免疫寛容により，２度目の拒絶反応は弱くなった。

問４　下線部(c)に関連して，ウイルスWを無毒化したものを注射してから２週間経過したマウス(以下，マウスR)，好中球を完全に欠いているマウス(以下，マウスS)，およびB細胞を完全に欠いているマウス(以下，マウスT)を用意し，実験３～５を行った。後の記述ⓔ～ⓙのうち，実験３～５でそれぞれのマウスが生存できたことについての適当な説明はどれか。その組み合わせとして最も適当なものを，後の①～⑧のうちから一つ選べ。

実験３　マウスRに無毒化していないウイルスWを注射したところ，このマウスは生存できた。

実験４　マウスSに，マウスRの血清を注射した。その翌日，さらに無毒化していないウイルスWを注射したところ，このマウスは生存できた。

実験５　マウスTに，ウイルスWを無毒化したものを注射した。その２週間後に，さらに無毒化していないウイルスWを注射したところ，このマウスは生存できた。

ⓔ　実験３では，ウイルスWの抗原を認識する好中球がはたらいた。
ⓕ　実験３では，ウイルスWの抗原を認識する記憶細胞がはたらいた。
ⓖ　実験４では，ウイルスWの抗原に対する抗体がはたらいた。
ⓗ　実験４では，ウイルスWの抗原を認識する記憶細胞がはたらいた。
ⓘ　実験５では，ウイルスWの抗原に対する抗体がはたらいた。
ⓙ　実験５では，ウイルスWの抗原を認識するキラーT細胞がはたらいた。

① ⓔ，ⓖ，ⓘ	② ⓔ，ⓖ，ⓙ	③ ⓔ，ⓗ，ⓘ	④ ⓔ，ⓗ，ⓙ
⑤ ⓕ，ⓖ，ⓘ	⑥ ⓕ，ⓖ，ⓙ	⑦ ⓕ，ⓗ，ⓘ	⑧ ⓕ，ⓗ，ⓙ

〔共通テスト 改〕

第３章

1回目　／　2回目　／

第24講 植生と階層構造

1．植生と環境要因

A．植生　その地域に生育する植物群のこと。

植生に大きな影響を与えるのは**気温**や**降水量**といった環境要因である。

相観　植生全体の外観。植生は相観により**森林**・**草原**・**荒原**に大別される。

森林　年降水量の多い地域に成立。樹木が繁茂している。
草原　森林よりも年降水量が少ない地域に成立。おもに草本植物からなる。
荒原　年降水量が極端に少ない地域や，年平均気温が極端に低い地域などに成立。植物はまばらにしか見られない。

優占種　植生を構成する植物のうち，量が多く，最も広く地面をおおい，相観を決定づける種のこと。

生活形　生物(おもに植物)がとる，生育環境に適した生活様式や形態のこと。同様の環境には同様の生活形の生物が分布することが多い。

例：一年生植物・多年生植物，常緑樹・落葉樹

B．植生の特徴

植生の内部では，明るさや湿度などが垂直方向に変化するため，発達した森林では林冠から林床までにさまざまな高さの樹木や草本が存在し，垂直方向の**階層構造**が見られる。発達した森林では，上から，**高木層**・**亜高木層**・**低木層**・**草本層**・**地表層**などの階層構造が見られる。

林　冠　森林の最上部の樹木の葉の茂っている部分。

林　床　森林内の地表面に近い部分。

森林の階層構造の例(スダジイを主とする森林)

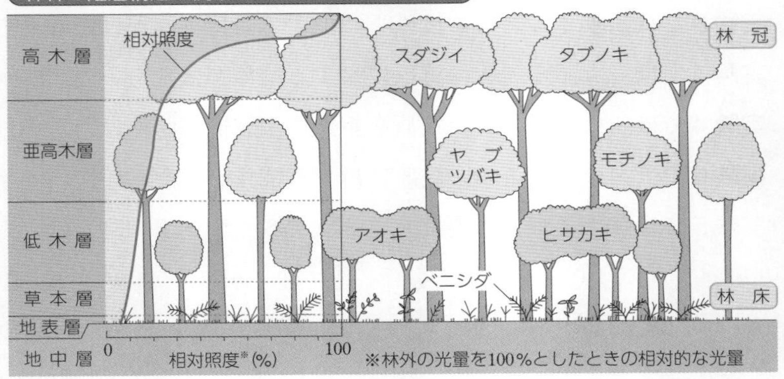

例題 21 森林の階層構造

次の図は森林の階層構造を示したものである。下の問いに答えよ。

問1　森林の最上部の葉が茂っている部分で，森林の外表面をおおっている部分を何というか。次の①～⑤のうちから一つ選べ。

① 表　層　② 林　床　③ 林　冠　④ 高木層　⑤ 地表層

問2　森林の内部の地面に近い場所を何というか。問1の①～⑤のうちから一つ選べ。

問3　この植生の優占種として最も適当なものを，次の①～④のうちから一つ選べ。

① スダジイ　② ヒサカキ　③ アオキ　④ シラカシ

問4　この植生の草本層やコケ層に生育している植物として最も適当なものを，次の①～④のうちから一つ選べ。

① メヒシバ　② ベニシダ

③ セイヨウタンポポ　④ シロツメクサ

問5　この植生における林内の相対照度を示した図として最も適当なものを，右のグラフ①～③のうちから一つ選べ。

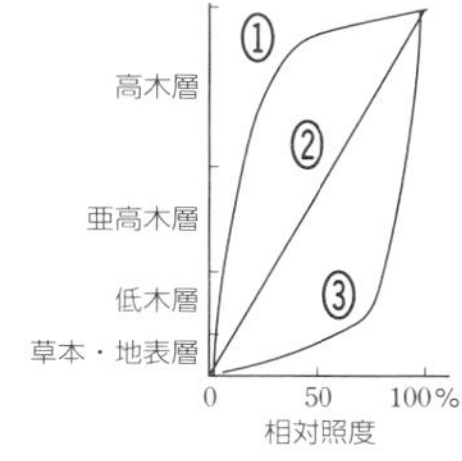

解答　問1 ③　問2 ②　問3 ④　問4 ②　問5 ①

解説

問1　森林の外表面をおおっている部分は林冠。高木層や地表層は森林の階層構造に用いる語である。

問4　ベニシダは森林の草本・地表層に生育する植物。ほかは日当たりのよい場所に生育する植物で，森林内部に生育する植物ではない。

問5　林冠に多くの葉が集中しているので，光の大部分は高木層で吸収され，照度は大きく低下する。よって，林冠で相対照度が大きく減少している①が正しい。

演習問題

44 さまざまな植生 4分

次の文章を読み，以下の問いに答えよ。

植生を形づくっている種のうちで，個体数が最も多く，最も占有面積の広いものを，その植生の［ア］という。［ア］やその植生の特徴になる種を共通にもっている植生を一つにまとめて，植生を分類することができる。

眼で見た植生の外観を［イ］といい，これによって植生は，［ウ］，草原，［エ］などに大別される。［エ］は，年降水量が極端に少ない地域や，気温が極端に低い地域に見られる。植物は生育する環境に適した生活様式と形態をしており，これを生活形という。

問1　文章中の［ア］～［エ］に入る語を，次の①～⑥のうちからそれぞれ一つずつ選べ。

① 荒　原　② 砂　漠　③ 森　林　④ 相　観

⑤ 識別種　⑥ 優占種

問2　文章中の下線部について正しいものを，次の①～④のうちから一つ選べ。

① 生活形の分類は，生活様式によって分類するものであり，姿や形によって分類するものではない。

② 生活形の分類には，樹木の葉の形から落葉樹と常緑樹に分ける方法がある。

③ 距離が離れていても，似ている環境の場所には同じような生活を行う植物が分布していることが多い。

④ 土壌中に含まれる養分が同じような地域では，そのほかの環境が異なってもその地域の植物の生活形はほぼ同じになる。

45 森林と光の強さ　5分

長い期間放置してあった日本のある森林の構造をスケッチし，さまざまな高さで測定した林内の明るさについて調べた結果を図に示した。次の文章を読み，下の問いに答えよ。

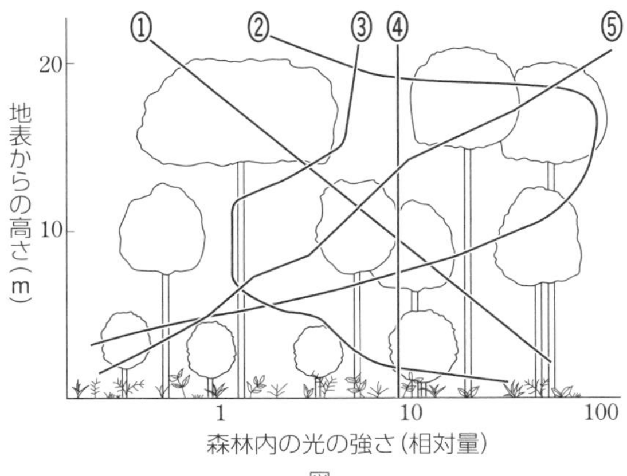

図

ある地域に生育する植物全体を一般に［ア］という。［ア］の外観上の様相を相観といい，相観の特徴によって，森林，草原，荒原に大別される。発達した日本の森林では，構成する植物の高さによって，高いほうから順に高木層，［イ］層，［ウ］層，［エ］層などの［オ］構造が見られる。図で，アオキという植物は［ウ］層に存在する。

問1　上の文章中の［ア］が森林，草原，荒原に大別される環境要因として適するものを，次の①～④のうちから二つ選べ。

①湿　度　　②気　温　　③降水量　　④土壌の厚さ

問2　上の文章中の［ア］，［オ］に入る語の組み合わせとして最も適当なものを，次の①～④のうちから一つ選べ。

	ア	オ		ア	オ
①	バイオーム	階　層	②	バイオーム	層　状
③	植　生	階　層	④	植　生	層　状

問3　上の文章中の［イ］～［エ］に入る語として最も適当なものを，次の①～⑤のうちからそれぞれ一つずつ選べ。

①中　木　　②亜高木　　③草　本　　④低　木　　⑤林　床

問4　森林内部では，明るさや湿度などに垂直方向の変化が見られる。明るさの垂直変化を示すグラフを，図中の①～⑤のうちから一つ選べ。

第25講 植物と光合成

1. 光合成速度と呼吸速度

A. 光合成の反応　二酸化炭素 ＋ 水 ＋ 光エネルギー ⟶ 有機物 ＋ 酸素

光合成速度　単位時間当たりの光合成量。単位時間に光合成で合成される有機物量，吸収される二酸化炭素量，または，放出される酸素量によって表される。

B. 呼吸の反応　有機物 ＋ 酸素 ⟶ 二酸化炭素 ＋ 水 ＋ エネルギー(ATP)

呼吸速度　単位時間当たりの呼吸量。単位時間に呼吸で分解される有機物量，放出される二酸化炭素量，または，吸収される酸素量によって表される。

C. 光の強さと光合成速度の関係　温度と二酸化炭素濃度を一定にして，光の強さと光合成速度の関係を表すと下図(光の強さと光合成速度の関係)のようになる。植物は光合成と呼吸を同時に行っているため，実験によって測定される光合成速度は，呼吸速度分だけ少ない**見かけの光合成速度**である。

見かけの光合成速度＝光合成速度－呼吸速度

光の強さと光合成速度の関係

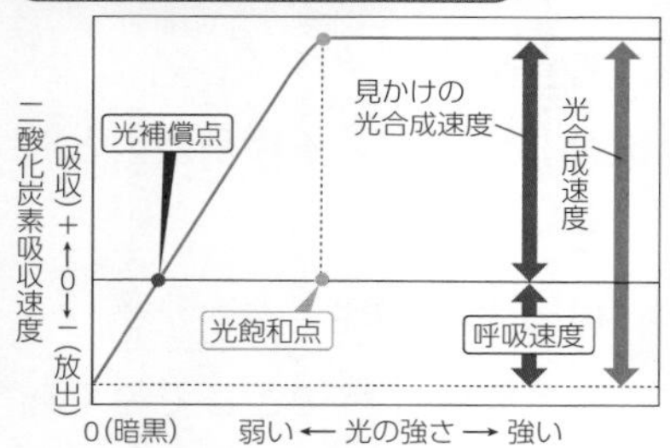

・呼吸速度は光の強さに関係なく一定とみなす。

・光合成速度は光飽和点までは光が強くなるほど大きくなる。

光補償点　光合成速度と呼吸速度が等しいとき(見かけの光合成速度＝0)の光の強さ。

光飽和点　光の強さをそれ以上強くしても光合成速度が増加しないときの光の強さ。

2. 陽生植物と陰生植物

陽生植物　日なたの強い光の下でよく生育する植物。弱光下では生育できず，枯死する。

陰生植物　弱い光の下で生育できる植物。

	呼吸速度	光補償点	光飽和点
陽生植物(陽樹)	大きい	高い	高い
陰生植物(陰樹)	小さい	低い	低い

＊陽生植物の樹木は陽樹，陰生植物の樹木は陰樹という。

陽生植物・陰生植物の光合成速度

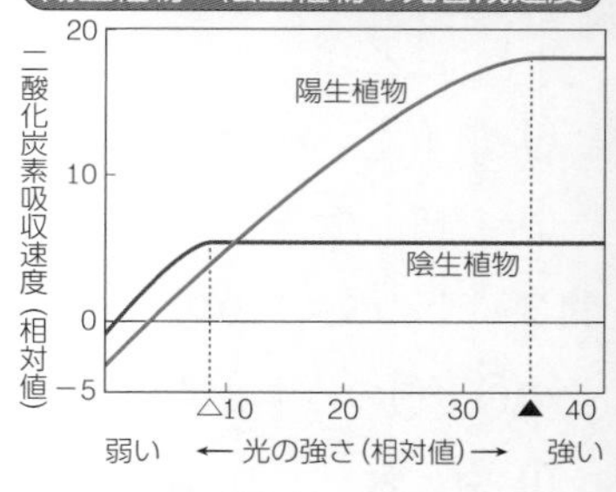

日なたのような強い光の下(▲)では，陰生植物より陽生植物の光合成速度が大きいため，陽生植物のほうがよく成長する。一方，森林内など弱い光の下(△)では，陰生植物のほうが陽生植物より光合成速度は大きく，よく成長する。

例題 22 光の強さと光合成速度

図は，２種類の植物(種Ａ，種Ｂ)をさまざまな強さの光のもとに置いて植物体への二酸化炭素の出入りを測定し，グラフで示したものである。この場合，二酸化炭素の出入りは，同じ葉面積当たりの速度として表してある。この図について，以下の問いに答えよ。

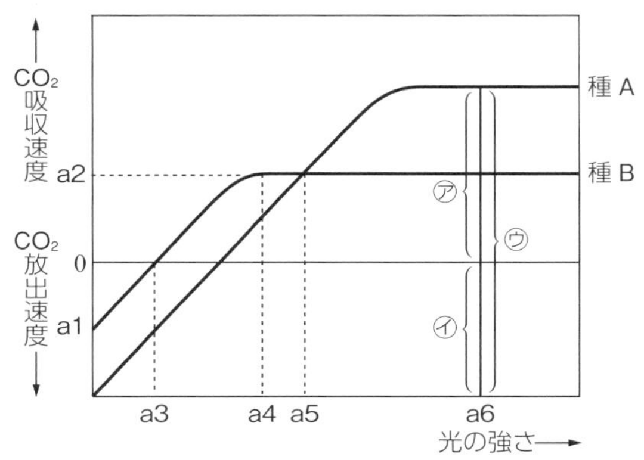

問１　種Ｂの光補償点および光飽和点を，次の①～⑥からそれぞれ一つずつ選べ。

① a1　② a2　③ a3　④ a4　⑤ a5　⑥ a6

問２　種Ａにおいて，a6 の光のもとでの図中の㋐～㋒が示す値として最も適当なものを，次の①～③のうちからそれぞれ一つずつ選べ。

① 呼吸速度　② 光合成速度　③ 見かけの光合成速度

問３　種Ａのような反応を示す植物を一般に何というか。次の①～③のうちから一つ選べ。

① 陽生植物　② 陰生植物　③ 先駆植物

問４　光条件に関し，種Ｂのような性質を示す植物を，次の①～⑤のうちから一つ選べ。

① ススキ　② イタドリ　③ シ　イ　④ シロツメクサ　⑤ アカマツ

解答　問１　光補償点…③　光飽和点…④　問２　㋐ ③　㋑ ①　㋒ ②
問３　①　問４　③

解説　問１　光補償点は，見かけの光合成速度が０となる光の強さである。
問３　光補償点と光飽和点がともに高いほうが陽生植物。
問４　シイは幼樹のころ陰生植物の性質を示す陰樹である。ほかはすべて陽生植物。

第４章

46 光の強さと光合成 5分

光の強さと光合成の関係を調べるために，次の実験を行った。

実験　ある樹木Xを大気中で20℃に保温し，照射する光の強さを変えて葉の面積当たりの酸素放出量の時間的な変化を調べたところ，図のようなグラフになった。実験に用いた光の強さは，光強度0（暗黒）～1500（相対値）の8段階で，光強度1000と光強度1500のときの酸素放出量は同じであった。なお，樹木Xの呼吸速度は光の強さによらず一定であり，弱光下では光合成速度は光強度に比例して増加するものとする。

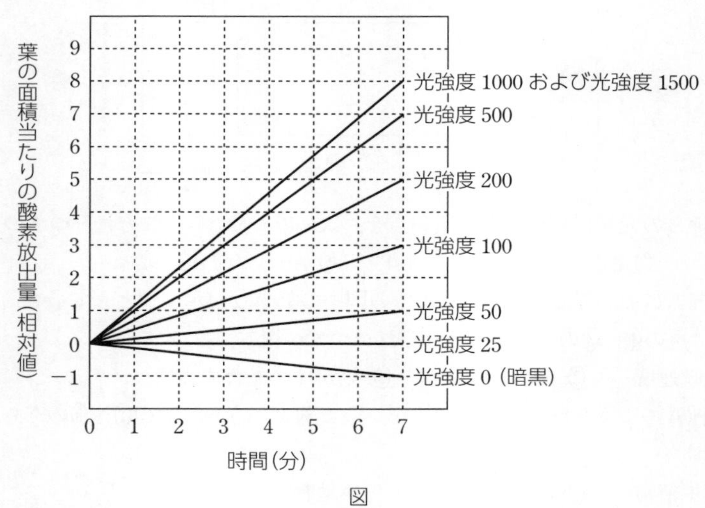

図

問　実験の結果から考えられる樹木Xの緑葉に関する記述として誤っているものを，次の①～⑤のうちから一つ選べ。

① 樹木Xの緑葉の光補償点の光強度は25と考えられる。

② 光強度1000では，樹木Xの緑葉の光飽和点に達していると考えられる。

③ 光強度200のときの見かけの光合成速度は，光強度50のときの見かけの光合成速度の5倍である。

④ 光強度 100 のときの光合成速度は，光強度 25 のときの光合成速度の 4 倍である。

⑤ 光強度が 200 までは，樹木Xの緑葉の光合成速度は光の強さに比例している。

〔センター試〕

47 陽生植物と陰生植物 4分

陽生植物と陰生植物を用いて実験を行った。図は，植物Xと植物Yについて，二酸化炭素濃度と温度を一定にし，さまざまな光の強さで二酸化炭素の吸収・放出速度を調べた結果である。

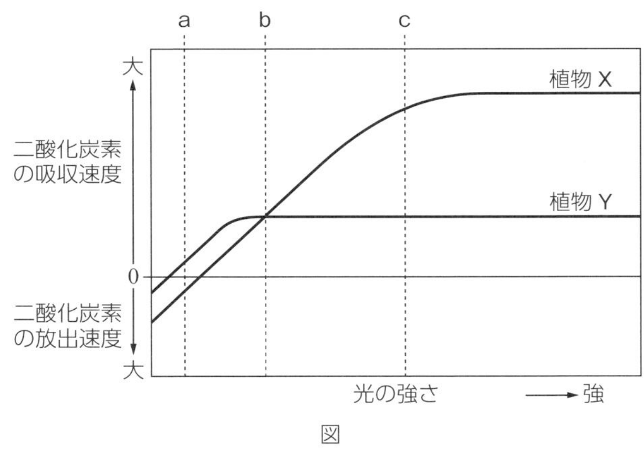

図

問 図に関するア～オの記述のうち，正しい記述の組み合わせとして適当なものを，下の①～⑥のうちから一つ選べ。

ア aの光の強さでは，光合成速度は植物Yのほうが植物Xより大きい。

イ bの光の強さでは，光合成速度は，植物Xと植物Yで等しい。

ウ cの光の強さでは，植物Xのほうが植物Yよりも多くの酸素を放出する。

エ さく状組織は，植物Yよりも植物Xのほうが発達しているものが多い。

オ 植物Xは陰生植物であり，植物Yは陽生植物である。

① ア，ウ　② ア，エ　③ イ，エ

④ イ，オ　⑤ ウ，エ　⑥ ウ，オ

〔センター試〕

第26講 植生の遷移

1. 植生の遷移

A. 移り変わる植生

遷移(植生遷移)　ある地域の植生が，長い年月の間に一定方向に移り変わっていく現象のこと。

B. 遷移の過程

三宅島は火山活動が活発な島で，噴火が起こった年代の異なる地点の植生を調べると，植生の遷移の過程がわかる。

裸地→荒原→草原→低木林→陽樹林→陰樹林　のように遷移している。

乾性遷移

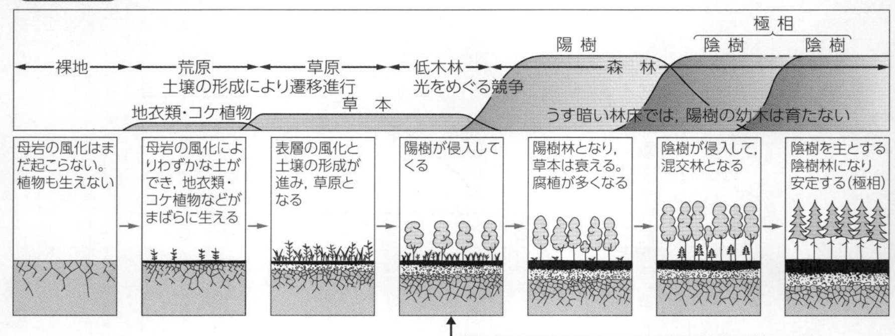

乾性遷移　陸上の火山噴火などでできた裸地から始まる遷移のこと。

湿性遷移　湖沼などから始まる遷移。

栄養塩の少ない湖沼(貧栄養)
→植物プランクトン侵入，土砂流入，生物遺体の堆積(栄養塩類の蓄積)
→沈水植物
→浮葉植物→抽水植物→湿原
→草原→低木林→陽樹林→陰樹林

湿性遷移

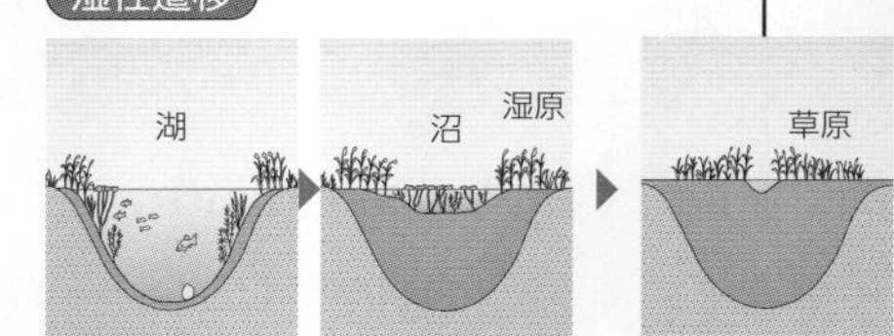

湖沼に土砂や生物の遺体が堆積し，水深が浅くなるにつれて，沈水植物→浮葉植物→抽水植物の順に遷移が進む。

陸地になると乾性遷移と同様の過程をたどる

極相(クライマックス)　遷移が進行し，それ以上は大きな変化を示さない状態。極相がどのような植生になるかは，その地域の平均気温や降水量によって変わる。

例：日本の中国地方(暖温帯)…極相林はカシ類・シイ類などの照葉樹林(常緑広葉樹)。
日本の東北地方(冷温帯)…極相林はブナなどの夏緑樹林(落葉広葉樹)。
降水量の少ない温帯(モンゴル)…極相は草原(ステップ)。樹木は育たない。

例題 23 植生の遷移

鹿児島県の桜島には噴出年代が異なる溶岩原がある。そこに生じる植生を調べた結果，次の図に示すような植生の遷移が明らかになった。

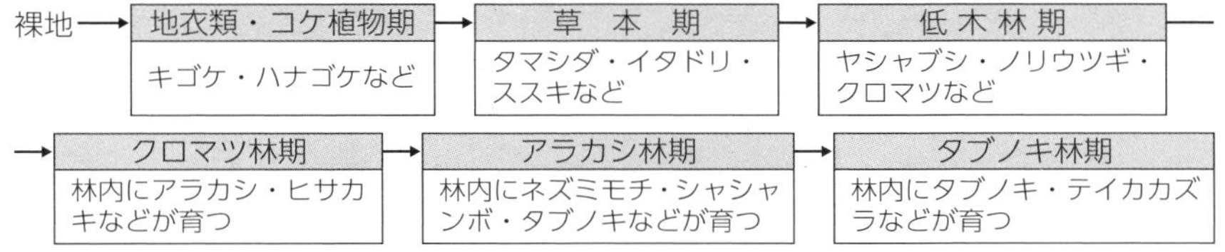

問1　遷移の途中で，陽樹林から陰樹林に変わる時期はどれか。次の①～④のうちから一つ選べ。

① 草本期→低木林期　② 低木林期→クロマツ林期

③ クロマツ林期→アラカシ林期　④ アラカシ林期→タブノキ林期

問2　この地域の極相林を構成する樹木を，次の①～⑤のうちから一つ選べ。

① 常緑針葉樹林　② 落葉針葉樹林　③ 照葉樹林(常緑広葉樹林)

④ 夏緑樹林(落葉広葉樹林)　⑤ 針葉・広葉混合樹林

問3　遷移が進む原因について誤っているものを，次の①～④から一つ選べ。

① 食物連鎖が変わり，特定の植物が動物に食べられるため。

② 植物の枯死した葉や枝が腐植となり，しだいに土壌が肥えるため。

③ 植生がしだいに高くなり，階層構造が発達して植生の内部に達する光が少なくなるため。

④ 植物が繁茂すると，雨水の流出が減少し，土壌が乾燥しにくくなるため。

問4　湖沼から始まる植生の遷移を何というか。次の①～④のうちから一つ選べ。

① 乾性遷移　② 湿性遷移　③ 二次遷移　④ 湖沼遷移

問5　冷温帯に存在する湖沼における植生の遷移について，次の①～⑦のうちから適するものを六つ選び，遷移が進行する順に並べよ。

① ブ ナ　② 湿 原　③ 草 原　④ 浮葉植物　⑤ カシ類

⑥ 富栄養湖　⑦ シラカンバなどの陽樹　〔共通一次 改〕

解 答　問1 ③　問2 ③　問3 ①　問4 ②
問5 ⑥→④→②→③→⑦→①

解 説　問3 遷移は，最初は土壌形成による保水性の上昇と肥沃化の進行，後半は光をめぐる競争で起こる。

問5 冷温帯での極相林はブナなどの夏緑樹林。カシ類などは暖温帯での極相林。

第4章

演 習 問 題

48 植生の遷移 5分

図は，暖温帯における裸地から森林への変化を模式化したものである。

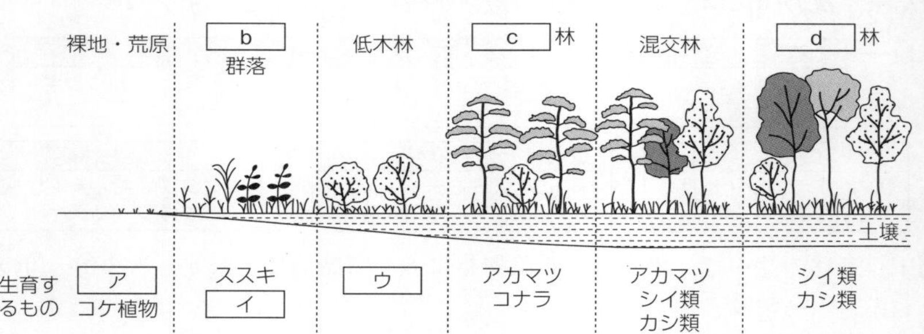

火山の噴火や地殻の変動などで生じた裸地では，時間の経過に伴い植生の変化が認められるが，この一連の変化を［a］という。裸地には，［ア］やコケ植物が侵入し，やがてススキや［イ］のような［b］植物が生育するようになる。その後，［ウ］のような低木層の植物が生育し，アカマツ，コナラのような［c］林を経て，シイ類，カシ類のような［d］林へと変化し，植生は安定する。このような安定した森林の状態を［e］とよぶ。一方，［a］に対して，山林火災や森林の伐採などによってできた場所で始まる植生の変化を［f］という。［f］では，植物の生育の基盤としての土壌が残っており，その中に植物の［g］や地下茎が含まれている。そのため，［e］林に向けての植生の変化は，［a］に比べて速い。

問1　文章中の［a］～［g］に入る語を，次の①～⓪からそれぞれ選べ。

①陽　樹　②陰　樹　③種　子　④葉　⑤一次遷移

⑥裸　地　⑦極　相　⑧高　木　⑨草　本　⓪二次遷移

問2　文章中の［ア］～［ウ］に入る生物を，次の①～④からそれぞれ選べ。

①地衣類　②イタドリ　③ミズキ　④ヤマツツジ

問3　［c］林から［d］林への植生の移行には，ある無機的環境が大きく影響している。この無機的環境は何か。次の①～③から一つ選べ。

①降水量　②光の強さ　③風の強さ　〔センター試 改〕

49 遷移の状況 5分

次の文章を読み，以下の問いに答えよ。

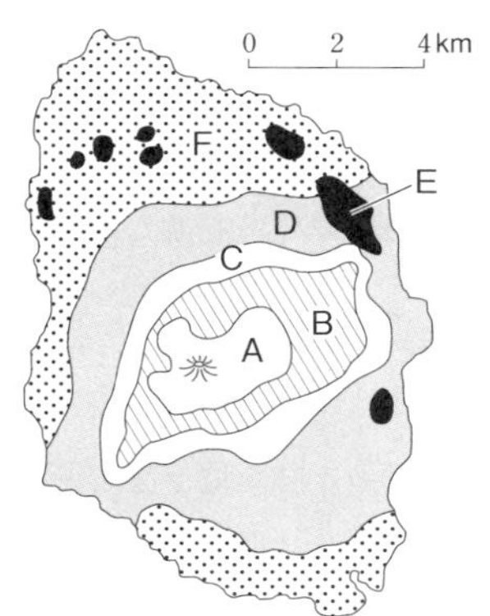

右図は1961年に調査された伊豆大島の植生の分布を示している。火山の噴火によって溶岩が噴出した時代と成立した植生には密接な関係がある。図のAは裸地，Bは1950年，Cは1778年，Dは684年に溶岩が噴出した土地，Eは現在から1400年以前に溶岩が噴出した土地で，Fは耕地・人工林である。

問1　B～Eには，それぞれ異なった植生が見られた。B～Eに見られる植生として適当なものを，次の①～④のうちからそれぞれ一つずつ選べ。

① シイ類・タブノキ

② オオバヤシャブシ・ハコネウツギ

③ オオシマザクラ・ヤブツバキ

④ シマタヌキラン・ハチジョウイタドリ

問2　図中の各記号の場所を，その場所で見られる植生を基準にして遷移の時期の早い順に並べたものとして最も適当なものを，次の①～④のうちから一つ選べ。

① A→B→C→D→E　　② E→D→C→B→A

③ A→B→C→D→E→F　　④ F→E→D→C→B→A

問3　B～Eに当てはまる植生を，次の①～④のうちからそれぞれ一つずつ選べ。

① 低木林　② 照葉樹林　③ 混交林　④ 草　本

問4　この島において，溶岩の裸地から極相林まで発達するのに少なくともどの程度の時間がかかったと考えられるか。次の①～③のうちから一つ選べ。

① 約200年～500年　② 約500年～1000年　③ 1400年以上

〔センター試 改〕

1回目　　／	2回目　　／

第27講 遷移のしくみ

1. 一次遷移のしくみ　裸地での一次遷移では，荒原→草原→低木林→森林と変わる。

裸地：溶岩流跡などでは，植物が利用できる養分は乏しく，保水する土壌もない。
→直射日光や日々の温度変化，風，降雨などにより岩石が風化。

↓

荒原：風化によりできた土に，**菌類**と**藻類**の共生した**地衣類**や**コケ植物**が侵入し，土壌形成。

↓

草原：根や地下茎で越冬できる**多年生草本**(ススキなど)が侵入。
→土壌形成が進み，土壌が深くなる。

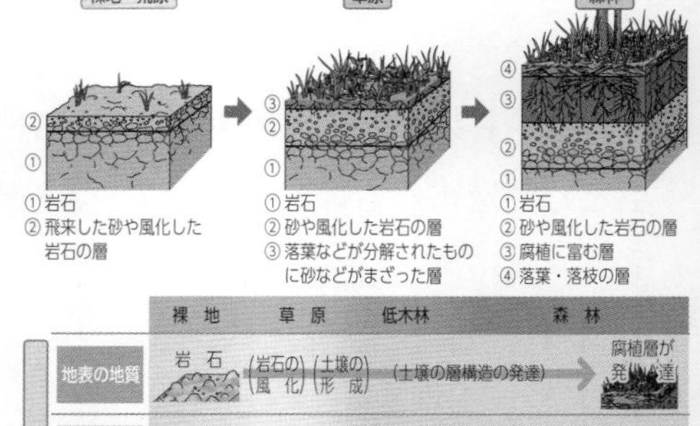

↓

低木林：草原の発達に伴って植物の枯死体が蓄積し，それらの分解が進んで腐植に富む肥沃な土壌が形成される。→深い土壌で生育する**木本類**が侵入して光をめぐる競争に勝ち，**低木林**形成。

↓

森林：**陽樹**の生育が早く，**陽樹林**形成。土壌の腐植の増加，階層構造の発達。→森林の**林床**はうす暗く陽樹の幼木は生育できなくなるが，陰樹の幼木は生育できるため，**陰樹林**に置きかわり極相林になる。

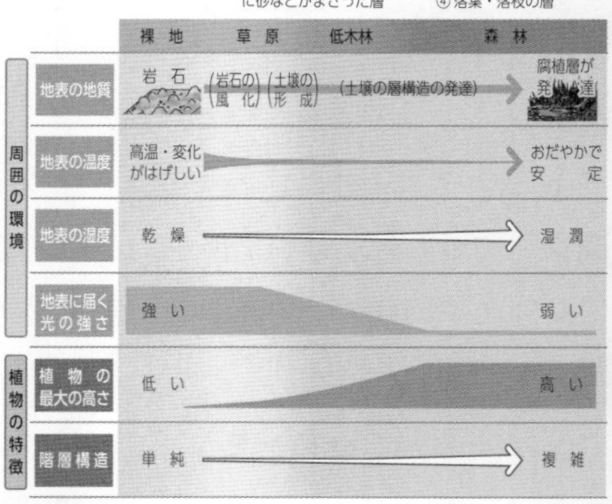

先駆植物(パイオニア植物)と極相樹種(極相種)の比較

	幼植物の耐陰性	耐乾性	植物の背丈	個体の寿命	種子について			
					数	大きさ	重さ	主な散布型
先駆植物	低い	高い	低い	短い	多い	小さい	軽い	風散布
極相樹種	高い	低い	高い	長い	少ない	大きい	重い	重力散布

2. ギャップ　森林内で，枯死や台風による倒木などでできたすき間。ここには光が差し込むので陽樹が生育できる。極相林でも，ギャップの形成によりさまざまな樹種がモザイク状に混じることになり，**森林の生物の多様性が増す**。

3. 二次遷移　山火事や森林伐採の跡地から始まる遷移。土壌が形成されていて，その中に種子や地下茎が存在しているので，**一次遷移より短時間で遷移が進行する**。

例題 24　溶岩の噴出年代と植生との関係

溶岩の噴出年代と植生との関係を明らかにするため，伊豆大島で調査を行った。下表は，地点A～Eにおける代表的な植物と，溶岩が噴出してからのおおよその時間をまとめたものである。

地点	A	B	C	D	E
溶岩が噴出してからの時間(年)	(活動中)	10	200	1300	4000
おもな植物	(裸地)	シマタヌキラン ハチジョウイタドリ ススキ	オオバヤシャブシ ハコネウツギ	オオシマザクラ ヤブツバキ ヒサカキ	スダジイ タブノキ

問1　各地点もしくは各地点に生育する植物の特徴を説明する文として最も適当なものを，次の①～⑤のうちから一つ選べ。

① 地点Aでは，地下に多数の種子が保存されており，その後の遷移を促進する。
② 地点Bでは，浅い土壌では生育できない植物が優占している。
③ 地点Cでは，小さくて硬い葉に厚いクチクラ層をもつ，乾燥に強い植物が優占している。
④ 地点Dでは，光補償点の低い陽生植物が優占種となっている。
⑤ 地点Eでは，極相林となっているが，ところどころに林冠のない場所(ギャップ)が形成され，ギャップ更新が起こっている場所もある。

問2　地点Bに生育するススキと地点Eに生育するタブノキでは，種子のサイズや種子の散布方法，植物体の耐陰性に大きな違いが認められる。両者を比較し，ススキを説明した文として最も適当なものを，次の①～④のうちから一つ選べ。

① 大形の種子が風によって散布され，植物体の耐陰性は高い。
② 大形の種子が風によって散布され，植物体の耐陰性は低い。
③ 小形の種子が風によって散布され，植物体の耐陰性は高い。
④ 小形の種子が風によって散布され，植物体の耐陰性は低い。

解答　問1 ⑤　問2 ④

解説　問1 ①一次遷移であるので，種子などはない。②草本は浅い土壌でも生育できる。④陽生植物の光補償点は高い。

問2 ススキは葉が斜めに立ち上がったイネ科の多年生植物であり，遷移の初期に現れる先駆植物なので，種子は小さく，軽い。

第4章

演習問題

50 遷移と極相林 8分

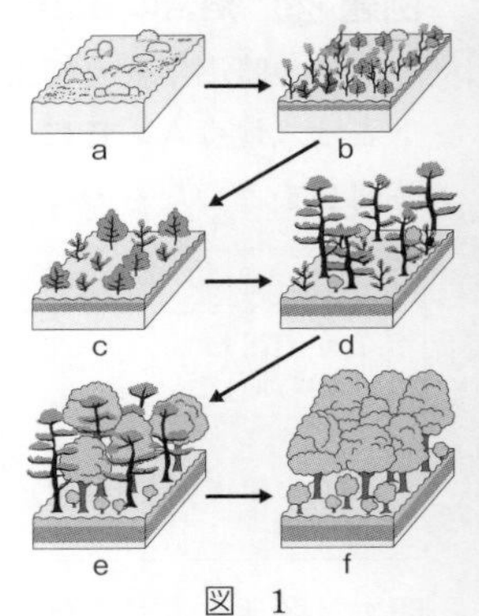

図 1

図1は，西日本の丘陵帯(低地帯)における遷移を模式的に示したものである。aは溶岩台地に[ア]が生えている[イ]，bはススキなど多年生草本の[ウ]，cはヤシャブシなどの低木林，dは[エ]などの陽樹林，eは混交林，fは[オ]などの陰樹林である。fの状態になると，それ以上は全体として大きな変化が見られない安定な状態となるが，実際には，各所に陽樹も草本も絶滅することなく存在し続けている。図2は，同じ地域での図1のfの状態にある森林の断面を模式的に表したものである。また，図3は，図2の森林の地表からの高さと明るさの関係を，林外の明るさを100%として示したグラフである。

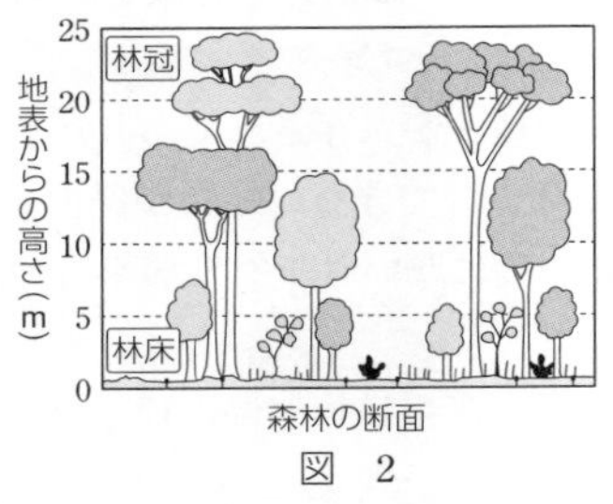

図 2

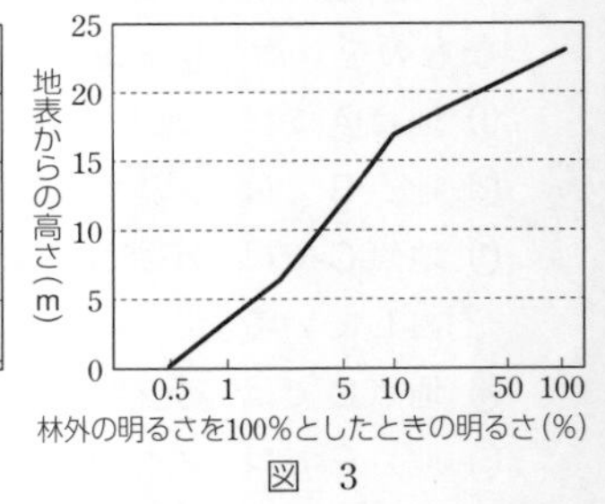

図 3

問1　文章中の[ア]～[オ]に入る語句として最も適当なものを，次の①～⓪のうちからそれぞれ一つずつ選べ。

① アカマツ　② エゾマツ　③ アコウ　④ ハイマツ　⑤ コケ植物
⑥ スダジイ　⑦ ブ ナ　⑧ 荒 原　⑨ 森 林　⓪ 草 原

問2　下線部に関して，安定な状態となった森林の各所に陽樹が存続できる要因として最も適当なものを，次の①～④のうちから一つ選べ。

① 陽樹は陰樹よりも日陰でよく成長するため。
② 陽樹は陰樹よりも呼吸速度が小さいため。
③ 陰樹林内には，台風などによる倒木でギャップが生じるため。
④ 陽樹は光合成速度が小さく，陰樹よりも寿命が長いため。

問3　図1のfの状態にある森林について，図2および図3に関する記述として最も適当なものを，次の①～⑤のうちから一つ選べ。

① 明るさは地表からの高さにほぼ比例している。

② 地上からの高さ18～25mの位置を高木層が占めている。

③ 地上からの高さ7～18mの位置を低木層が占めている。

④ 草本層や地表層は見られない。

⑤ 林床には光が届いていない。　〔名古屋学芸大 改〕

51 遷移と樹種 5分

日本列島のある火山地域では，噴出年代の異なる五つの溶岩流跡地A～Eがある。それぞれの地域で発達している森林において，同じ大きさの方形枠(区)を設定して，その中に生えているa種とb種の樹木の直径を測り，本数を数えて図のような結果を得た。

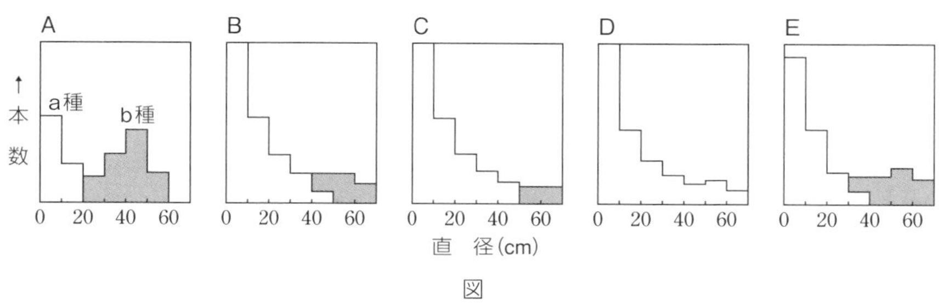

図

問1　a種とb種の樹種の組み合わせとして適当なものを，次の①～④のうちから一つ選べ。

	a	b		a	b
①	アカマツ	カシ類	②	シイ類	アカマツ
③	シイ類	ブナ	④	ダケカンバ	オオシラビソ

問2　A～Eの森林を遷移の順に並べたとき，2番目と4番目になるのはどれか。次の①～⑤のうちからそれぞれ一つずつ選べ。

① A　② B　③ C　④ D　⑤ E

第4章

1回目　／	2回目　／

第28講 世界のバイオーム

1. バイオームの成立

バイオーム(生物群系)　地域の植生とそこに生息する動物なども含めた生物の集団。

バイオームは，気候条件(**年平均気温**，**年降水量**)と密接な関係がある。

年平均気温とバイオームとの関係(年降水量が十分にある地域)

年平均気温	高　い ←→ 低　い					
バイオーム	熱帯多雨林	亜熱帯多雨林	照葉樹林	夏緑樹林	針葉樹林	ツンドラ

年降水量とバイオームとの関係(年平均気温が高い地域)

年降水量	多　い ←→ 少ない			
バイオーム	熱帯多雨林	雨緑樹林	サバンナ	砂　漠

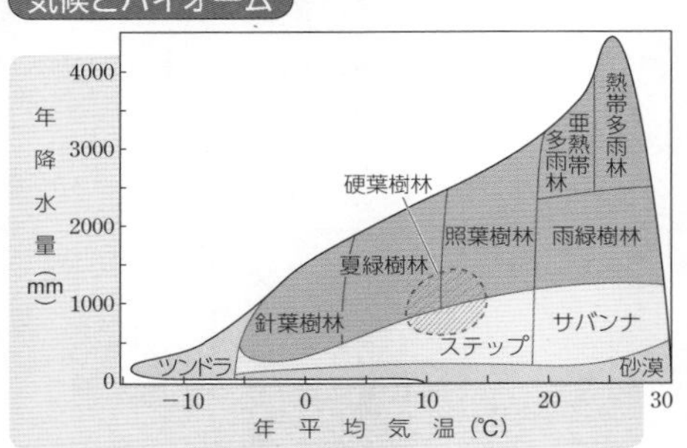

植生	気候帯	バイオーム	特　徴
森林	熱　帯	熱帯多雨林	階層構造が発達。常緑広葉樹からなる。種数が多く，つる植物や着生植物なども多い。有機物はすぐ分解され，土壌がうすい。フタバガキのなかまなど。
	亜熱帯	亜熱帯多雨林	熱帯多雨林よりも樹高の低い常緑広葉樹。ガジュマル，ヘゴなど。
	熱・亜熱帯	雨緑樹林	乾季に落葉するチーク(落葉広葉樹)などからなる。
	温　帯	照葉樹林	クチクラ層の発達した葉をもつ。カシ類，シイ類，タブノキなど。
		硬葉樹林	クチクラ層が厚く，硬く小さい葉をもつ。オリーブなど。
		夏緑樹林	ブナ，ミズナラ，カエデ類などの落葉広葉樹からなる。
	亜寒帯	針葉樹林	モミ類(常緑針葉樹)，カラマツ(落葉針葉樹)などからなる。
草原	熱・亜熱帯	サバンナ	イネ科植物の草本が主で，樹木が点在。
	温　帯	ステップ	イネ科植物の草本が主で，樹木はほとんどない。
荒原	熱・温帯	砂　漠	サボテンなどの多肉植物がまばらに生える。
	寒　帯	ツンドラ	草本類や地衣類，コケ植物などからなる。

例題 25 バイオームの分布

次の図は，世界の代表的なバイオームの分布を，気温・降水量との関係で示したものである。下の問いに答えよ。

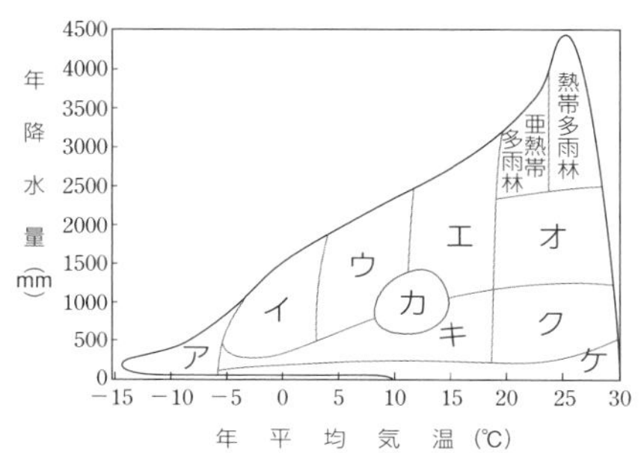

問1　図中のア～ケに入るものを，次の①～⑨のうちからそれぞれ一つずつ選べ。

① 照葉樹林　② サバンナ　③ 夏緑樹林　④ ツンドラ　⑤ 雨緑樹林
⑥ ステップ　⑦ 針葉樹林　⑧ 硬葉樹林　⑨ 砂　漠

問2　図中のアに見られる最も特徴的な生物を，次の①～④のうちから一つ選べ。

① 地衣類　② シダ植物　③ 着生植物　④ イネ科植物

問3　次の文章中の［コ］～［セ］に入る適当な語を，下の①～⑥のうちからそれぞれ一つずつ選べ。

図中の年平均気温20℃以上の地域に分布するバイオームにおいて，降水量が特に多い地域では，［コ］樹からなる熱帯多雨林が形成される。それよりも降水量が少なく，［サ］季と［シ］季がある地域では，［シ］季に落葉するチークなど［ス］樹からなる雨緑樹林が発達する。さらに降水量が少なくなると，［セ］が見られなくなり，低木林の混ざった草原となる。

① 落葉広葉　② 常緑広葉　③ 雨　④ 乾　⑤ 地上植物　⑥ 森　林

解答
問1　ア④　イ⑦　ウ③　エ①　オ⑤　カ⑧　キ⑥　ク②　ケ⑨
問2　①　問3　コ②　サ③　シ④　ス①　セ⑥

解説
問1　日本では年降水量が豊富なので，湿地や高山などの一部を除き，気温の変化に応じた森林のバイオームが見られる。世界の年平均気温の高い地域では，降水量の減少に伴って熱帯多雨林→⑤→②→⑨となる。

問2　アのツンドラは森林限界よりも北に発達するバイオームで，コケ植物や地衣類が優占する。③着生植物は，地上の植物の表面や露出する岩石の上に固着生活をしている植物で，一般に高温・多湿の環境を好むため，熱帯多雨林に存在する。

第4章

演習問題

52 世界のバイオーム 7分

図は世界のバイオームの水平分布で，文章中と図の記号は一致する。

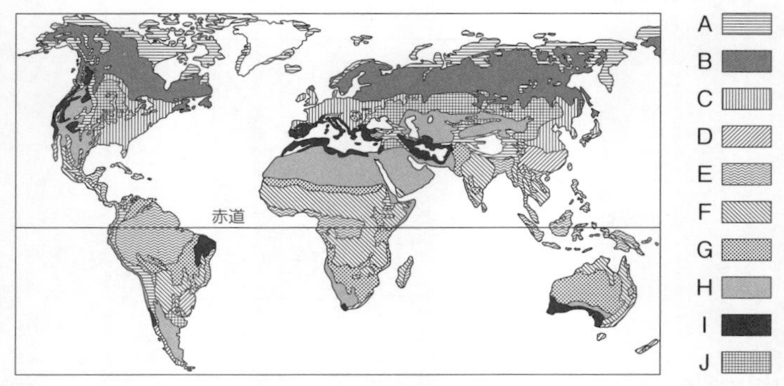

バイオームの分布はおもに[ア]と[イ]の二つの気候条件によって制約される。両条件とも十分に恵まれている地域では[E]が成立している。[イ]の条件は十分でも，[ア]が変化するとバイオームは変化する。例えば[E]の分布する東南アジアから北へ進むと，九州地方から関東地方にかけて[D]が分布し，さらに北へ進むと，冬季に落葉する[C]と北海道東北部から北に向けて広がる常緑[B]を経て森林はなくなり，[A]となる。一方，[ア]の条件は十分でも，[イ]が減少してくると，雨季と乾季がある地域では[F]になり，温帯のうち夏に乾燥し冬に雨の多い地域では[I]となり，やがて森林は連続的には成立しなくなって[G]となり，[H]に至る。温帯地域では，[イ]が減少すると[G]の代わりに[J]となる。

問1　文章中の[ア]，[イ]に入る適当な語を，次の①～⑤から選べ。

①気　温　②降水量　③気　圧　④湿　度　⑤光　量

問2　図中の[A]～[J]に対応するそれぞれのバイオームとして最も適当なものを，次の①～⓪からそれぞれ一つずつ選べ。

① 熱帯・亜熱帯多雨林　② 照葉樹林　③ 夏緑樹林　④ 針葉樹林
⑤ 雨緑樹林　⑥ サバンナ　⑦ ステップ　⑧ ツンドラ
⑨ 砂　漠　⓪ 硬葉樹林

53 土壌生物のはたらき 5分

図は，世界各地の三つの異なるバイオームａ～ｃについて，土壌中の有機物量と１年間の落葉・落枝供給量の関係を示したものである。

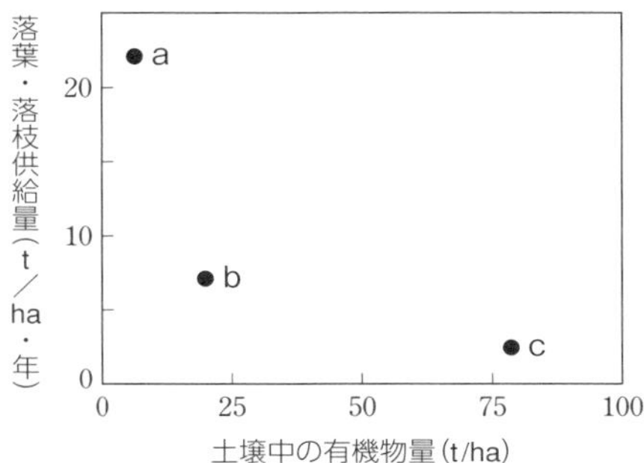

問１　落葉・落枝が分解されて無機物へと変化するときの速度を分解速度としたとき，ａ～ｃにおける分解速度の大小関係として正しいものを，次の①～⑥のうちから一つ選べ。

① ａ＝ｂ＝ｃ　② ａ＞ｂ＞ｃ　③ ａ＜ｂ＜ｃ
④ ｂ＞ａ＝ｃ　⑤ ｂ＞ａ＞ｃ　⑥ ｂ＞ｃ＞ａ

問２　次のア～ウはどのようなバイオームについて述べたものか。最も適当なものを，下の①～⑤のうちからそれぞれ一つずつ選べ。

ア　秋から冬に枯れ落ちた広葉が土壌有機物のおもな供給源である。昆虫・ヤスデなどのさまざまな節足動物やミミズがこのバイオームにおける主要な土壌動物である。

イ　限られた種類の低木や，コケ植物，地衣類などが優占するバイオームである。低温のため，土壌有機物の分解速度がきわめて遅い。

ウ　きわめて多種類の植物が繁茂し，つる植物や着生植物が多い。土壌有機物の分解速度が速く，また生じた無機物は速やかに植物に吸収される。

① ツンドラ　② 照葉樹林　③ 夏緑樹林　④ サバンナ　⑤ 熱帯多雨林

問３　図のａ～ｃのバイオームは，問２のア～ウのうちどのバイオームと対応しているか。正しい組み合わせを，次の①～⑥のうちから一つ選べ。

	a	b	c		a	b	c		a	b	c
①	ア	イ	ウ	②	イ	ウ	ア	③	ウ	ア	イ
④	ア	ウ	イ	⑤	イ	ア	ウ	⑥	ウ	イ	ア

〔センター試〕

第4章

第29講 日本のバイオーム

1. 日本のバイオーム　降水量が十分ある日本では，バイオームの分布は気温で決まる。

A. 日本の水平分布　緯度の変化による水平方向のバイオームの分布のこと。高緯度になるにつれ年平均気温が下がる。熱帯から亜寒帯までのバイオームが分布。

B. 日本の垂直分布　垂直方向のバイオームの分布のこと。海抜高度が100m増すごとに，気温は0.5～0.6℃ずつ下がるので，標高差によってバイオームが変化。

日本のバイオームの垂直分布と水平分布

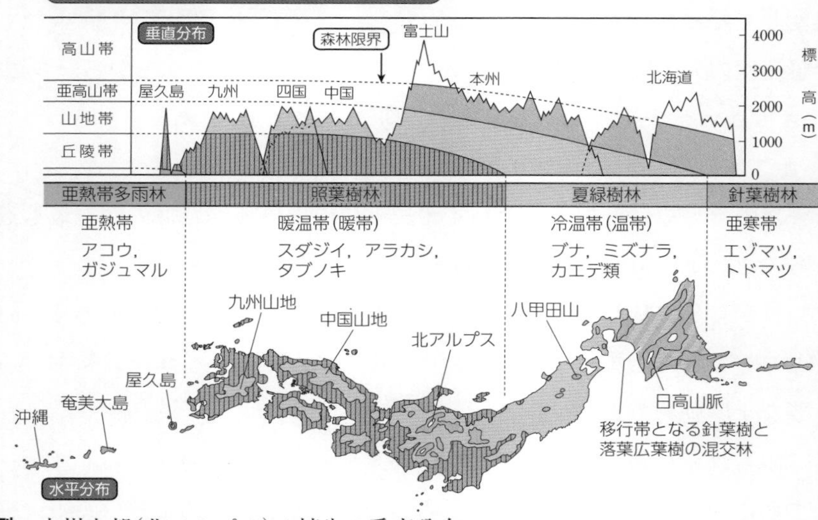

例：本州中部(北アルプス)の植生の垂直分布

標高	区分	バイオーム	主な植物
2500m以上	高山帯	低木林，高山草原(お花畑)	ハイマツ，コマクサ
1700～2500m	亜高山帯	針葉樹林	シラビソ，コメツガ
700～1700m	山地帯	夏緑樹林	ブナ，ミズナラ
0～700m	丘陵帯	照葉樹林	シイ類，カシ類

森林限界　亜高山帯の上限(2500m付近)のこと。これ以上標高の高いところでは，低温や強風で高木の森林ができない。低木のハイマツなどが見られる。森林限界の標高は斜面の方角で差があり，日当たりの悪い北斜面の方が南斜面よりも低くなる。

C. 暖かさの指数　月平均気温が5℃以上の各月の平均気温から各々5℃を引いた値の合計値。十分な降水量地域の指標。240以上：熱帯多雨林　240～180：亜熱帯多雨林　180～85：照葉樹林　85～(45～55)：夏緑樹林　(45～55)～15：針葉樹林

例題 26 日本のバイオームの分布

陸上のバイオームには，緯度の違いに応じた水平分布と高度の違いに応じた垂直分布が見られる。日本では［ ア ］が十分にあるため，これらの分布を決める無機的環境要因はおもに［ イ ］であると考えられている。九州から関東・北陸地方の低地には［ ウ ］樹林が見られ，東北地方や北海道南部には［ エ ］樹林が見られる。そして，北海道東北部には［ オ ］樹林が分布する。

北海道の大雪山のような高緯度の［ カ ］帯には低木のみが分布し，夏季にはチングルマなどが一面に咲く［ キ ］が観察できる。［ カ ］帯の下限は［ ク ］とよばれ，［ カ ］帯より海抜の低い順に［ ケ ］帯，［ コ ］帯，そして［ サ ］帯という垂直分布が見られる。下図は本州中部に見られる垂直分布を示している。

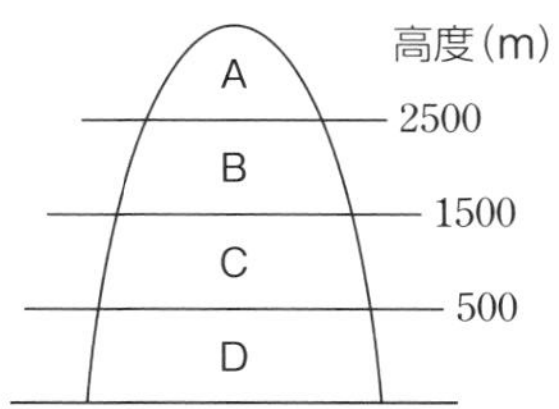

問1　文章中の空欄に入る語を，次の①〜ⓑのうちからそれぞれ一つずつ選べ。

① 気　温　② 降水量　③ 針　葉　④ 夏　緑　⑤ 照　葉
⑥ 高山草原(お花畑)　⑦ 森林限界　⑧ 高木限界　⑨ 高　山
⓪ 亜高山　ⓐ 山　地　ⓑ 丘　陵

問2　図中のB〜Dに当てはまるバイオームを，次の①〜④のうちからそれぞれ一つずつ選べ。

① 針葉樹林　② 夏緑樹林　③ 照葉樹林　④ 亜熱帯多雨林

問3　図中のA〜Dのバイオームが見られる地域の気候として最も適当なものを，次の①〜⑤のうちからそれぞれ一つずつ選べ。

① 冷温帯　② 寒　帯　③ 暖温帯　④ 亜熱帯　⑤ 亜寒帯

解　答

問1　ア②　イ①　ウ⑤　エ④　オ③
　　　カ⑨　キ⑥　ク⑦　ケ⓪　コⓐ　サⓑ
問2　B①　C②　D③　　問3　A②　B⑤　C①　D③

解　説　緯度が高くなるほど，また標高が高くなるほど気温は下がる。日本は南北に長く，北に向かうほど気温が低下する。中部地方では2500m付近が森林限界となる。Bは亜高山帯で，亜寒帯の針葉樹林が分布する。

第4章

演習問題

54 日本のバイオーム 8分

沖縄は，年平均気温が22℃で年降水量も非常に多く，［ア］が分布する。本州の関東以西の平野部は年平均気温が16℃で，［イ］が分布する。年平均気温は緯度だけでなく標高によっても変化する。例えば気温は，標高が1000m高くなると，5〜6℃低くなる。本州の山岳部や北海道の平野部は冷涼で［ウ］が分布するが，富士山の中腹部などには［エ］が分布する。

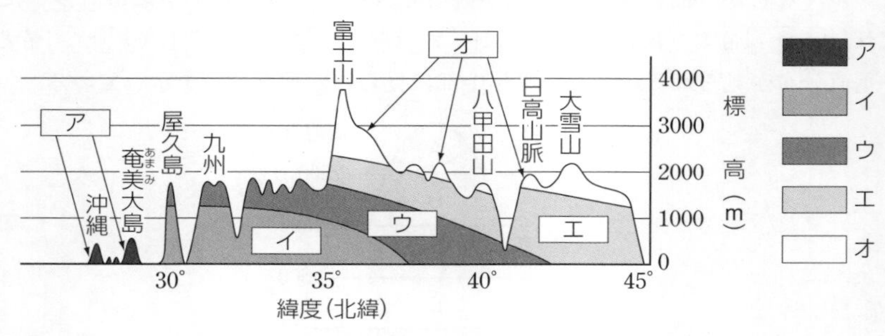

図　日本のバイオームの垂直分布

問1　上の文章中と図の［ア］〜［エ］に入る語を，次の①〜⑧のうちからそれぞれ一つずつ選べ。

① ツンドラ　② ステップ　③ 硬葉樹林　④ 熱帯多雨林
⑤ 照葉樹林　⑥ 針葉樹林　⑦ 夏緑樹林　⑧ 亜熱帯多雨林

問2　図の［オ］の高山帯に見られる植物の記述として最も適当なものを，次の①〜⑥のうちから一つ選べ。

① ススキと，樹高の高いスギなどが分布する。
② コマクサと，樹高の高いスギなどが分布する。
③ 低木のハイマツと，樹高の高いスギなどが分布する。
④ コマクサと，低木のハイマツが分布する。
⑤ アコウと，低木のハイマツが分布する。
⑥ ミズナラと，低木のハイマツが分布する。

問3　日本全体の平均気温が3℃程度徐々に上昇すると，［ウ］の植物の分布域はどのように変化すると考えられるか。次の①～⑥から一つ選べ。

① 沖縄に分布域が広がる。

② 奄美大島に分布域が広がるが，沖縄には広がらない。

③ 九州の，より標高の低い地域まで分布域が広がる。

④ 九州の平野部での分布域が広がる。

⑤ 日高山脈の，より標高の高い地域まで分布域が広がる。

⑥ 日本から分布域がなくなる。

55 暖かさの指数 7分

十分な降水量がある日本では，どのようなバイオームになるかは気温によって決まる。1年間のうち月平均気温が5℃以上となる各月について，月平均気温から5℃を引いた値を求め，それらを合計した値を暖かさの指数とすると，亜熱帯多雨林，照葉樹林，夏緑樹林，針葉樹林の境界はそれぞれ順に180，85，45になるといわれている。日本のある地点の，ある年の月平均気温(℃)を表に示した。

月	1	2	3	4	5	6	7	8	9	10	11	12
平均気温(℃)	−5	−4	−1	4	9	14	19	20	17	11	5	−2

問1　この地点の暖かさの指数はいくらか。次の①～⑤のうちから一つ選べ。

① 59　② 60　③ 87　④ 95　⑤ 99

問2　この地点で成り立つと考えられるバイオームを，①～④から一つ選べ。

① 亜熱帯多雨林　② 照葉樹林　③ 夏緑樹林　④ 針葉樹林

問3　この地点に分布する代表的樹木を，次の①～⑦から一つ選べ。

① エゾマツ　② オリーブ　③ ブナ　④ マングローブ

⑤ ガジュマル　⑥ コルクガシ　⑦ アラカシ

問4　何らかの原因によって，将来，この地点の月平均気温が一律で4℃高くなったとする。このとき，この地点に分布する代表的樹木になると考えられるものを，問3の①～⑦から一つ選べ。〔センター試〕

第4章

第30講 実践問題

第1問　次の文章を読み，以下の問いに答えよ。

市街地に位置する学校の校庭内に1m四方の枠(方形枠)をア～ウの3地点置き，植物群落の調査を行った結果を表に示す。

表　植物群落の調査結果

調査地点	ア	イ	ウ
植被率(%)※1	30	70	90
群落高(cm)	10	20	45
土壌硬度(mm)※2	30	25	20
出現した植物の種数	3	7	10

※1植被率：全植物が地面をおおっている程度(%)を示す。
※2土壌硬度：土壌硬度計を土壌に押し込んで測定し，数値が大きいほど土壌が硬いことを示す。

問1　地点アでは，生育している植物の種類が少なく群落高も低い。推測される理由として最も適当なものを，次の①～⑧のうちから一つ選べ。

① 人々に踏みつけられる程度が低く，植物が損傷せず，土壌が硬いから。
② 人々に踏みつけられる程度が低く，植物が損傷せず，土壌が柔らかいから。
③ 人々に踏みつけられる程度が低く，植物が損傷し，土壌が硬いから。
④ 人々に踏みつけられる程度が低く，植物が損傷し，土壌が柔らかいから。
⑤ 人々に踏みつけられる程度が高く，植物が損傷せず，土壌が硬いから。
⑥ 人々に踏みつけられる程度が高く，植物が損傷せず，土壌が柔らかいから。
⑦ 人々に踏みつけられる程度が高く，植物が損傷し，土壌が硬いから。
⑧ 人々に踏みつけられる程度が高く，植物が損傷し，土壌が柔らかいから。

問２　土壌硬度と植被率および群落高との間にはどのような関係が認められるか。最も適当なものを，次の①～⑤のうちから一つ選べ。

① 土壌硬度が大きいほど，植被率・群落高ともに大きくなる。

② 土壌硬度が大きいほど，植被率・群落高ともに小さくなる。

③ 土壌硬度が大きいほど，植被率は大きく，群落高は小さくなる。

④ 土壌硬度が大きいほど，植被率は小さく，群落高は大きくなる。

⑤ 土壌硬度と植被率および群落高の間には，相関は認められない。

第２問　次の文章を読み，以下の問いに答えよ。

陽生植物と陰生植物は，光の強さに対する光合成の特性がそれぞれ異なっており，その特性は好みの光環境で優位に成長するのに役立っている。

光の強さと光合成の関係を示した図１は光－光合成曲線とよばれる。

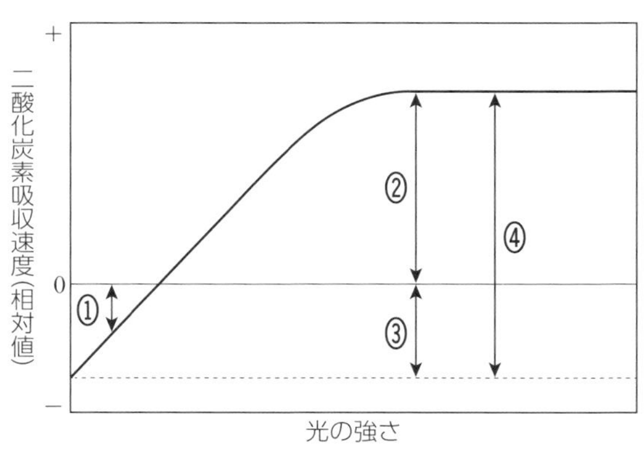

図１　光ー光合成曲線

単位時間当たりの植物の光合成量および呼吸量をそれぞれ $_{\text{A}}$光合成速度，$_{\text{B}}$呼吸速度とよび，これらは単位時間当たりの二酸化炭素の吸収量および放出量から求められる。光の強さが０のときは呼吸だけが行われるので，二酸化炭素の放出だけが起こる。光が強くなると，光合成による二酸化炭素の吸収量が増加し，やがて見かけ上，二酸化炭素の出入りがなくなる。このときの光の強さを光補償点という。光補償点以上の光の強さにおける二酸化炭素の吸収速度を見かけの光合成速度といい，実際の光合成速度はそれに呼吸速度を加えたものになる。さらに光を強くしていくと，ある光の強さ以上では光を強くしても二酸化炭素吸収速度はそれ以上大きくならなくなり，このときの光の強さを光飽和点とよぶ。

一般に，陽生植物は陰生植物に比べ，光飽和点が［ア］，光補償点が［イ］，そして，呼吸速度が［ウ］。

問1　下線部A，Bについて，実際の光合成速度と呼吸速度を表している矢印として最も適当なものを，図1の①～④のうちからそれぞれ一つずつ選べ。

問2　文章中の［ア］～［ウ］に当てはまる語句の組み合わせとして適するものを，次の①～⑧のうちから一つ選べ。

	ア	イ	ウ		ア	イ	ウ
①	低　く	低　く	大きい	②	低　く	低　く	小さい
③	低　く	高　く	大きい	④	低　く	高　く	小さい
⑤	高　く	低　く	大きい	⑥	高　く	低　く	小さい
⑦	高　く	高　く	大きい	⑧	高　く	高　く	小さい

問3　図2はある冷温帯の森林が伐採された後の遷移の過程を示しており，図3中の①～③は，図2に見られる植物種a，b，cそれぞれの光－光合成曲線を示している。植物種a，b，cそれぞれに対応する光－光合成曲線として最も適当なものを，図3中の①～③のうちからそれぞれ一つずつ選べ。ただし，植物種a～cで低温耐性には差がないものとする。

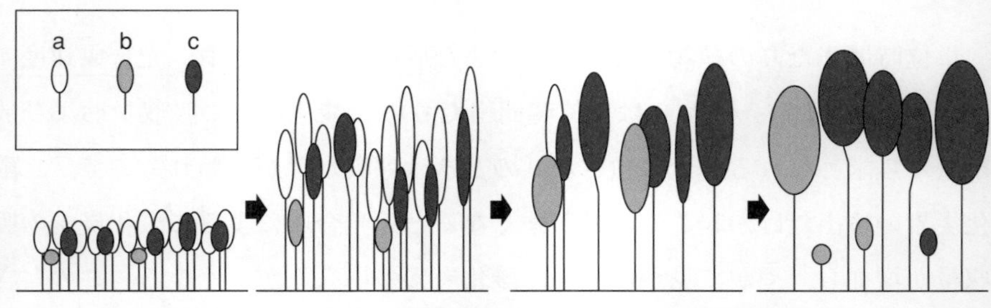

図2　ある冷温帯の森林が伐採された後の遷移の過程

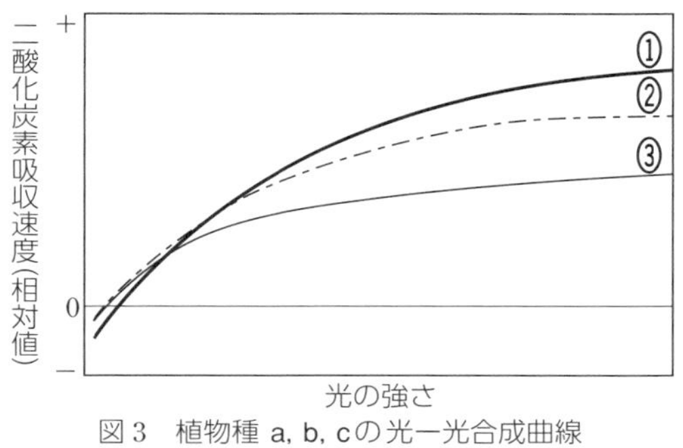

図3　植物種 a, b, cの光一光合成曲線

第3問　次の文章を読み，下の問いに答えよ。

問　人工衛星でとらえた地表の反射光のデータを解析することで，現地に行かずに，その場所の植生のようすを推定する技術が開発されてきた。緑葉の量を表す指標Nは，葉緑体が赤色の光を吸収するが赤外線を吸収しない，という特性を利用して算出する指標で，赤色光を赤外線と同じだけ反射する場合に0，赤色光をすべて吸収して赤外線だけを反射する場合に1の値をとる。北半球で雨緑樹林が成立している地点における指標Nを調べたところ，図のように季節変動していた。北半球の(ア)夏緑樹林と(イ)熱帯多雨林で同様に調べた指標Nの季節変動を示すグラフとして最も適当なものを，次の①～④のうちからそれぞれ一つずつ選べ。

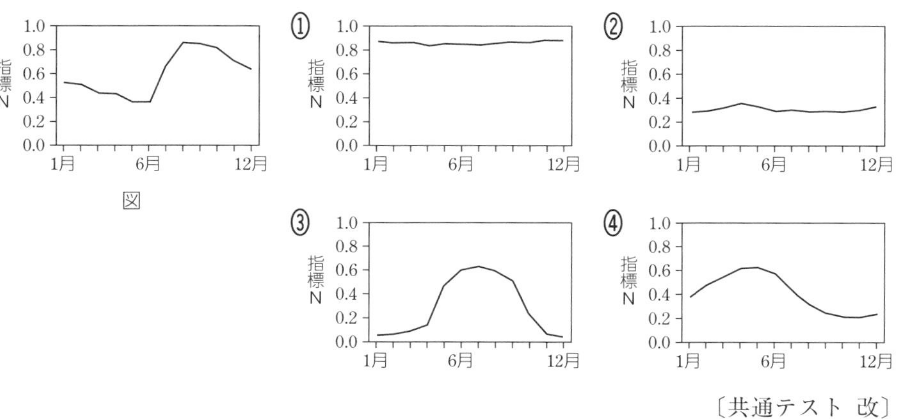

〔共通テスト 改〕

1回目　／　2回目　／

第31講 生態系

1. 生態系の成りたち

A. 生態系とは

生態系　ある地域の生物とそれを取り巻く**非生物的環境**をひとまとまりにしたもの。

B. 生態系の構造

作用　非生物的環境が生物に及ぼす影響。

環境形成作用　生物が非生物的環境に及ぼす影響。

生産者　光合成などにより，無機物から有機物を合成する生物。**植物**や**藻類**など。

消費者　生産者が合成した有機物を直接または間接的に取りこみ栄養源にする生物。

一次消費者　植物を食べる植物食性動物。
二次消費者　植物食性動物を食べる動物食性動物。

二次消費者より上位の消費者を，順に，**三次消費者**，**四次消費者**といい，まとめて高次消費者ともいう。

分解者　消費者のうち，有機物を最終的に無機物に分解する過程にかかわる生物。

2. 生態系と種多様性

種多様性　ある生態系における生物の種の多様さのこと。生態系が成りたつ環境が異なると，そこに見られる生物の種類や数も違ってくる。種多様性が高いほど生態系は安定する。

3. 種の多様性の維持

キーストーン種　生態系において種多様性などの維持に大きな影響を及ぼす生物種。

間接効果　ある生物の存在が，その生物と捕食・被食の関係で直接つながっていない生物の生存に対して影響を及ぼすこと。

例：海岸の岩場の食物網において，最上位の捕食者であるヒトデ(キーストーン種)を除去すると，1年後にはイガイが岩場をほぼ独占し，カメノテは減少，藻類は激減し，ヒザラガイやカサガイもいなくなり，種多様性は低下した。ヒトデが，直接捕食しない藻類の生存にも影響を及ぼした(間接効果)。

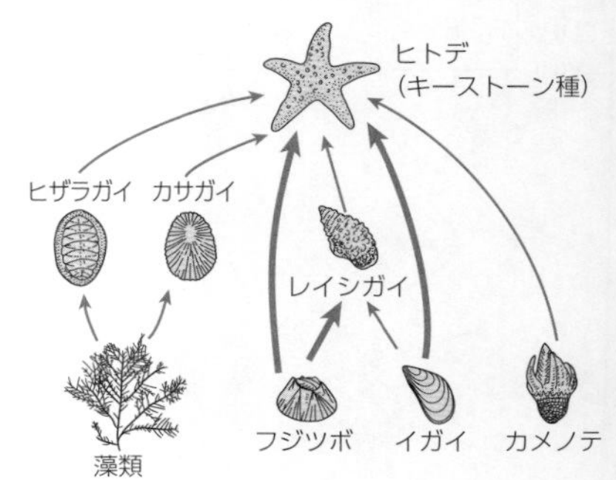

例題 27 生態系

次の文章を読み，以下の問いに答えよ。

ある地域にすむ生物と，それを取り巻く環境を一つのまとまりとしてとらえたものを［ア］という。水や空気，土壌などを［イ］環境といい，［イ］環境が生物に及ぼす影響を［ウ］，生物が［イ］環境に及ぼす影響を［エ］という。生物と［イ］環境は互いにはたらき合って［ア］を構成しており，また，生物どうしも［ア］内でさまざまな関係をもっている。図は，［ア］を模式的に表したものである。

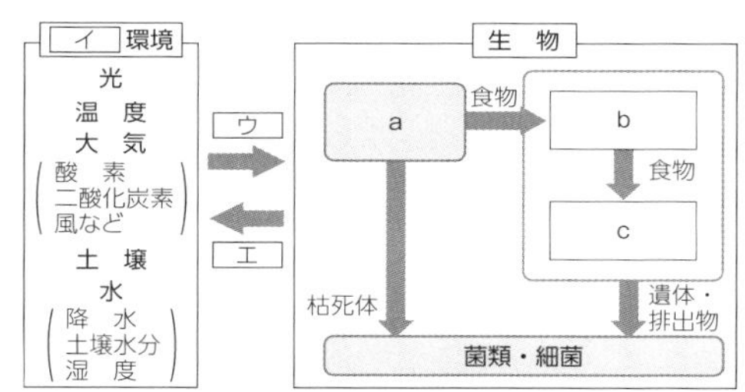

問1　文章中の［ア］～［エ］に入る語を，次の①～⑧のうちからそれぞれ一つずつ選べ。

① 緩衝作用　② 環境形成作用　③ 食物連鎖　④ 非生物的
⑤ 作　用　⑥ 相互作用　⑦ 生物的　⑧ 生態系

問2　図中のa～cの生物は，それぞれ何とよばれるか。適当なものを，次の①～④のうちから一つずつ選べ。ただしaは光合成を行う植物である。

① 生産者　② 分解者　③ 一次消費者　④ 二次消費者

問3　図中のa～cにあてはまる生物を，次の①～⑥のうちからそれぞれ二つずつ選べ。

① バッタ　② カエル　③ タンポポ　④ ウサギ
⑤ カマキリ　⑥ ナズナ

問4　図中のa～cの生物のうち，一般に，最も個体数が少ないと考えられるものはどれか。次の①～③のうちから一つ選べ。

① a　② b　③ c

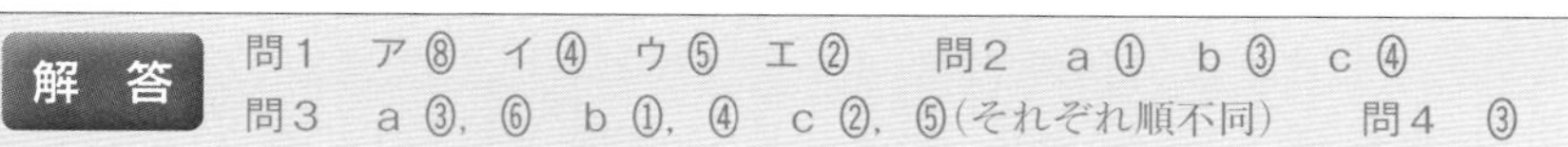
解答　問1　ア ⑧　イ ④　ウ ⑤　エ ②　問2　a ①　b ③　c ④
問3　a ③，⑥　b ①，④　c ②，⑤（それぞれ順不同）　問4　③

解説　問2　aは生産者，aを食べるbは一次消費者，bを食べるcは二次消費者。

問3　③タンポポ，⑥ナズナは植物であるので生産者。①バッタ，④ウサギは植物を食べる一次消費者。②カエル，⑤カマキリはバッタを食べる二次消費者。

第5章

演習問題

56 生態系 3分

生態系の中で，光合成により無機物から有機物を合成する生物を［ア］という。［ア］を直接捕食する生物を一次［イ］，一次［イ］を捕食する生物を二次［イ］といい，さらに，二次［イ］以上の生物を食べる生物を三次［イ］，四次［イ］，…という。［イ］のうち，生物の枯死体・遺体や排出物などの有機物を分解して得られるエネルギーで生活している生物は［ウ］とよばれる。

問１　上の文章中の［ア］～［ウ］に入る語として最も適当なものを，次の①～⑤からそれぞれ一つずつ選べ。

① 消費者　② 植　物　③ 分解者　④ 捕食者　⑤ 生産者

問２　文章中の下線部の生物に該当しないものを，次の①～④から一つ選べ。

① ゾウリムシ　② ミドリムシ　③ ミカヅキモ　④ クロレラ

57 キーストーン種 8分

Ｐ湾の海岸の岩場には，図のような固着生物を中心とする特有の生態系が見られる。この中のフジツボ，イガイ，カメノテ，イソギンチャクおよび藻類は固着生物であるが，レイシガイ，ヒザラガイ，カサガイおよびヒトデは岩場を動き回って生活している。

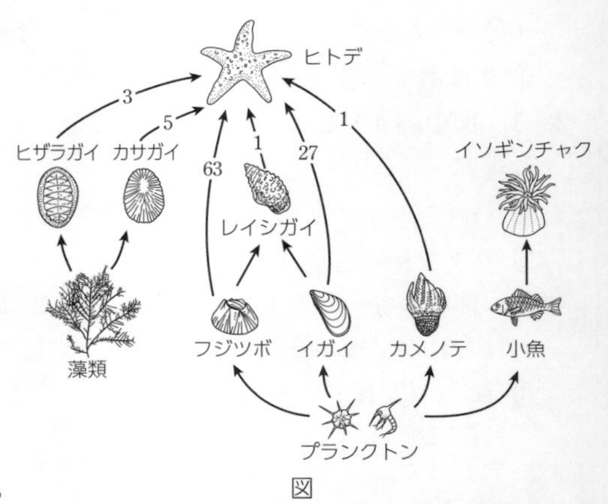

図

矢印は捕食・被食の関係を表し，ヒトデと各生物を結ぶ線上の数字は，ヒトデの食物全体の中で各生物が占める割合(個体数比)を百分率で示したものである。

問１　この生態系において，ヒトデ，藻類，カサガイがそれぞれ属する栄養段階はどれか。最も適当なものを，次の①～④のうちから一つずつ選べ。

① 生産者　② 一次消費者　③ 二・三次消費者　④ 分解者

問2　P湾の潮間帯の岩場からヒトデを完全に除去したところ，岩場ではまずイガイとフジツボが著しく数を増やして優占種となった。カメノテとレイシガイは常に散在していたが，イソギンチャクと藻類は，増えたイガイやフジツボによって，ほとんど姿を消した。その後，ヒザラガイやカサガイもいなくなり，種数もおよそ半減した。一方，ヒトデを除去しなかった対照区では，このような変化は見られなかった。この野外実験からの推論として，適当なものはどれか。次の①～⑤のうちから二つ選べ。

① ヒザラガイとカサガイが消滅したのは，食物をめぐって両種の間で奪い合いが起こったためである。

② イガイとフジツボが増えたのは，捕食者であるヒトデがいなくなったためである。

③ イソギンチャクと藻類がほとんど姿を消したのは，イガイやフジツボに捕食されたためである。

④ 上位捕食者の除去は，被食者でない生物にも間接的に大きな影響を及ぼしうる。

⑤ ヒトデは生態系のバランスを保つのに重要なはたらきをするキーストーン種なので，ヒトデの存在により生態系は単純化している。

問3　P湾と生息する生物種の構成がよく似たQ湾で，潮間帯の岩場からヒトデをすべて除去する実験を行った。ヒトデの除去前後での岩場に固着する種数の変化を調べたところ，P湾とは異なり，Q湾ではヒトデ以外の種に種数が半減するなどの大きな変化が認められなかった。この実験からわかることとして適当なものを，次の①～③からすべて選べ。

① P湾のヒトデはキーストーン種だが，Q湾のヒトデはそうではない。

② P湾では，ヒトデの存在が間接効果により藻類に影響を及ぼしている。

③ P湾では，ヒトデと同じ役割を担う上位捕食者が他に存在する可能性がある。

〔センター試 改，文教大 改〕

第5章

1回目　／　2回目　／

第32講 生物どうしのつながり

1. 生物どうしのつながり

A. 食物連鎖と食物網

食物連鎖　生態系の生物間に見られる，捕食者と被食者が一連につながった関係。

食物網　実際の生態系における，複雑な網状につながっている捕食・被食の関係。

B. 生態ピラミッド

栄養段階　生態系における生産者，一次消費者，二次消費者など食物連鎖の各段階。

生態ピラミッド　個体数，生物量などを栄養段階の下位から順に積み上げると，通常はピラミッド状になる。栄養段階が高次になるほど，一般に個体数は減少する。

個体数ピラミッド　個体数を積み上げたもの。

生物量ピラミッド　生物体の質量を積み上げたもの。

2. 生態系における有機物の収支

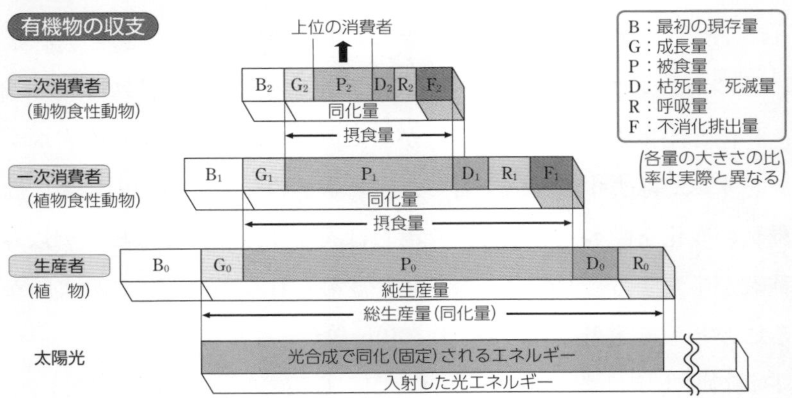

生産者の有機物収支

純生産量＝総生産量－呼吸量　　**成長量＝総生産量－(呼吸量＋枯死量＋被食量)**

消費者の有機物収支

同化量＝摂食量－不消化排出量　　**成長量＝同化量－(呼吸量＋被食量＋死滅量)**

例題 28 生態系

生態系を構成する生物は，大きく消費者と生産者に分けられ，消費者は，一次消費者，二次消費者，三次消費者などに分けられる。これらの生物の一連のつながりは食物連鎖とよばれ，その各段階は［ア］段階とよばれるが，実際の生態系では，食う－食われるの関係は複雑につながり合っており，それらの関係の全体を［イ］という。生態系において，［ア］段階ごとに生物の個体数や生物量などを調べた棒グラフを横にして，［ア］段階が下位のものから順に積み重ねた図を，生態ピラミッドという。一般に生態ピラミッドは，先端に行くにつれて細くなるピラミッド型になるが，形が逆転することがしばしばある。

問1　文章中の［ア］に入る語として最も適切なものを，次の①～⑤から一つ選べ。

①階　層　②食　物　③垂　直　④栄　養　⑤有機物

問2　文章中の［イ］に入る語として最も適切なものを，次の①～⑤から一つ選べ。

①バイオーム　②垂直分布　③生物濃縮　④総生産量　⑤食物網

問3　生態ピラミッドの形が逆転することの多い例として最も適切なものを，次の①～④のうちから一つ選べ。

① 富栄養化によって植物プランクトンが増殖した湖沼で，動物プランクトンが植物プランクトンを摂食している場合の個体数ピラミッド。

② エゾマツの森林で，カミキリムシがエゾマツを摂食している場合の生物量ピラミッド。

③ 街路樹の1本のソメイヨシノに，多数のガの幼虫がついている場合の個体数ピラミッド。

④ 人間によって管理されている水田で，イナゴやウンカなどのイネの害虫がいる場合の生物量ピラミッド。　〔関東学院大 改〕

解答　問1 ④　問2 ⑤　問3 ③

解説　問2 実際の生態系では，捕食者は何種類かの生物を食べており，その捕食者も何種類かの生物に食べられている。

問3 ③1本のソメイヨシノ(生産者)に，その葉を食べるガの幼虫(一次消費者)が多数いる場合，生産者の個体数よりも一次消費者の個体数の方が多くなるため，個体数ピラミッドの形が逆転する。②エゾマツをカミキリムシが摂食している場合，1本のエゾマツに多数のカミキリムシがついている。また，④イネにイナゴやウンカなどがいる場合も，個体数でみるとピラミッドは逆転するが，いずれも生物量(質量)でみると逆転しない。

演習問題

58 食物連鎖と栄養段階 6分

ある生態系にA～Iの9種の生物(生産者・一次消費者・二次消費者・三次消費者)が生息している。種GはFとIを食べ，種DはAとEを食べる。種CはBとHを食べる。また種DとGはどちらもBおよびHの2種に食べられる。

問1 食うものと食われるものの関係を矢印で表すと，この生態系の食物網は何本の矢印からできていると考えられるか。次の①～⑤から一つ選べ。

① 8本 ② 9本 ③ 10本 ④ 12本 ⑤ 18本

問2 この生態系には，4種類の植物が存在する。その組み合わせとして適当なものを，次の①～⑤から一つ選べ。

① ABEI ② ABEF ③ ABGI ④ ABEH ⑤ AEFI

問3 最も個体数が少ないと考えられる種を，次の①～⑨から一つ選べ。

① A ② B ③ C ④ D ⑤ E ⑥ F ⑦ G ⑧ H ⑨ I

問4 一次消費者の組み合わせとして適当なものを，次の①～⑤から一つ選べ。

① BC ② BG ③ BH ④ CG ⑤ DG

問5 ウンカ・ヨコバイ類は農作物を食べる害虫として知られている。これらのみを食べている水田のクモ類は，この生態系ではどれにあてはまるか。最も適当なものを，問4の①～⑤から一つ選べ。

問6 このような生態系において，個体数や生物量を栄養段階ごとに積み重ねると，一般にピラミッド状になる。これらをまとめて何というか。最も適当なものを，次の①～③から一つ選べ。

① 個体数ピラミッド ② 生物量ピラミッド ③ 生態ピラミッド

59 物質収支 10分

次の文章を読み，以下の問いに答えよ。

図は，生態系における各栄養段階の有機物の収支を模式的に示したものである。ただし，三次消費者は存在しないものとする。

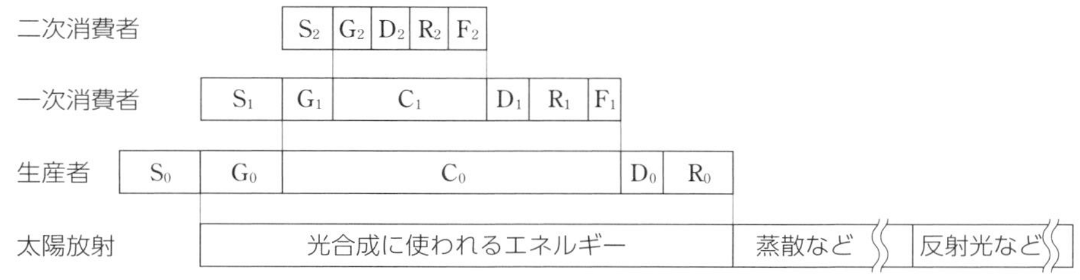

図

問１　図中のGは成長量，Dは枯死・死滅量を表している。F，Rは何を表しているか。次の①～⑤のうちからそれぞれ一つずつ選べ。

① 最初の現存量　② 被食量　③ 呼吸量
④ 不消化排出量　⑤ 摂食量

問２　生産者における純生産量を図中の記号を用いて表した式として適当なものを，次の①～⑥のうちから一つ選べ。

① C_0　② G_0+C_0　③ C_0+D_0　④ $G_0+C_0+D_0$
⑤ $C_0+D_0+R_0$　⑥ $G_0+C_0+D_0+R_0$

問３　二次消費者における同化量を図中の記号を用いて表した式として適当なものを，次の①～⑦のうちから二つ選べ。

① C_0-F_1　② C_1-F_2　③ S_2+C_1　④ $G_1+C_1-F_2$
⑤ G_2+D_2　⑥ $G_2+D_2+R_2$　⑦ $G_2+D_2+R_2+F_2$

問４　最高次の消費者まで含むすべての栄養段階のG，D，R，Fのエネルギーの総和は何と等しくなるか。最も適当なものを，次の①～⑤のうちから一つ選べ。

① 生態系に降り注いだ太陽の光エネルギーの総量
② 生産者の総生産量　③ 生産者の純生産量
④ 生産者の呼吸量　⑤ 消費者の摂食量

問５　S，G，C，D，R，Fのうち，分解者によって利用されるものとして適当なものを，次の①～⑥のうちから二つ選べ。

① S　② G　③ C　④ D　⑤ R　⑥ F

第5章

1回目　／	2回目　／

第33講 生態系のバランスと保全①

1．生態系のバランス

A．生態系のバランスと復元力

生態系のバランス　台風，洪水，山火事などによる**かく乱**や，季節ごとの気温の変化などによって，生態系は常に変動しているが，その変動の幅は一定の範囲内に保たれている。これを生態系のバランスが保たれているという。一般に，生態系の種多様性が高くなるほど食物網が複雑になり，1つの種の急激な増減が他の種に及ぼす影響は小さくなるので，生態系のバランスが崩れにくくなる。

復元力　生態系には，自然災害などでその一部が破壊されても，時間とともにもとの状態にもどろうとする復元力がある。

B．かく乱と生態系のバランス

水界生態系に多量の有機物を含む水が流入すると**かく乱**されるが，少量なら**復元**可能。

自然浄化　流入する有機物の量が少ない場合，流入した有機物が，水による希釈，微生物による無機物への分解，水生植物による栄養塩類の吸収などによって，自然に減少すること。これにより生態系のバランスが保たれている。

富栄養化　栄養塩類などが蓄積して濃度が高くなること。

大量の生活排水や肥料などが河川，湖沼，海洋に流れ込み，自然浄化では水質が戻らなくなるほど富栄養化が進行。

→プランクトンが異常増殖し，湖沼では**アオコ**(水の華)，内湾などでは**赤潮**が発生。

〈汚水が流入した河川の自然浄化〉

① 有機物を分解する細菌が増加し，細菌の呼吸により水中の酸素が減少して，有機物の分解で生じる NH_4^+ が増加する。

② 細菌の増加により細菌を捕食する原生動物が増加する。その結果，細菌が減少し，やがて原生動物も減少する。

③ NH_4^+ の増加により，生育に NH_4^+ を利用する藻類が増加する。その結果，NH_4^+ は減少し，藻類の光合成により水中の酸素が増加する。

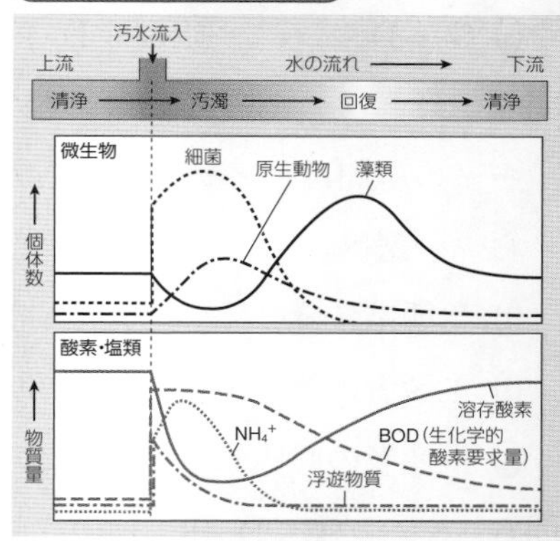

④ NH_4^+ が少なくなると藻類も減少する。こうして，生物の個体数や物質の濃度，BOD(生化学的酸素要求量：水中の有機物を微生物が酸化分解するのに消費した酸素量。数値が大きいほど水質が悪い)は汚水流入前の状態に戻る。

例題 29 自然浄化

図1は，温帯域のある湖沼のプランクトン量と環境要因の季節変化の調査結果を示したものである。この湖沼において，春と秋の時季(図1中矢印)に湖沼の水を採取し，動物プランクトンと植物プランクトンを含む水から動物プランクトンだけを取り除いて，さまざまな組み合わせで栄養塩類を添加して野外と同じ光と温度条件で培養し，植物プランクトン量の増加を比較した。春の実験結果を図2に示す。また，秋の実験では栄養塩類を添加しなくても，動物プランクトンを除いただけで植物プランクトン量に大きな増加が見られた。

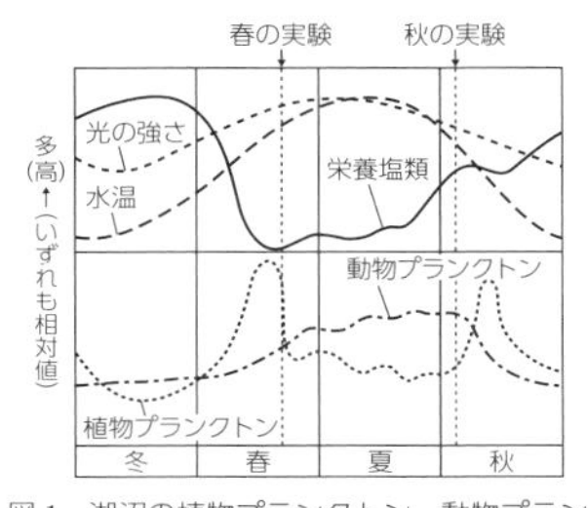

図1　湖沼の植物プランクトン，動物プランクトン，栄養塩類，光量，水温の季節変化

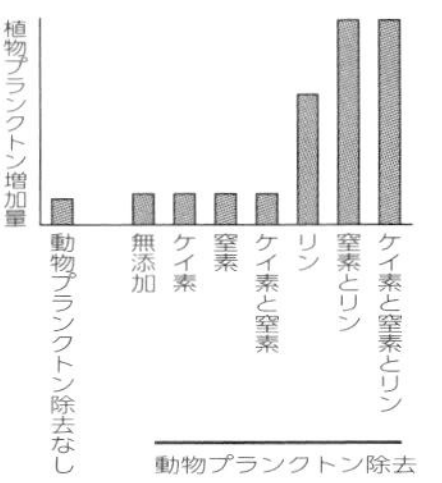

図2　春の培養実験結果

問1　湖沼におけるプランクトン量の季節変化をもたらす要因として，この観察と実験結果から導かれる結論はどれか。正しいものを，次の①～⑥から一つ選べ。

① 栄養塩類は豊富でも，夏の高温と強い光は植物プランクトンの増殖を抑制する。
② 晩秋から冬の間の植物プランクトンの減少は，栄養塩類の過多が原因である。
③ 春の植物プランクトン量の減少は，窒素が過剰になったためである。
④ ケイ素は植物プランクトンにとって不足しがちな栄養塩類である。
⑤ 年間を通じて，栄養塩類濃度が植物プランクトン量を決めている。
⑥ 動物プランクトンの存在は植物プランクトン量の季節変化に影響する。

問2　河川などに流れこむ汚濁物質が，水によってうすめられたり水中の微生物によって分解されたりして減少するはたらきを何というか。次の①～④から一つ選べ。

① 自然浄化　② 環境保全　③ 生物濃縮　④ 富栄養化

解答　問1 ⑥　問2 ①

解説　問1 夏に植物プランクトンが減少しているのは，栄養塩類の不足により増殖できないうえ，捕食者である動物プランクトンが増加したためである。冬は，水底にたまっていた栄養塩類が，湖沼の水の循環によって上昇してくるが，低温と光不足のため，植物プランクトンは増殖できない。よって，栄養塩類濃度が植物プランクトン量を決めているとはいえない。

第5章

演習問題

60 富栄養化と生態系のバランス 8分

次の各問いに答えよ。

問1 BOD(生化学的酸素要求量)は，河川などの水の汚れの程度を表す指標の一つであり，水中の有機物を微生物が酸化分解する際に消費される酸素量によって水の汚れを数値化したものである。日本では河川に放流することができる排水の環境基準濃度は，BOD が 5mg/L（1L 当たり 5mg の酸素が必要）以下に定められている。グルコース 10g が溶けた水 100mL を環境基準に基づいて河川に流す場合，風呂の水で考えると少なくとも何杯で薄める必要があるか。最も適当なものを，次の①～⑤のうちから一つ選べ。ただし，グルコース 1g を完全に酸化するために必要な酸素量を 1g と仮定し，風呂の水 1 杯は 300L とする。

① 1杯　② 3杯　③ 5杯　④ 7杯　⑤ 9杯

問2 次の記述 a～c のうち，水界生態系についての正しい記述を過不足なく含むものを，下の①～⑦のうちから一つ選べ。

a 河川や湖沼などに有機物が蓄積してその濃度が高くなることを，富栄養化という。

b 水中の有機物は，植物プランクトンに摂食され，無機塩類に変えられる。

c 富栄養化が進むと，植物プランクトンが異常に増殖し，海域では赤潮が発生することがある。

① a　② b　③ c　④ a，b　⑤ a，c　⑥ b，c　⑦ a，b，c

問3 生態系のバランスについての記述として最も適当なものを，次の①～④のうちから一つ選べ。

① 光や温度，水，空気といった環境が変化すると，環境形成作用を介して生産者の個体数が変化するため，生態系のバランスが急速に変化する。

② 被食－捕食の関係が複雑になるほど生態系のバランスは保たれやすい。

③ 移入された外来生物のうち，動物は生態系のバランスを変化させるが，

植物は生態系のバランスを変化させることはない。

④ 渡り鳥は外来生物のため，渡り鳥の渡来地では生態系のバランスが崩れやすい。

〔名古屋学芸大 改〕

61 河川における自然浄化 4分

右図は，汚水が流れ込むある河川の汚水流入地点から下流にかけての水質と生物の変化を表したものである。次の問いに答えよ。

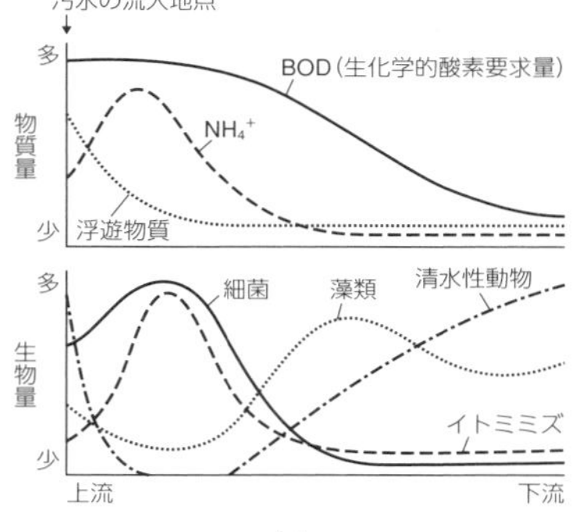

図

問1　図から考えられることとして適当なものを，次の①～⑤のうちからすべて選べ。

① 下流では藻類が増加することでイトミミズが減少する。

② 藻類が増加することで NH_4^+ が減少する。

③ 水中の有機物量が高いと，BOD の値は増加する。

④ 水質が変化しても生息する水生生物の種の組み合わせは変化しない。

⑤ 水中に生息する生物の組み合わせの違いから水の汚染の度合いを知ることができる。

問2　ある河川の上流から下流にかけての水質と生物の変化が上図のようなとき，その河川の上流から下流にかけての溶存酸素の変化を表したものとして最も適当なものを，次の①～⑥のうちから一つ選べ。

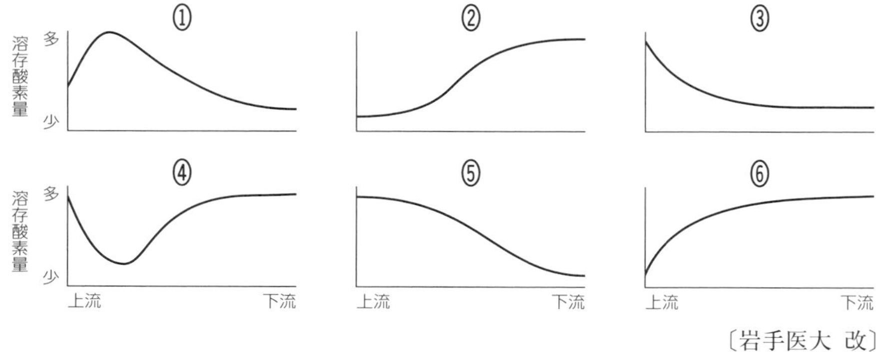

〔岩手医大 改〕

1回目　／	2回目　／

第34講 生態系のバランスと保全②

1. 人間の活動と生態系

A. 外来生物の移入

外来生物　人間の活動によって本来の生息場所から別の場所に移され，そこで定着した生物。移入先で分布を広げ，生態系をかく乱する場合がある。

特定外来生物　日本の生態系や人間の生活などに特に大きな影響を及ぼす，あるいは及ぼす可能性のある外来生物。飼育や栽培・輸入などが原則禁止されている。

B. 森林の破壊　森林が失われると，そこに生息する生物が生息場所を失うことで**種多様性が低下**する。また，土壌の流出が起こり，**砂漠化**につながることがある。植物による二酸化炭素の吸収が減少するため，地球温暖化の要因にもなる。

C. 地球温暖化　**地球温暖化**の進行は，多くの生態系に影響を及ぼす可能性がある。

温室効果　水蒸気や二酸化炭素などの**温室効果ガス**が，地表から放射された赤外線を吸収して再び地表に放射することで，地表や大気の温度を上昇させるはたらき。

D. 生物濃縮

生物濃縮　生物が分解できず，体外に排出しにくい物質が，外部の環境より高い濃度で生物の体内に蓄積すること。食物連鎖の過程を経て濃縮され，生体に悪影響。

2. 生態系の保全

A. 生態系の保全の重要性

生態系サービス　人間が生態系から受けるさまざまな恩恵。

① 供給サービス	② 調整サービス	③ 文化的サービス	④ 基盤サービス
有用な資源の供給	安全な生活の維持	豊かな文化を育てる	生態系を支える基盤
食料，燃料，木材，繊維，薬品，水など人間の生活に必要な資源の供給	気候の調整，災害の制御，病気の制御，水の浄化などの環境の調整・制御	精神的充足，美的な楽しみ，社会制度の基盤，レクリエーションの機会	光合成による酸素の生成，土壌の形成，栄養の循環，水の循環など

B. 生物多様性の保全

絶滅のおそれのある生物を**絶滅危惧種**といい，保護する取り組みが行われている。絶滅危惧種をまとめたリストを**レッドリスト**，レッドリストに載っている種の生息状況などをまとめて本にしたものを**レッドデータブック**という。

里　山　人間により管理・維持された森林や田畑一帯をいい，多様な動植物が存在。

干　潟　小型の藻類や貝類，細菌などによる水質浄化能があり，多様な生物が生息。

C. 生態系と人間社会

一定以上の規模の開発を行う場合，生態系への影響を事前に調査することが法律により義務化されている。この調査を**環境アセスメント**(環境影響評価)という。

例題 30 生態系とその保全

近年，水界生態系の保全が大きな課題となっている。水界生態系を脅かす要因として，湖沼や沿岸海域の(1)富栄養化，干潟，藻場やサンゴ礁の消失などがある。水界生態系の消失は(2)水生生物の多様性の減少を招くだけでなく，水産資源の枯渇にも結びつく問題である。我が国においては水界生態系の保全活動の一環として人工干潟や人工藻場の造成が行われている。このような活動により，水界生態系の保全や(3)生態系サービスの持続的な利用が期待される。

問１　下線部(1)に関する現象として誤っているものを，次の①～⑥から一つ選べ。

① 生物濃縮　② アオコの発生　③ 赤潮の発生
④ 生活排水の流入　⑤ 魚介類の大量死　⑥ 水中酸素濃度の低下

問２　下線部(2)の原因として外来生物の移入があり，日本におけるオオクチバスの影響は深刻な問題となっている。オオクチバスに関する記述として誤っているものを，次の①～⑤から一つ選べ。

① 意図的な放流によって持ち込まれた外来生物である。
② 肉食性であり，日本在来魚種の減少を招いている。
③ 原産地である北アメリカにおいても，生態系に深刻な影響を与えている。
④ 特定外来生物に指定され，飼育，運搬，輸入，放流が規制されている。
⑤ 日本在来魚種との雑種形成による遺伝子汚染の問題は，知られていない。

問３　下線部(3)に関する記述として正しいものを，次の①～⑤から二つ選べ。

① 化石燃料や天然鉱物も，生態系サービスに含まれる。
② 動植物より抽出した物質からつくられた新薬は，生態系サービスではない。
③ 農業や林業も含め，生物からの恩恵は生態系サービスに含まれる。
④ 生態系サービスを持続的に受けるためには，生物多様性を保っていく必要がある。
⑤ 都市環境での生活では，生態系サービスを受けることはない。〔中部大 改〕

第5章

解答　問１　①　問２　③　問３　③，④（順不同）

解説　問２　原産地である北アメリカの生態系では，天敵に捕食されるなど，一方的に増えすぎないように生物どうしで調節しあう関係があり，生態系全体としてバランスが保たれている。

問３　①化石燃料や天然鉱物は地下資源であり，生態系サービスには含まれない。②生態系からの直接的な恩恵だけでなく，動植物から得られる物質からつくられた医薬品などの間接的な恩恵も供給サービスに含まれる。⑤緑地でのレクリエーションや窓からの木々の景色など，都市でも生態系サービスを受けている。

演　習　問　題

62 里山の生態系　5分

日本産のトキは，かつて日本各地に生息していたが，絶滅した。その後，中国産のトキの人工繁殖により生まれた若鳥が佐渡島に再導入されている。里山におけるトキの採餌行動を観察したところ，採餌場所については図１の結果が，食物として利用している生物については図２の結果が得られた。また，食物となる生物の生態について観察結果１が得られた。

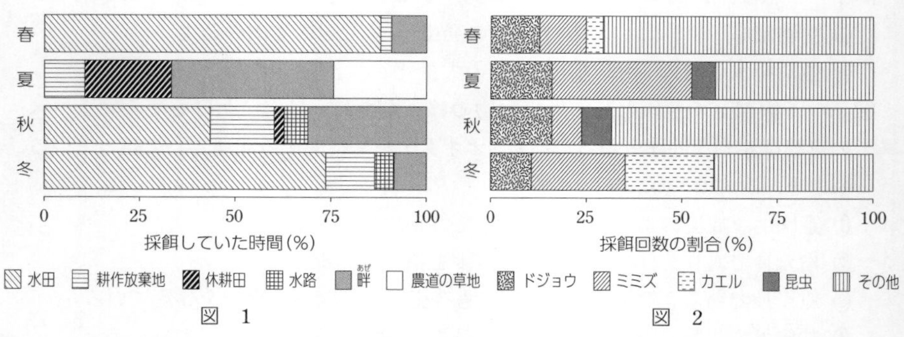

図　1　　　　図　2

観察結果１　夏や秋に水路で観察されたドジョウは，春に水田や休耕田で繁殖していた。春に水田で見られたオタマジャクシの成体は，夏に周辺の森林で観察された。

問１　図１・図２の結果から導かれる，トキ再導入後の生態系についての記述として最も適当なものを，次の①～④のうちから一つ選べ。

① トキは，水田の生態系における一次消費者になっている。

② トキは，春と秋には食物を獲得しにくいため，この時期は物質循環が起こりにくくなっている。

③ トキは，年間を通じてドジョウを安定的な栄養源にしている。

④ トキは，年間を通じて採餌場所を変え，夏には水田の生態系における分解者としてのはたらきが弱まっている。

問２　図１，図２，および観察結果１に基づいて，次の環境ⓐ～ⓒと，環境を構成する水田や森林など複数の要素間のつながりⅠ・Ⅱのうち，トキが安定的に食物を獲得できる環境として最も適していると考えられるものはどれか。その組み合わせとして最も適当なものを，後の①～⑥のうちから一つ選べ。

ⓐ 人の活動により，水田や畔だけでなく，水路や森林が維持されている環境

ⓑ 稲作が盛んな水田と畔のみが一面に広がる環境

ⓒ 人が近づかない，休耕田と耕作放棄地からなる環境

Ⅰ 複数の要素が互いに隣接し，生物の移動が容易である。

Ⅱ 複数の要素が適度に離れて配置され，それぞれの要素内で独自の生態系が成り立っている。

① ⓐ，Ⅰ　② ⓑ，Ⅰ　③ ⓒ，Ⅰ

④ ⓐ，Ⅱ　⑤ ⓑ，Ⅱ　⑥ ⓒ，Ⅱ

〔共通テスト追試〕

63 外来生物の生態系への影響 3分

問　人間活動によって本来の生息場所から別の場所へ移動させられ，その地域にすみ着いた生物を，外来生物という。外来生物がかかわっていない記述を，次の①～④のうちから一つ選べ。

① アジア原産のつる植物であるクズが北アメリカに持ちこまれたところ，クズが林のへりで樹木をおおい，その生育を妨げるようになった。

② サクラマスを川で捕獲し，それらから得られた多数の子を育ててもとの川に放ったところ，野生の個体との間で食物をめぐる競合が起こり，全体として個体数が減少した。

③ イタチが分布していなかった日本のある島に，本州からイタチが持ちこまれたところ，その島の在来のトカゲがイタチに食べられて激減した。

④ メダカを水路で捕獲し，外国産の魚と一緒に飼育した後にもとの水路に戻したところ，飼育中にメダカに感染した外国由来の細菌が，水路にいる他の魚に感染した。

〔共通テスト 改〕

第35講 実践問題

第1問　次の文章を読み，以下の問いに答えよ。

高校生のAさんとBさんは，C先生の指導のもとに身近な動物について調べている。Aさんが道で拾ったモグラを解剖すると，胃の中から大量のミミズがみつかった。

Aさん：土の中でミミズは落ち葉を食べて，モグラはミミズを捕食するわね。ミミズは一次［ a ］で，モグラは二次［ a ］でいいかしら？

Bさん：だけど落ち葉は生物の遺骸だろ？それを食べるミミズは［ b ］だよ。

Aさん：それじゃ，［ b ］のミミズを捕食するモグラは何になるの。［ a ］が利用するのは［ c ］か自分より低次の［ a ］よ。［ b ］を食べる［ a ］なんているのかしら。

Bさん：うーん，そんなこと教科書のどこにも載ってないなあ…。

C先生：君たち待ちたまえ。ミミズは単純に落ち葉から栄養をとっているのではないかもしれないぞ。ミミズの体内にはたくさんの微生物が共生しているそうだからね。

Aさん：なるほど，(a)ウシやシロアリと同じかもしれないというわけですね。

Bさん：ええと，その微生物は落ち葉を利用する［ b ］だけど，ミミズとモグラは何になるだろう？

Aさん：生きたものを食べるんだから，やっぱりどちらも［ a ］じゃない？

C先生：いやいや，微生物といっても一つじゃない。ウシやシロアリの体内でもいろいろな微生物が，(b)食う食われるの関係のようなさまざまな結びつきをもちながら暮らしている。ミミズの体内でも同じようになっているんじゃないのかな。

Aさん：でも，私たちの腸の中にもいろいろな微生物がいるじゃないですか。たいていの動物の体内に何か共生する微生物がいるとしたら，自然界で[a]とか[b]の役割を果たしているのはこの生物種だとか，単純にいえなくなるんじゃないですか。

C 先生：うん，だからそれら個々の役割を果たしているのは，実は単一の種ではなくて，小さな群集か生態系と考えたほうがいいだろう。

問１　文章中の[a]～[c]に入る語を，次の①～③から一つずつ選べ。

① 生産者　　② 消費者　　③ 分解者

問２　下線部(a)について，ミミズの体内に微生物が共生していることは，どのような点でウシやシロアリと同じである可能性があるのか。最も適当なものを，次の①～⑤のうちから一つ選べ。

① 微生物が消化管内部で生産者としての役割を担っている点。
② 微生物は一次消費者で，動物は消化管内の微生物を食べている点。
③ 消化管内部に共生している微生物が異物を排除している点。
④ 微生物は二次消費者で，動物は消化管内の微生物を食べている点。
⑤ 微生物は分解者で，動物が分解できない物質を分解する酵素をもち，微生物が分解した産物を動物が吸収している点。

問３　下線部(b)について，食う食われるの連鎖関係の中で，生物に有害な化学物質の濃度が一方向に変わっていく現象が知られている。表は，関東地方の土壌とミミズ，モグラにおける農薬 DDT の濃度の測定結果である。(1) この表が示している現象の名称は何か。また，(2) モグラは表中のア～ウのいずれにあたるか。(1)，(2)の解答の組み合わせとして最も適当なものを，次の①～⑥のうちから一つ選べ。

測定対象	濃度（相対値）
ア	650 ～ 2050
イ	20
ウ	1

	(1)	(2)		(1)	(2)		(1)	(2)
①	食物連鎖	ア	②	食物連鎖	イ	③	食物連鎖	ウ
④	生物濃縮	ア	⑤	生物濃縮	イ	⑥	生物濃縮	ウ

第５章

第2問　次の文章を読み，以下の問いに答えよ。

ある農地において，イネが1年間に光合成によって生産する有機物の総量(総生産量)は1800g/m^{2}で，呼吸量は800g/m^{2}であった。よって，この農地のイネの純生産量は年間［ア］g/m^{2}である。この純生産量のうち半分が米としてヒトに利用される。成人男性の消費カロリーを1日当たり2000kcalとすると，成人男性の1年間の消費カロリーを米のみでまかなうには1人当たり［イ］m^{2}の農地が必要となる。ただし，米の重量はすべてグルコースとして換算すること。また，グルコース1g当たりのエネルギーは4kcal，1年間は365日とする。

問　文章中の［ア］，［イ］に入る数字を，次の①～⑥から一つずつ選べ。

①100　②180　③365　④800　⑤1000　⑥1460

第3問　次の文章を読み，以下の問いに答えよ。

中部地方のある山地では，過去300年にわたり，2年に1回，人為的に植生を焼き払う火入れを春に行った後，成長した植物の刈取りをその年の初秋に行う管理方法により，伝統的に草原が維持されてきた。近年になり，管理方法が変更された区域や，管理が放棄された区域も見られるようになった。表は，五つの区域(Ⅰ～Ⅴ)における近年の管理方法を示したものである。

表

区域	近年の管理方法
Ⅰ	2年に1回，火入れと刈取りの両方が行われている(伝統的管理)。
Ⅱ	毎年，火入れと刈取りの両方が行われている。
Ⅲ	毎年，刈取りのみが行われている。
Ⅳ	毎年，火入れのみが行われている。
Ⅴ	管理が放棄され，火入れも刈取りも行われていない。

注：火入れの時期は春，刈取りの時期は秋である。

また図は，各区域内で初夏に観察されたすべての植物の種数と，そこに含まれる希少な草本の種数を調べた結果を示したものである。

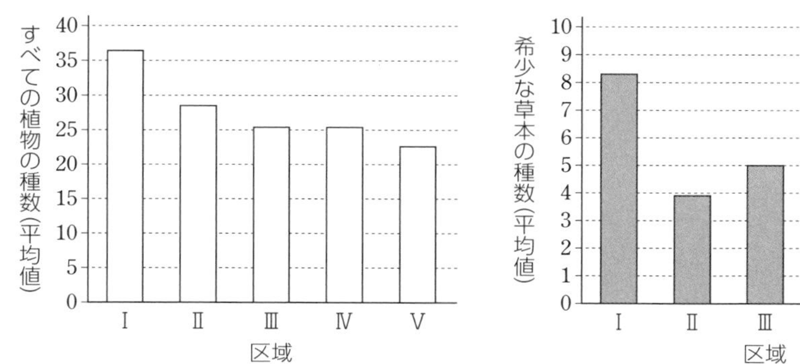

注：各区域内に調査点（1m×1m）を複数設置し，それぞれの調査点において観察されたすべての植物の種数および希少な草本の種数を，平均値で示す。

図

問　この山地における草原を維持する管理方法と観察された植物の種数について，表と図から考えられることとして最も適当なものを，次の①～⑤のうちから一つ選べ。

① 火入れと刈取りの両方を毎年行うことは，火入れと刈取りのどちらかのみを毎年行うことと比べて，すべての植物の種数における希少な草本の種数の割合を大きくする効果がある。

② 火入れを毎年行うことは，管理を放棄することと比べて，すべての植物の種数に加えて希少な草本の種数も多く保つ効果がある。

③ 伝統的管理を行うことは，火入れと刈取りの両方を毎年行うことと比べて，すべての植物の種数に加えて希少な草本の種数も多く保つ効果がある。

④ 管理を放棄することは，伝統的管理を行うことと比べて，すべての植物の種数における希少な草本の種数の割合を大きくする効果がある。

⑤ 刈取りと火入れでは，火入れを毎年行うほうが，刈取りと比べてすべての植物の種数も希少な草本の種数も多く保つ効果がある。

〔共通テスト 改〕

第5章

巻末チェック

序章　探究活動

1. 疑問に対して，予備調査によって集めた情報をもとに結果を予想して立てる説のことを何というか。	**1.** 仮説
2. 特定の操作や処理以外の条件を本実験と全く同じにした，比較のための実験を何というか。	**2.** 対照実験
3. 光学顕微鏡にレンズを取りつけるとき，先に取りつけるのは接眼レンズと対物レンズのどちらか。	**3.** 接眼レンズ
4. 光学顕微鏡での観察において，高倍率で観察するときには，平面鏡と凹面鏡のどちらを用いればよいか。	**4.** 凹面鏡
5. 光学顕微鏡での観察時に，試料の大きさを測定するために接眼レンズの中に入れて使用するものは何か。	**5.** 接眼ミクロメーター
6. 対物ミクロメーターには 1mm を 100 等分した目盛りがついている。①対物ミクロメーター１目盛りの長さは何 μm か。また，②それは何 nm か。	**6.** ① 10μm ② 10000nm
7. 1nm（ナノメートル）は何 mm か。	**7.** $\frac{1}{1000000}$mm
8. ①2点を2点として識別できる最小の距離を何というか。また，②光学顕微鏡ではこの最小距離はいくつか。	**8.** ①分解能 ②約 0.2μm
9. ①細胞を生きた状態に近いままで保存する操作を何というか。また，②無色の構造体に色をつけ，観察しやすくする操作を何というか。	**9.** ①固定 ②染色
10. 細胞の核を赤色に染める染色液を１つあげよ。	**10.** 酢酸オルセイン液（酢酸カーミン液）

第1章　生物の特徴

1. 生物の分類の最小単位を何というか。	**1.** 種
2. 生物の形質が世代を重ねて受け継がれていく過程で，長い時間をかけて変化していくことを何というか。	**2.** 進化
3. すべての生物のからだをつくる最小単位を何というか。	**3.** 細胞
4. 生物が生活するために必要なエネルギーの受け渡しを担っている物質を何というか。	**4.** ATP（アデノシン三リン酸）
5. 遺伝情報を担う遺伝子の本体は何という物質か。	**5.** DNA（デオキシリボ核酸）
6. 細胞内部の核や液胞などの構造を一般に何というか。	**6.** 細胞小器官
7. 細胞の核以外の部分を何というか。	**7.** 細胞質
8. ①植物細胞内にあって，光合成を行う細胞小器官を何というか。また，②その中に含まれる緑色の色素を何というか。	**8.** ①葉緑体 ②クロロフィル
9. 呼吸によって生命活動に必要なエネルギーを取り出すはたらきをしている細胞小器官を何というか。	**9.** ミトコンドリア
10. ①成長した植物細胞では大きく発達し，内部が細胞液で満たされている細胞小器官を何というか。また，②赤色や紫色の花弁の細胞内の，この細胞小器官に含まれる色素を何というか。	**10.** ①液胞 ②アントシアン
11. 核や葉緑体などの細胞小器官のまわりにある，流動性に富んだ部分を何というか。	**11.** サイトゾル（細胞質基質）

巻末チェック

12. 核をもつ細胞を何というか。

12. 真核細胞

13. 核膜がなく，内部にDNAが広がっている細胞からなる生物を何というか。

13. 原核生物

14. 生体内での化学反応全体を何というか。

14. 代謝

15. 代謝のうち，①複雑な物質を単純な物質に分解してエネルギーを取り出す過程を何というか。また，②単純な物質から複雑な物質を合成してエネルギーを蓄える過程を何というか。

15. ①異化
②同化

16. ATPを構成する物質を3つ答えよ。

16. アデニン，リボース，リン酸

17. ATP分子内のリン酸どうしの結合で，その結合が切れたときに多量のエネルギーを放出する結合を何というか。

17. 高エネルギーリン酸結合

18. ①生体内で起こる化学反応を促進する触媒を何というか。また，②それはおもに何という物質からなるか。さらに，③生体内の触媒はそれぞれ特定の物質にのみ作用する。その性質を何というか。

18. ①酵素
②タンパク質
③基質特異性

19. ①生物が有機物を酸素を用いて分解し，そのときに生じるエネルギーでATPを合成するはたらきを何というか。また，②このはたらきを行う細胞小器官は何か。

19. ①呼吸
②ミトコンドリア

20. ①植物細胞に存在し，光合成を行う細胞小器官は何か。②この細胞小器官の緑色の色素を何というか。

20. ①葉緑体
②クロロフィル

21. 他の生物のつくった有機物を取り込んで生活している生物を何というか。

21. 従属栄養生物

第2章　遺伝子とそのはたらき

1. 生物がもつ形態や性質などを何というか。

1. 形質

2. 親の形質が子に伝わる現象を何というか。

2. 遺伝

3. ①遺伝子の本体は何という物質か。また，②その物質に存在する，親から子へ受け継がれる情報を何というか。

3. ① DNA（デオキシリボ核酸）
②遺伝情報

4. 加熱殺菌した肺炎球菌のS型菌と生きているR型菌を混ぜて培養すると，生きているS型菌が現れた。①このような現象を何というか。また，②マウスを用いた実験によりこの現象を発見したのは誰か。

4. ①形質転換
②グリフィス

5. 形質転換を起こす物質がDNAであることを，肺炎球菌の成分を分解することで証明したのは誰か。

5. エイブリー

6. バクテリオファージの増殖実験によって遺伝子の本体がDNAであることを証明したのは誰か。2人答えよ。

6. ハーシー，チェイス

7. DNA以外でタンパク質合成に関与する核酸は何か。

7. RNA（リボ核酸）

8. ①核酸の構成単位を何というか。また，②この構成単位は3種類の物質からなる。その3つの物質を答えよ。

8. ①ヌクレオチド
②リン酸，糖，塩基

9. DNAのヌクレオチドを構成する糖の名称を答えよ。

9. デオキシリボース

10. DNAのヌクレオチドを構成する4種類の塩基の名称をそれぞれ答えよ。

10. アデニン，チミン，グアニン，シトシン

11. 隣り合うヌクレオチドは，何と何の間で互いに結合してヌクレオチド鎖をつくっているか。

11. 糖とリン酸の間

12. ① 1953 年に，DNA の立体構造を解明したのは誰か。2 人答えよ。また，②その構造を何というか。	**12.** ①ワトソン，クリック ②二重らせん構造
13. DNA 中の塩基において，A と T の数の比，G と C の数の比がそれぞれ等しいことを発見したのは誰か。	**13.** シャルガフ
14. DNA 中の塩基は A と T，G と C という特定の塩基どうしで結合する。この塩基間の関係を何というか。	**14.** 相補性
15. 体細胞分裂をくり返す細胞では，DNA の複製と分配の過程が周期的にくり返される。この周期を何というか。	**15.** 細胞周期
16. ①細胞周期で，細胞分裂が行われる時期を何というか。また，②それ以外の時期をまとめて何というか。	**16.** ①分裂期（M期） ②間期
17. 間期には，① DNA 複製の準備を行う時期，② DNA の複製を行う時期などがある。それぞれの時期の名称を答えよ。	**17.** ① DNA 合成準備期（G_1 期） ② DNA 合成期（S期）
18. DNA を構成する 2 本のヌクレオチド鎖がそれぞれ鋳型となって，もととまったく同じ塩基配列をもつ 2 本の DNA をつくる複製方法を何というか。	**18.** 半保存的複製
19. ①動物細胞を構成する有機物の中で最も多く含まれ，生物の生命活動の中心となってはたらいている有機物は何か。また，②その構成単位は何か。	**19.** ①タンパク質 ②アミノ酸
20. RNA のヌクレオチドを構成する糖の名称を答えよ。	**20.** リボース
21. RNA のヌクレオチドを構成する 4 種類の塩基を，それぞれアルファベットの記号で示せ。	**21.** A，U，C，G

22. RNA の 4 種類の塩基のうち，① DNA には存在しない塩基の名称を答えよ。また，②その塩基と相補的に結合する DNA の塩基の名称を答えよ。

22. ①ウラシル
②アデニン

23. ① DNA の遺伝子部分の塩基配列を写し取って，RNA がつくられることを何というか。②この RNA は何と呼ばれているか。また，③その RNA の情報をもとにタンパク質が合成されることを何というか。

23. ①転写
② mRNA（伝令 RNA）
③翻訳

24. mRNA では，連続した塩基 3 個の配列が 1 個のアミノ酸を指定する。この塩基 3 個の配列を何というか。

24. コドン

25. RNA の一種で，①アミノ酸を運んでいる RNA を何というか。また，②この RNA において，mRNA のコドンに相補的な塩基 3 個の配列のことを何というか。

25. ① tRNA（転移 RNA）
②アンチコドン

26. タンパク質におけるアミノ酸の配列は，DNA の何によって決定されているか。

26. 塩基配列

27. ①細胞がもつ遺伝情報がDNA→RNA→タンパク質の順に一方向に伝達されるという考えを何というか。また，②この考えを提唱したのは誰か。

27. ①セントラルドグマ
②クリック

28. 分裂してできた細胞が，骨や筋肉など，特定の形やはたらきをもつ細胞に変化することを何というか。

28. 分化

29. 体細胞に存在する，同形同大の染色体を何というか。

29. 相同染色体

30. ①その生物が生命活動を営むのに必要なすべての遺伝情報を何というか。また，②その大きさ（サイズ）は何の数で表されるか。

30. ①ゲノム
②塩基対

第3章　生物の体内環境

1. 生物の体内環境が一定に保たれている状態を何というか。

1. 恒常性（ホメオスタシス）

2. ヒトの体液を3種類あげよ。

2. 血液，リンパ液，組織液

3. 哺乳類の血液の有形成分のうち，①核がなく円盤状の形のものを何というか。また，②免疫にはたらくもの，③血液の凝固にはたらくものをそれぞれ何というか。

3. ①赤血球 ②白血球 ③血小板

4. 血液のうち，液体成分を何というか。

4. 血しょう

5. 体液の水分量や塩分濃度を調節している器官は何か。

5. 腎臓

6. 糸球体でろ過され，ボーマンのうに流れこんだものを何というか。

6. 原尿

7. ①原尿中にある有用な成分が毛細血管中に吸収されるしくみを何というか。また，②ネフロンのうち，このようなはたらきをしている部分を何というか。

7. ①再吸収 ②細尿管（腎細管）

8. ヒトの体内で最大の臓器で，体液中の栄養分の濃度の維持や胆汁の合成などのはたらきをもつ器官は何か。

8. 肝臓

9. 肝臓へと流れこむ血液が通る血管のうち，小腸などの消化管とひ臓からの血液が流れている血管を何というか。

9. 肝門脈

10. ①有毒なアンモニアは，肝臓で毒性の低い物質に変えられる。何という物質に変えられるか。また，②このような有害物質を分解したりつくり変えたりして害の少ないものに変える作用を何というか。

10. ①尿素 ②解毒作用

11. 肝臓ではグルコースを何という物質に変えて貯蔵しているか。	**11.** グリコーゲン
12. 神経系のうち，①脳や脊髄からなる神経系を何というか。また，②脳や脊髄と，皮膚や内臓・骨格筋などをつなぐ神経系を何というか。	**12.** ①中枢神経系 ②末しょう神経系
13. ①生命を維持するために重要な機能が集まっている，間脳と中脳と延髄などをまとめて何というか。また，②この部分を含む脳全体が機能停止し，回復が不可能になった状態を何というか。	**13.** ①脳幹 ②脳死
14. 大脳は機能停止しているが，脳幹の機能が残っている状態を何というか。	**14.** 植物状態
15. ①末しょう神経のうち，主にからだの状態を調節している神経系を何というか。また，②この神経系の中枢は脳の何と呼ばれる部分か。	**15.** ①自律神経系 ②間脳の視床下部
16. 自律神経系で，①興奮時にはたらく神経，②心臓の拍動を抑制する神経，③血圧を上昇させる神経，④胃腸のぜん動を促進する神経はそれぞれ何か。	**16.** ①交感神経 ②副交感神経 ③交感神経 ④副交感神経
17. 心臓の右心房にあり，心臓の規則的な拍動をつくっている部分を何というか。	**17.** ペースメーカー（洞房結節）
18. 呼吸運動や心臓拍動の調節の中枢はどこか。	**18.** 延髄
19. 特定の器官の細胞でつくられ，直接血液中に分泌されて特定の器官や組織のはたらきを調節する化学物質を何というか。	**19.** ホルモン

巻末チェック

20. ホルモンを分泌する器官を何というか。

20. 内分泌腺

21. ①ホルモンが作用する特定の器官を何というか。また，②その器官に存在し，特定のホルモンを受け取る細胞を何というか。

21. ①標的器官
②標的細胞

22. ホルモンは標的細胞の何という部位に結合して，作用するか。

22. 受容体

23. ホルモンを分泌する神経細胞を何というか。

23. 神経分泌細胞

24. 血糖濃度や体温調節の中枢としてはたらいているのは間脳のどこか。

24. 視床下部

25. 脳下垂体の前葉から分泌され，タンパク質合成の促進や血糖濃度の増加など，からだ全体の成長を促進するホルモンは何か。

25. 成長ホルモン

26. ①甲状腺から分泌され，代謝を促進させるホルモンは何か。また，②このホルモンの分泌を促す，脳下垂体前葉から分泌されるホルモンは何か。

26. ①チロキシン
②甲状腺刺激ホルモン

27. ホルモンの分泌量を調節するために，最終産物がはじめの段階にもどって作用を及ぼすことを何というか。

27. フィードバック

28. ①血液中のグルコースを何というか。また，②その濃度を何というか。

28. ①血糖
②血糖濃度(血糖値)

29. 低血糖時に①副腎髄質から分泌されるホルモンと，②副腎皮質から分泌されるホルモンをそれぞれ答えよ。

29. ①アドレナリン
②糖質コルチコイド

30. 低血糖時にすい臓から分泌されるホルモンは何か。	**30.** グルカゴン
31. ①高血糖時に分泌されるホルモンは何か。また，②そのホルモンを分泌する内分泌腺は何か。細胞名まで答えよ。	**31.** ①インスリン ②すい臓ランゲルハンス島B細胞
32. ①血糖濃度が慢性的に高い状態が続き，尿中にグルコースが排出される病気を何というか。また，②この病気のうち，自己免疫によってランゲルハンス島のB細胞が破壊されることで起こるタイプは何型というか。	**32.** ①糖尿病 ②Ⅰ型(糖尿病)
33. 寒冷時に，肝臓に作用して代謝を促進して発熱量を増加させるはたらきをするホルモンを3つあげよ。	**33.** チロキシン アドレナリン，糖質コルチコイド
34. 寒冷時に，交感神経がはたらくと，①体表の血管はどうなるか。また，②その結果，熱放散量はどうなるか。	**34.** ①収縮する。 ②減る。
35. 暑いときなど体温が上昇したとき，発汗を促す神経は何か。	**35.** 交感神経
36. ①血圧の上昇を促進させたり，腎臓での水の再吸収を促進させたりするホルモンは何か。また，②そのホルモンを分泌する内分泌腺は何か。	**36.** ①バソプレシン ②脳下垂体後葉
37. 副腎皮質から分泌され，腎臓でのナトリウムイオンの再吸収を促進するホルモンは何か。	**37.** 鉱質コルチコイド
38. 傷ついた血管からの出血を防ぐために，血液が固まって止血するしくみを何というか。	**38.** 血液凝固
39. ①採取した血液を放置したときにできる，黄色い液体成分を何というか。また，②沈殿した凝固物を何というか。	**39.** ①血清 ②血ぺい

40. ①血管が傷ついたときに集まって繊維状になり，赤血球などを絡めとって血ぺいをつくるタンパク質は何か。また，②そのタンパク質を分解して血ぺいなどを溶かすことを何というか。	**40.** ①フィブリン ②線溶（フィブリン溶解）
41. 病原体や有害物質のような非自己物質（異物）が体内に侵入するのを阻止したり，体内に侵入した異物を排除したりするはたらきを何というか。	**41.** 免疫
42. 皮膚や粘膜からの分泌物に含まれる，細菌の細胞壁を分解する酵素は何か。	**42.** リゾチーム
43. 好中球やマクロファージなどの食細胞が細胞内に異物を取りこみ，消化・分解する作用を何というか。	**43.** 食作用
44. 免疫のうち，物理的防御・化学的防御と食作用などをまとめて何というか。	**44.** 自然免疫
45. 自然免疫ではたらくリンパ球で，がん細胞やウイルスに感染した細胞などがもつ特徴を認識して，その細胞を排除するはたらきをもつものを何というか。	**45.** ナチュラルキラー細胞（NK 細胞）
46. 異物の侵入部位が熱をもちはれることを何というか。	**46.** 炎症
47. 自然免疫に対して，B 細胞や T 細胞が中心となってはたらく免疫を何というか。	**47.** 適応免疫（獲得免疫）
48. 自己の細胞に対しては免疫がはたらかない状態を何というか。	**48.** 免疫寛容
49. 特異的な免疫反応を引き起こす異物を何というか。	**49.** 抗原

50. ①抗原と特異的に結合して無毒化するはたらきをもつタンパク質を何というか。また，②それを産生する細胞は何と呼ばれているか。

50. ①抗体
②形質細胞（抗体産生細胞）

51. 樹状細胞などの食細胞が，分解した異物の一部を自身の表面に提示することを何というか。

51. 抗原提示

52. 抗体が抗原と特異的に結合する反応を何というか。

52. 抗原抗体反応

53. ①抗体による免疫反応を何というか。一方，②キラーT細胞やヘルパーT細胞が中心となって起こる，食作用の増強や感染細胞への攻撃による免疫反応を何というか。

53. ①体液性免疫
②細胞性免疫

54. ①体内に侵入した異物の情報を記憶した細胞を何というか。また，②同じ抗原が侵入した際に起こる，1回目の免疫反応よりも速やかで強い反応を何というか。

54. ①記憶細胞（免疫記憶細胞）
②二次応答

55. ①免疫反応が過敏になり，生体に不利にはたらくことを何というか。特に，②血圧低下など生命にかかわる重篤な症状を何というか。③①の原因物質を何というか。

55. ①アレルギー
②アナフィラキシーショック
③アレルゲン

56. ① HIV が原因で起こる，免疫力が低下する疾患を何というか。また，②この疾患により，健康なときには感染しないような病原体に感染・発症することを何というか。

56. ①エイズ（AIDS，後天性免疫不全症候群）
②日和見感染

57. ①感染症予防のために接種する，無毒化または弱毒化した病原体やその産物を何というか。また，②これを接種することで感染症を予防する方法を何というか。

57. ①ワクチン
②予防接種

58. ほかの動物につくらせた抗体を含む血清を患者に注射して治療する方法を何というか。

58. 血清療法

第4章　植生の多様性と分布

1. ある地域に生育している植物全体を何というか。

1. 植生

2. 植生全体を外からながめた外観を何というか。

2. 相観

3. 陸上に見られる相観を，大きく3つに分類せよ。

3. 森林，草原，荒原

4. 植生を構成する植物のうち，量が多く，最も広い面積をおおい，相観を決定づける植物を何というか。

4. 優占種

5. 十分に発達した森林で見られる，植生の高さによる層状構造を何というか。

5. 階層構造

6. 階層構造は，大きく4層に分けられる。4層を上部から順に示せ。

6. 高木層，亜高木層，低木層，草本層

7. 葉が茂り，森林の表面をおおっている森林の最上部を何というか。

7. 林冠

8. 森林内部の地表面付近を何というか。

8. 林床

9. ①単位時間当たりの光合成量を何というか。また，②単位時間当たりの呼吸量を何というか。

9. ①光合成速度　②呼吸速度

10. 光合成速度から呼吸速度を引いた速度を何というか。

10. 見かけの光合成速度

11. 光合成速度と呼吸速度が等しいときの光の強さを何というか。

11. 光補償点

12. 光の強さがそれ以上強くなっても，光合成速度が増加しなくなるときの光の強さを何というか。

12. 光飽和点

13. 光補償点が低く，光飽和点も低い植物を何というか。

13. 陰生植物

14. 光補償点が高く，光飽和点も高い植物を何というか。

14. 陽生植物

15. ①日なたでの生育に適した樹木を何というか。また，②日陰での生育に適し，幼木の耐陰性が高い樹木を何というか。

15. ①陽樹
②陰樹

16. 植生がある方向性をもって移り変わっていく現象を何というか。

16. 遷移(植生遷移)

17. 陸上の裸地から始まる植生の移り変わりを何というか。

17. 乾性遷移

18. 湖沼や湿地から始まる植生の移り変わりを何というか。

18. 湿性遷移

19. 溶岩流跡や湖沼など，土壌がほとんどないところから始まる植生の移り変わりを何というか。

19. 一次遷移

20. 山火事や森林伐採などの跡地など，土壌の存在しているところから始まる植生の移り変わりを何というか。

20. 二次遷移

21. ①植生の移り変わりの初期に侵入する植物を何というか。また，②植生の移り変わりの初期に現れる樹木を何というか。

21. ①先駆植物(パイオニア植物)
②先駆樹種

22. 植生の移り変わりが進んだ結果，それ以上大きな変化が見られない状態を何というか。

22. 極相(クライマックス)

23. 植生の移り変わりが進んだ後期に現れる，①樹種を何というか。また，②そのような樹種を中心とした森林を何というか。

23. ①極相樹種
②極相林

24. 台風などで木が倒れ高木がなくなり，林床まで光が届くようになった場所を何というか。

24. ギャップ

25. 動物に付着したり，食べられたりして散布される種子を何型の種子というか。

25. 動物散布型（の種子）

26. 散布のための特別な構造をもたず，親木の下に落下するだけの種子を何型の種子というか。

26. 重力散布型（の種子）

27. 相観によって区別される，植生とそこに生息する動物を含めた生物のまとまりを何というか。

27. バイオーム（生物群系）

28. 陸上のバイオームを決定する要因を２つ答えよ。

28. 気温，降水量

29. 一年中気温が高い熱帯で，年降水量が多く，常緑広葉樹が優占する地域に見られるバイオームは何か。

29. 熱帯多雨林

30. 亜熱帯で，年降水量が多く，ガジュマルやヘゴなどの植物が見られるバイオームは何か。

30. 亜熱帯多雨林

31. 熱帯・亜熱帯のうち，雨季と乾季があり，年降水量が1000 ～ 2500mm の地域に見られるバイオームは何か。

31. 雨緑樹林

32. 熱帯・亜熱帯で，年降水量が500mm 程度の地域に見られるバイオームは何か。

32. サバンナ

33. 暖温帯で，年降水量が1000 ～ 2500mm 程度の地域に見られるバイオームは何か。

33. 照葉樹林

34. 暖温帯でも地中海沿岸などのように夏に降水量が少なく冬に降水量が多い地域に見られるバイオームは何か。

34. 硬葉樹林

35. 冷温帯で，年降水量が1000 ～ 2000mm 程度の地域に見られるバイオームは何か。

35. 夏緑樹林

36. 亜寒帯で，年降水量が500 ～ 2000mm 程度の地域に見られるバイオームは何か。

36. 針葉樹林

37. 温帯の内陸部で，年降水量が500mm 程度の地域に見られるバイオームは何か。

37. ステップ

38. 年平均気温が極端に低い地域に見られるバイオームは何か。

38. ツンドラ

39. 緯度に応じた水平方向のバイオームの分布を何というか。

39. 水平分布

40. 標高に応じた垂直方向のバイオームの分布を何というか。

40. 垂直分布

41. ①本州中部の標高700m位までの垂直分布帯を何というか。また，②そこで見られるバイオームは何か。

41. ①丘陵帯(低地帯) ②照葉樹林

42. ①本州中部の標高700 ～ 1700m までの垂直分布帯を何というか。また，②そこで見られるバイオームは何か。

42. ①山地帯 ②夏緑樹林

43. ①本州中部の標高1700 ～ 2500m までの垂直分布帯を何というか。また，②そこで見られるバイオームは何か。

43. ①亜高山帯 ②針葉樹林

44. 標高2500m 付近からは低温と強風のため森林が成立しない。この付近を何というか。

44. 森林限界

45. 森林限界よりも上にあり，ハイマツなどが見られる垂直分布帯を何というか。

45. 高山帯

第5章　生態系とその保全

1. 生物に影響を与える光・水・大気・土壌・温度などの環境を何というか。	**1.** 非生物的環境
2. 一定地域内の生物とそれを取り巻く非生物的環境とを一つのまとまりとしてとらえたものを何というか。	**2.** 生態系
3. 非生物的環境が生物に及ぼす影響を何というか。	**3.** 作用
4. 生物が非生物的環境に及ぼす影響を何というか。	**4.** 環境形成作用
5. 生態系において，水や二酸化炭素などの無機物を取りこんで有機物を合成する役割をする生物を何というか。	**5.** 生産者
6. 生産者が合成した有機物を直接または間接的に取りこんで栄養源にする生態的役割の生物を何というか。	**6.** 消費者
7. 消費者のうち，生物の遺体や排出物中の有機物を無機物に分解する過程にかかわる生物を特に何というか。	**7.** 分解者
8. 消費者のうち，植物を食べる植物食性動物を何というか。	**8.** 一次消費者
9. 消費者のうち，植物食性動物を食べる動物食性動物を何というか。	**9.** 二次消費者
10. ある生態系における生物の種の多様さを何というか。	**10.** 種多様性
11. ある生態系において，食物網の上位にいる捕食者で，種多様性などの維持に大きな影響を及ぼす生物種を何というか。	**11.** キーストーン種

12. ある生物の存在が，捕食・被食の関係で直接つながっていない別の生物の生存に影響することを何というか。

12. 間接効果

13. 生態系を構成する生物には，食うものと食われるものの直線的な関係が見られる。これを何というか。

13. 食物連鎖

14. 食物連鎖の関係は，実際の生態系では複雑な網状になっている。これを何というか。

14. 食物網

15. 生態系において生産者を出発点とする食物連鎖の各段階を何というか。

15. 栄養段階

16. 栄養段階の下位から順に個体数や生物量などを積み重ねてピラミッド型になったものを総称して何というか。

16. 生態ピラミッド

17. 生態ピラミッドのうち，個体数で表したものを何というか。

17. 個体数ピラミッド

18. 生態ピラミッドのうち，生物量で表したものを何というか。

18. 生物量ピラミッド

19. 一定面積内に存在する生物体の量を何というか。

19. 現存量

20. 生産者が光合成によりつくる有機物の総量を何というか。

20. 総生産量

21. 総生産量から生産者自身の呼吸で消費された有機物量を差し引いたものを何というか。

21. 純生産量

22. 生産者の成長量を，次の語を用いて式で表せ。
（純生産量　枯死量　被食量）

22. 純生産量－(枯死量＋被食量)

23. 消費者の同化量を，次の語を用いて式で表せ。
（摂食量　不消化排出量）

23. 摂食量－不消化排出量

巻末チェック

24. 消費者の成長量を，次の語を用いて式で表せ。
（呼吸量　同化量　被食量　死滅量）

24. 同化量－(呼吸量＋被食量＋死滅量)

25. 台風，洪水，山火事などにより，生態系が破壊されることを何というか。

25. かく乱

26. 自然災害などで生態系の一部が破壊されても，時間とともにもとの状態にもどろうとする生態系の力を何というか。

26. 復元力

27. 生態系には，環境の一部が破壊されても，時間とともにもとの状態にもどろうとする力(復元力)があり，この力によって生態系では変動の幅が一定に保たれている。この変動の幅が保たれていることを何というか。

27. 生態系のバランス

28. 河川や湖沼に流れこんだ有機物を含む汚濁物質は，その量が多くなければ沈殿や希釈，微生物のはたらきによって分解され減少する。これを何というか。

28. 自然浄化

29. 河川や湖沼，海に窒素やリンなどの栄養塩類が大量に流れこみ，栄養塩類が増加することを何というか。

29. 富栄養化

30. 富栄養化によって，植物プランクトンなどが大発生することがある。このような例を２つあげよ。

30. 赤潮，アオコ(水の華)

31. 人間の活動によって，本来は生息していなかった地域に持ちこまれて定着した生物を何というか。

31. 外来生物

32. 飼育や栽培・輸入などの取り扱いが原則禁止されている，生態系や人間生活などに特に大きな影響を及ぼす，またはその可能性のある外来生物を何というか。

32. 特定外来生物

33. 地表から出た赤外線を吸収し，再び地表に再放射する性質のある二酸化炭素などの気体を何というか。

33. 温室効果ガス

34. 分解されにくく，体外に排出されにくい物質が生物体内に蓄積して，食物連鎖を通じて濃度が高くなる現象を何というか。

34. 生物濃縮

35. 人類が生態系から受ける恩恵をまとめて何というか。

35. 生態系サービス

36. 食料，燃料，木材，繊維，薬品，水など人間の生活に必要な資源を供給する生態系サービスを何というか。

36. 供給サービス

37. 気候の調整，災害や病気の制御，水の浄化など安全な生活を維持する生態系サービスを何というか。

37. 調整サービス

38. 精神的充足，美的な楽しみ，社会制度の基盤，レクリエーションの機会など豊かな文化を育てる生態系サービスを何というか。

38. 文化的サービス

39. 光合成による酸素の生成，栄養や水の循環など生態系を支える基盤となる生態系サービスを何というか。

39. 基盤サービス

40. ①絶滅の危機にある生物を何というか。また，②そのような生物種をまとめたリストを何というか。

40. ①絶滅危惧種 ②レッドリスト

41. 人間が生態系の資源を管理しながら継続的に利用してきた森林や田畑などの地域一帯を何というか。

41. 里山

42. 日本で義務化された，一定規模の開発を行う場合に行われる，その開発が生態系に与える影響を事前に調査することを何というか。

42. 環境アセスメント（環境影響評価）

デジタルコンテンツのご利用について

下のアドレスまたは QR コードから，本書のデジタルコンテンツ(巻末チェックの内容を使った**用語チェック**，「チャート式シリーズ 新生物基礎」と本書の問題との対応表)を利用することができます。なお，インターネット接続に際し発生する通信料は，使用される方の負担となりますのでご注意ください。

https://cds.chart.co.jp/books/r0t3cbdv8l

◆ **編集協力者**
金治知宏
中垣篤志

◆ **表紙デザイン**
有限会社アーク・ビジュアル・ワークス

◆ **本文デザイン**
デザイン・プラス・プロフ株式会社

[大学入試センター試験対策]
初　版
第1刷　2014年6月1日　発行
[大学入学共通テスト対策]
初　版
第1刷　2020年7月1日　発行
新課程版
第1刷　2024年7月1日　発行

ISBN978-4-410-11953-8

新課程 チャート式® 問題集シリーズ
短期完成 大学入学共通テスト対策 生物基礎

著　者　大森茂樹
発行者　星野泰也
発行所　**数研出版株式会社**
本　社　〒101－0052　東京都千代田区神田小川町2丁目3番地3
〔振替〕00140－4－118431
〒604－0861　京都市中京区烏丸通竹屋町上る大倉町205番地
〔電話〕代表 (075) 231－0161
ホームページ　https://www.chart.co.jp
印　刷　河北印刷株式会社

240501

生物基礎の重要

内分泌腺		ホルモン	おもなはたらき
視床下部		放出ホルモン	脳下垂体前葉ホルモン分泌の促進
		放出抑制ホルモン	脳下垂体前葉ホルモン分泌の抑制
脳下垂体	前葉	成長ホルモン	タンパク質合成促進, 血糖濃度の上昇, 骨の発育促進
		甲状腺刺激ホルモン	チロキシンの合成・分泌を促進
		副腎皮質刺激ホルモン	糖質コルチコイドの合成・分泌を促進
	後葉	バソプレシン	血圧の上昇, 腎臓での水分の再吸収を促進
甲状腺		チロキシン	生体内の化学反応を促進, 成長と分化を促進
副甲状腺		パラトルモン	血液中の Ca^{2+} の濃度を上昇
副腎	髄質	アドレナリン	血糖濃度を上昇(グリコーゲンの分解を促進)
	皮質	糖質コルチコイド	血糖濃度を上昇(タンパク質からの糖の合成を促進)
		鉱質コルチコイド	腎臓での Na^{+} の再吸収を促進
すい臓ランゲルハンス島	A 細胞	グルカゴン	血糖濃度を上昇(グリコーゲンの分解を促進)
	B 細胞	インスリン	血糖濃度を減少(グリコーゲン合成・糖の消費を促進)

●ヒトのおもなホルモンとそのはたらき

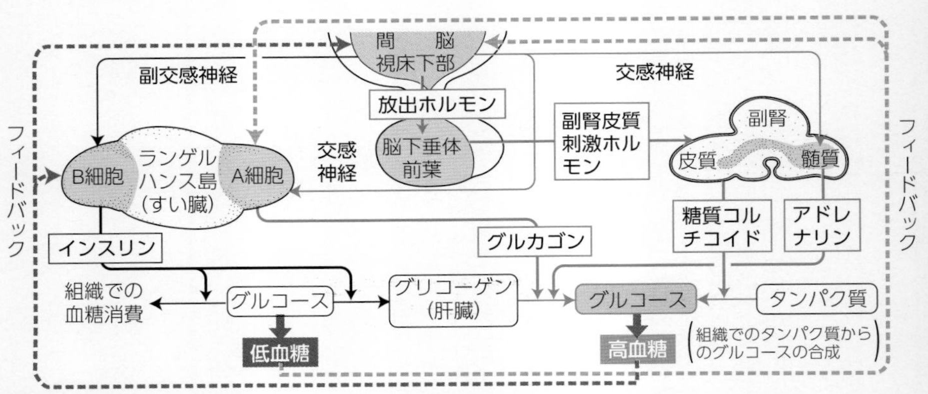

●血糖濃度の調節　血糖濃度は, 自律神経とホルモンのはたらきによって調節されている。

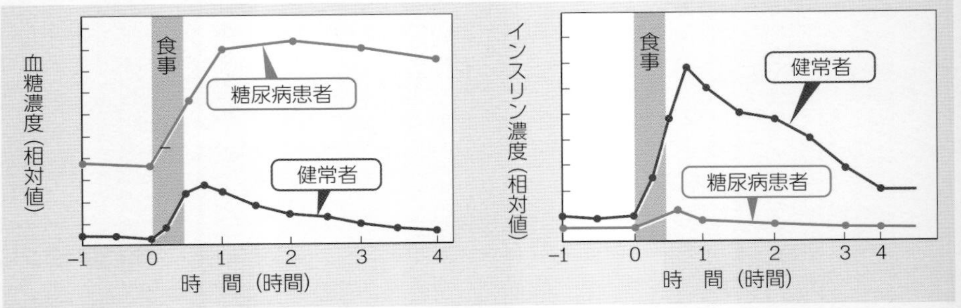

●血糖濃度とインスリン濃度の変化　インスリンがほとんど分泌されなかったり, 標的細胞がインスリンを受け取れなくなったりすると, 血糖濃度が高くなって, 尿中にグルコースが排出される(糖尿病)。

新課程

チャート式® 問題集シリーズ
短期完成 大学入学共通テスト対策

生物基礎

■解 答 編

数研出版
https://www.chart.co.jp

第1講 探究活動の方法と顕微鏡操作

1 顕微鏡の操作方法

解答 ③，④（順不同）

解説 ×③ 観察時にはまず低倍率でピントを合わせた後，試料を中央に移動させ，ステージを回して高倍率にし，調節ねじを回してピントを合わせる。

➪ 試料を観察するときはまず低倍率で顕微鏡をのぞき，観察に適した場所を見つけ，プレパラートを動かして試料を中央に移動させた後，レボルバーを動かして高倍率の対物レンズに交換する。ステージを動かすのではない。

×④ 接眼レンズをのぞきながら，対物レンズをプレパラートに近づける。

➪ 対物レンズをプレパラートに近づけるときは，横から見ながら行う。接眼レンズをのぞきながら対物レンズと試料をのせたプレパラートを近づけていくと，誤ってプレパラートと対物レンズをぶつけてしまい，プレパラートが破損してしまったり，対物レンズが傷ついたり汚れたりする恐れがある。

ピントを合わせるときは，接眼レンズをのぞきながら，プレパラートから対物レンズを遠ざける方向に調節ねじを回してピントを合わせることで，プレパラートの破損を防ぐ。よって⑧は正しい。

2 顕微鏡の分解能

解答 問1 ア⑤ エ② 問2 ④ 問3 イ② ウ③

解説 問1 光学顕微鏡の分解能は約 0.2 μm，電子顕微鏡の分解能は約 0.2 nm である。また，肉眼の分解能は約 0.1 mm である。

問2 ①ニワトリの卵と②カエルの卵は肉眼で見ることができる。③ヒトの卵は約 140 μm，⑤大腸菌は約 2 ～ 3 μm で，いずれも光学顕微鏡で観察することができる。④エイズのウイルスは約 0.1 μm で，電子顕微鏡でないと観察することができない。

問3 イ 分解能とは近接した 2 点を 2 点として見分けることができる最小の間隔のこと。分解能が小さいほど，性能のよい顕微鏡である。

ウ ミトコンドリアは，ヤヌスグリーンで青緑色に染色される。光学顕微鏡の観察でよく使用される染色液は以下の通りである。

染色液	染まる構造	染色後の色
酢酸カーミン液	核	赤
酢酸オルセイン液	核	赤
メチレンブルー	核，細胞壁(ペクチン)	青
ヤヌスグリーン	ミトコンドリア	青緑
サフラニン	細胞壁	赤
中性赤	液胞など	赤
メチルグリーン・ピロニン溶液	DNA と RNA	DNA…青緑， RNA…赤桃

3 顕微鏡の原理

解答 問1 ② 問2 ② 問3 ③ 問4 ②

解説 問1 顕微鏡の倍率は長さの倍率である。対物レンズを 10 倍から 40 倍にすると，長さは 4 倍に拡大され，それにより試料は $4\times4=16$ 倍に拡大される。一方，視野の中に見えている長さはもとの倍率の $\frac{1}{4}$ 倍となるので，視野の面積は $\frac{1}{4}\times\frac{1}{4}=\frac{1}{16}$ 倍となる。よって，②が正しい。

問2 問1と同様，視野の面積はもとの $\frac{1}{16}$ 倍になり，視野の明るさも $\frac{1}{16}$ 倍となる。よって，②が正しい。

問3 光学顕微鏡では，ふつう，見える像はもとの像に対して上下左右が逆になったものである。よって，図1のように視野中の右上に見えているものを中央に持っていくためには，プレパラートを右上方向(図2のウ)に動かす必要がある。

問4 × ② しぼりを絞ると，焦点深度(ピントの合う範囲)は小さくなる。
➪ しぼりを絞ることで，取りこまれる光の量が少なくなり，視野は暗くなるが，焦点深度が大きく(ピントの合う範囲が広く)なる。つまり，ピントが合わせやすくなる。

第2講 ミクロメーターによる測定

4 ミクロメーター

解答 問1 ② 問2 ②

解説 問1 接眼ミクロメーターの1目盛りが示す長さを求める。まず，接眼ミクロメーターと対物ミクロメーターの目盛りが完全に一致する2点を探すと，接眼ミクロメーターの目盛りが40と61の2点で一致している。接眼ミクロメーター21目盛り分と対物ミクロメーター5目盛り分が一致しているので，接眼ミクロメーター1目盛りの示す長さは

$$\frac{5\ (\text{目盛り}) \times 10\ (\mu\text{m})}{21\ (\text{目盛り})} \fallingdotseq 2.4\ (\mu\text{m})$$

となる。よって，②が正しい。

問2 問1と同じ倍率で観察したところ，細胞の長さが接眼ミクロメーター50目盛りに相当したので，植物細胞の長さは，

$$2.4\ (\mu\text{m}) \times 50\ (\text{目盛り}) = 120\ (\mu\text{m})$$

となる。120µmは0.12mmであるので，②が正しい。

5 細胞や構造の大きさの比較

解答 問1 ア③ イ② ウ④ エ⑤ オ① カ⑥
問2 最も小さいもの③ 最も大きいもの④

解説 問1 ア：ミトコンドリア(長径)は約2µm，イ：エイズのウイルス(直径)は約100nm，ウ：ヒトの赤血球(直径)は約7～8µm，エ：ゾウリムシ(長径)は約0.2～0.3mm，オ：細胞膜の厚さは約5～10nm，カ：ニワトリの卵黄(直径)は約25mm。ゾウリムシの長径はヒトの眼の分解能(約0.1～0.2mm)とほぼ等しい。

問2 ①大腸菌は直径約3µm，②葉緑体は直径約5～10µm，③インフルエンザウイルスは直径約100nm，④スギ花粉は30～40µmである。どれも肉眼では見えない。春先にスギ林から花粉が飛んでいるのが見えるが，それは，花粉の塊であって，1個1個の花粉が見えているのではない。

6 顆粒の移動速度

解答 ⑥

解説 顕微鏡の倍率は，(接眼レンズの倍率)×(対物レンズの倍率)　で求められる。

15倍の接眼レンズと40倍の対物レンズを用いた場合，倍率は
$15\times 40=600$ (倍)　となる。

まず，接眼ミクロメーターの1目盛りが示す長さを求める。

対物ミクロメーターには1mmを100等分した目盛りが打ってあるので，対物ミクロメーター1目盛りは$\frac{1}{100}$mm＝10μmである。接眼ミクロメーター15目盛り分と対物ミクロメーター4目盛り分が完全に一致したので，接眼ミクロメーター1目盛りの長さは，

$$\frac{4\,(\text{目盛り})\times 10\,(\mu\text{m})}{15\,(\text{目盛り})}\fallingdotseq 2.7\,(\mu\text{m})$$

次に，それぞれの顆粒の移動速度を求める。移動速度は，
(顆粒の移動距離)÷(移動にかかった時間)　で求められる。

タマネギの顆粒の移動速度は，顕微鏡の倍率はそのままなので，
$2.7\,(\mu\text{m})\times 3\,(\text{目盛り})\div 2\,(\text{秒})\fallingdotseq 4.1\,(\mu\text{m/秒})$

シャジクモの顆粒の移動速度は，同様に
$2.7\,(\mu\text{m})\times 15\,(\text{目盛り})\div 8\,(\text{秒})\fallingdotseq 5.1\,(\mu\text{m/秒})$

一方，カナダモの顆粒の移動速度は，対物レンズが10倍，倍率が150倍(もとの$\frac{1}{4}$倍)になっており，接眼ミクロメーター1目盛りの長さが4倍になっているので，
$2.7\,(\mu\text{m})\times 4\times 3\,(\text{目盛り})\div 4\,(\text{秒})=8.1\,(\mu\text{m/秒})$

よって，カナダモ＞シャジクモ＞タマネギの順なので，⑥が正しい。

〈40倍の対物レンズ〉

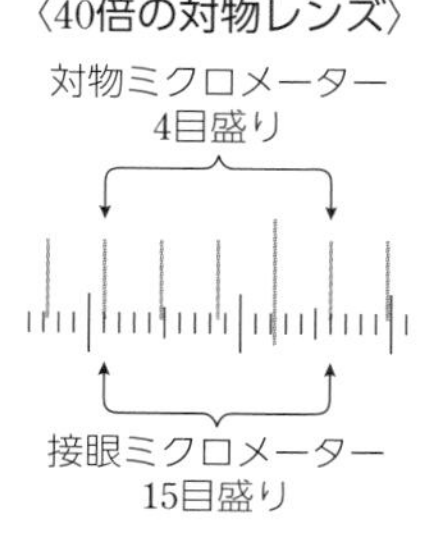

接眼ミクロメーター 1目盛りの長さ≒2.7(μm)

〈10倍の対物レンズ〉

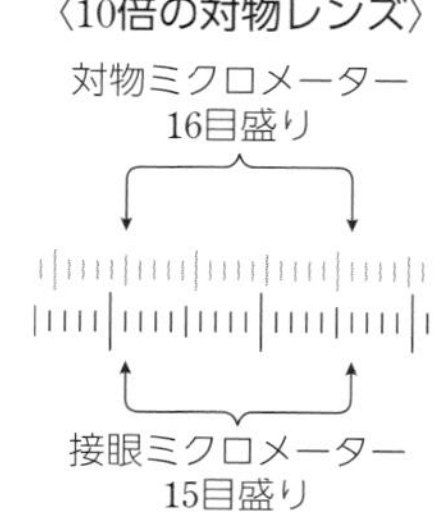

接眼ミクロメーター 1目盛りの長さ≒2.7(μm)×4(μm)

第3講 生物の多様性と共通性

7 生物の多様性と共通性

解答 問1 ④，⑥，⑧（順不同） 問2 ①

解説 問1 ×① 生物の生活様式は気温の影響を受けるため，同じような気温の地域であれば，離れた大陸間であっても生物の生活様式はほとんど同じである。

➪ 生物の生活様式は，気温だけではなくさまざまな環境の影響を受ける。よって，誤り。

×② 同程度の広さであれば，地球上のどの地域を比較しても，そこにすむ生物の種数は変わらない。

➪ 広さが同じであっても種数が同じとは限らない。種数は，環境などのさまざまな要因で決まる。よって，誤り。

×③ 植物は動物とは異なり，地球上のどの地域であっても生息する植物の種類はほとんど同じである。

➪ 植物であっても動物であっても，その地域の環境が異なれば，生息する種類は異なる。よって，誤り。

×⑤ 生物の形質は，その生物がもつ遺伝情報によって決められており，遺伝情報の本体はタンパク質である。

➪ 遺伝情報の本体はDNAである。よって，誤り。

×⑦ すべての生物のからだは多数の細胞からできており，細胞が分裂を行うことで成長している。

➪ からだが一つの細胞からできている生物も存在する。よって，誤り。

×⑨ 生物はDNAという物質を核内にもっている。

➪ 生物は細胞内にDNAをもっているが，核をもたない生物もいるので，誤り。

×⓪ すべての生物において，その細胞の内部構造はほとんど同じである。

➪ 植物細胞と動物細胞を比較すると，植物細胞の中には光合成にはたらく構造があるが動物細胞にはない，などのように，内部構造は異なる。よって，誤り。

問2 ×② 哺乳類とは虫類は胎生であるが，鳥類・両生類・魚類は卵生である。

➪ は虫類は卵を産む卵生であるので誤り。胎生は哺乳類だけである。

× ③ 哺乳類・鳥類は肺呼吸を行うが，水中にすむは虫類や両生類，および魚類はえら呼吸を行う。

➪ 両生類の幼生と魚類はえら呼吸を行うが，水中にすんでいてもは虫類や両生類の成体は肺呼吸を行うので，誤り。

× ④ 哺乳類・鳥類・は虫類は四肢をもつが，両生類・魚類はもたない。

➪ 両生類も四肢をもつので，誤り。

× ⑤ 哺乳類・鳥類・は虫類は羽毛をもつが，両生類・魚類はうろこをもつ。

➪ は虫類もうろこをもつので誤り。

第1章

8 生物の特徴の一部だけをもつウイルス

解答 ④

解説

× ① ウイルスは細菌と同程度の大きさであり，肉眼で見ることができないので，観察するときには光学顕微鏡を用いる必要がある。

➪ ウイルスは細菌よりも小さく，光学顕微鏡では観察できない。観察には電子顕微鏡を用いる。

× ② ウイルスは遺伝情報として核内に核酸をもっている。

➪ 核酸をもってはいるが，核はもっていない。

× ③ ウイルスは自らATPをつくりだすことができないが，ほかの生物に寄生して栄養分を吸い取り，呼吸によってATPをつくりだすことができる。

➪ ウイルスは，栄養分を取りこんだり不要物を排出したりといった生命活動は行わない。また，呼吸も行わず，ATPもつくらない。

× ⑤ インフルエンザや結核は，ウイルスによって引き起こされる病気である。

➪ 結核は，結核菌という細菌によって引き起こされる病気である。

× ⑥ ウイルスは核酸とタンパク質からできており，周囲は細胞膜でおおわれているが，代謝は行わない。

➪ ウイルスは，核酸をタンパク質でできた殻がおおうような構造をしている。細胞膜でおおっているわけではない。よって，誤り。

第4講 生物の共通構造－細胞

9 細胞の構造とはたらき

解答 問1 ⑤　問2 ②　問3 ②

解説 問2　ミトコンドリアは，ヤヌスグリーンで染色すると光学顕微鏡で青緑色に観察できる細胞小器官で，細胞活動に必要なエネルギーを呼吸によって取り出している。呼吸に関する酵素を含むが，デンプンをグルコースにする酵素は含まない。また，肝臓の細胞はミトコンドリアを多量に含んでいるが，水分調節のためではない。⑤は光合成のはたらきである。

問3　× ① クロロフィルは有機物の分解にはたらくのではないので，誤り。
○ ② 液胞中のアントシアンは花の色などに関係するので，正しい。
× ③ ヘモグロビンは赤血球に含まれ，白血球には存在しないので，誤り。
× ④ 染色体は酢酸カーミン液で赤色に染色されるが，自らが含んでいるわけではないので，誤り。

10 生物に共通する特徴

解答 ⑦

解説 すべての生物は細胞からできており，内外は膜で仕切られていて，細胞内で代謝を行っている。単細胞生物は，生殖細胞はつくらずに分裂などによって増殖する。また，原核生物にはミトコンドリアがないので注意。

11 単細胞生物と多細胞生物

解答 ①

解説 aはゾウリムシ，cはミドリムシ，dはアメーバで，いずれも単細胞生物。bはミジンコでエビ・カニの仲間(甲殻類)の多細胞生物である。

第5講　真核細胞と原核細胞・細胞の発見の歴史

12　原核細胞と真核細胞

解答　問1　ア ④　イ ①　問2　A ④　B ⑤　C ②　D ①　E ③
問3　ウ ②　エ ①　オ ①　カ ①　キ ①　問4　①

解説　問1　DNAが核膜に包まれた真核細胞からなる生物を真核生物といい，ゾウリムシなどの単細胞生物，植物や動物などの多細胞生物などがある。一方，DNAが核膜に包まれていない原核細胞からなる生物を原核生物といい，大腸菌やシアノバクテリアなどの細菌がある。

問2～問4　オオカナダモは水生植物で単子葉類。タマネギも単子葉類。大腸菌は細菌で原核生物。酵母はカビやきのこの仲間で，真核生物である。オオカナダモの葉の細胞，タマネギのりん葉の裏面表皮の細胞，大腸菌，酵母の細胞にはいずれも細胞壁があるので，カ，キはいずれも○。細胞壁が×のBはヒトの口腔上皮だとわかり，真核細胞なのでミトコンドリアがあることから，オは○(問4　①Bは真核生物なので誤り)。Cは細胞壁とミトコンドリアをもつが，液胞は未発達なので，酵母。Dはミトコンドリアも葉緑体も液胞ももっているので，オオカナダモの葉の細胞だと判断できる。Aはミトコンドリアをもっていることから真核細胞であるので，タマネギのりん葉の裏面表皮の細胞で，これは葉緑体をもたないのでウは×，発達した液胞をもつので，エは○となる。Eはミトコンドリアをもたないので原核細胞であり，大腸菌とわかる。

13　原核生物と真核生物

解答　問1　③　問2　⑤　問3　⑧

解説　問1　× ① 地球上の生物は共通の祖先から進化したので共通性があり，核酸を構成する塩基の種類は原核細胞も真核細胞も同じなので誤り。

× ② 酵素は原核細胞にも存在するので，誤り。

× ④ カエルの卵は真核細胞で，1個の細胞は肉眼でも見える場合があるので誤り。

× ⑤ 多くの原核生物も，呼吸などでATPをつくり生命活動をするので誤り。

問2　原核細胞にはミトコンドリアや葉緑体などの細胞小器官はない。

問3　イシクラゲはシアノバクテリアで，原核生物。湿ったグラウンドや芝生でワカメのような姿(多数の細胞が糸状に連なった群体)をしている。

第6講 エネルギーと代謝

14 植物と動物の代謝

解答 問1 ③ 問2 ⑦ 問3 ①

解説

問1 代謝のうち，単純な物質から複雑な物質を合成する過程を同化といい，複雑な物質を単純な物質に分解する過程を異化という。

ア 無機物から有機物を合成する例としては，光エネルギーを利用して，無機物である二酸化炭素と水から有機物である糖をつくる光合成があげられる。代表的な炭素同化である。

イ 有機物を，酸素を利用して二酸化炭素と水に分解してエネルギーを取り出すはたらきである呼吸を示している。呼吸は代表的な異化である。

ウ 単純な有機物から複雑な有機物につくりかえる過程を示しており，これは，食物として取り入れたものを消化によってグルコースや各種アミノ酸に分解した後，自分の体の成分につくりかえる過程で，同化にあたる。

エ 複雑な有機物を単純な有機物にしているので，例えば肝臓でグリコーゲンをグルコースに分解するなどの過程を示している。

オ 単純な有機物を無機物にかえているので呼吸，つまり異化である。

よって，同化は矢印アとウであるので，③が正しい。

問2 呼吸を示しているのは矢印イとオであるので，⑦が正しい。

問3 真核生物は，①アオサ，③アオカビ，④酵母である。光合成によって，二酸化炭素と水から有機物を合成することができる植物や藻類のように，体外から取り込んだ無機物を用いて有機物を合成することができる生物を独立栄養生物という。光合成をする独立栄養生物は，①アオサ，②ネンジュモ，⑤ユレモである。よって，真核生物で独立栄養生物は①アオサだけである。

動物や菌類などは，無機物から有機物を合成できないため，有機物を栄養分として取り入れる必要がある生物で，従属栄養生物という。

15 ATP

解答 問1 ア⑨ イ③ ウ① エ⑦ オ⑤ 問2 ⑥ 問3 ①

解　説

問1　ATPは，化学エネルギーを蓄積し，生命活動に必要なエネルギーを仲介する物質である。ATPは，アデニン(塩基)と，リボース(糖)に，3個のリン酸が結合した分子である。リン酸どうしが結合するためには多量のエネルギーが必要であり，言い換えると，リン酸どうしの結合には多量のエネルギーが蓄えられている。この結合を高エネルギーリン酸結合という。つまり，ATPは高エネルギーリン酸結合をADPよりも1つ多くもつので，ADPと1つのリン酸がそれぞれもつエネルギーの総和よりもATPがもつエネルギーのほうが大きい。ADPとリン酸からATPをつくるために吸収したエネルギーは高エネルギーリン酸結合に貯蔵される。ATPが分解されて，リン酸が1つ外れたADPになるときに，1つの高エネルギーリン酸結合で蓄えられていたエネルギーが放出される。

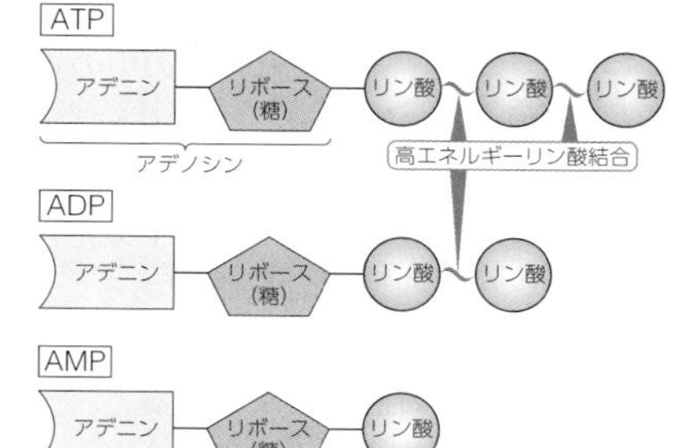

問2　おもにミトコンドリアで行われる呼吸では，酸素を用いて有機物を分解したときに取り出されたエネルギーを利用して，ADPとリン酸からATPを合成している。また，葉緑体で行われる光合成では，受け取った太陽の光エネルギーを利用してADPとリン酸からATPが合成され，このATPに含まれる化学エネルギーを利用し，二酸化炭素を材料に有機物が合成される。よって，⑥が正しい。

問3　ATP量から細菌数を推定するためには，ATP量と細菌数が比例していればよい。

○ ⓓ 個々の細菌の細胞に含まれるATP量は，ほぼ等しい。

➪ 個々の細菌の細胞に含まれるATP量が等しい場合，ATP量と細菌数は比例するので，細菌数を推定することができる。

○ ⓔ 細菌以外に由来するATP量は，無視できる。

➪ 細菌以外に由来するATPが存在すれば，ATP量と細菌数は比例しなくなり，細菌数を推定することができなくなる。よって，細菌以外のATP量が無視できるほど少ないことが前提条件である。

× ⓕ 細菌は，エネルギー源としてATPを消費している。

➪ 個々の細菌の細胞に含まれるATP量が等しければ細菌数を推定できる。細菌のATP消費は前提条件ではない。よって，誤り。

× ⓖ ATP量の測定は，細菌が増殖しやすい温度で行う。

➪ 食品内や食器に付着している細菌が増殖してしまうと，付着していた細菌数を正しく推定することができなくなる。よって，誤り。

第7講 呼吸と光合成

16 光合成と呼吸

解答　Ⅰ② Ⅱ⑤ Ⅲ⓪ Ⅳ① Ⅴ⑥ Ⅵ⑨

解説　それぞれの図の中の点線は，光合成あるいは呼吸が行われる細胞小器官の膜を示し，サイトゾル(細胞質基質)の最外層の実線は，その細胞小器官をもつ真核細胞の細胞膜を示している。図1の左の部分に「光エネルギー」とあるので，図1は光合成の反応についての模式図であることがわかる。問題文に光合成あるいは呼吸の図と書かれており，図2では左の部分に「有機物」とあるので，図2は有機物を呼吸で分解してATPを合成している図と判断できる。

図1および図2のⅠとⅣに入るピースは，大きさと膜の位置から選択肢の①～④であり，ⅡとⅤには選択肢⑤～⑧が，ⅢとⅥには選択肢⑨～ⓑが入るはずである。

図1のⅠは光合成についての模式図であり，光エネルギーを利用してATPが合成されるので，①有機物の分解や③無機物の合成は当てはまらないことから②とわかる。Ⅱには，O_2，CO_2，H_2Oの出入りを示しているものが入り，光合成ではCO_2とH_2Oを使って有機物をつくり，O_2を外に出しているので，⑤である。Ⅲには光エネルギーを利用してつくられたATPを用いて，有機物ができるピースを探せばよいので，⓪が当てはまる。

図2は呼吸の反応についての模式図であるから，Ⅳは，有機物を分解するので①が当てはまり，Ⅴは，光合成とは逆にO_2を取り入れてCO_2とH_2Oを外に出しているので⑥が当てはまる。Ⅵは有機物を分解して得られたATPを用いて生命活動をするので，ⓐではなく⑨であるとわかる。エネルギーを得てADP＋Ⓟ がATPに変化し，ATPをADP＋Ⓟ にするときにエネルギーを取り出すので，④やⓐは明らかに誤りの図である。

17 酵素のはたらき

解答　問1 ④　問2 ⑥

解説　問1　○ ① 化学反応を促進する触媒としてはたらく。

⇨酵素は，生体内で起こる化学反応を促進する生体触媒である。触媒とは，自らは化学反応の前後で変化せず，化学反応を促進する物質のことで，酵素は生体内の穏やかな環境で化学反応が速やかに進行することを可能にしているので，正しい。

○ ② 一般に，口から摂取した酵素は，そのままの状態で体内の細胞に取りこまれてはたらくことはない。

➪ 酵素は主にタンパク質でできている大きな分子であるので，そのままでは細胞内に取りこむことはできない。酵素を口から摂取すると，消化管内で消化酵素により分解されて最終的にアミノ酸になるため，体内ではたらくことはできない。よって，正しい。

○ ③ タンパク質が主成分であり，細胞内で合成される。

➪ 酵素はタンパク質からできていて，DNA の遺伝情報に基づいて細胞内で合成されるので，正しい。

× ④ 細胞内ではたらき，細胞外でははたらかない。

➪ 多くの酵素は細胞内ではたらいているが，消化酵素のように細胞外に分泌されてはたらく酵素もある。よって，誤り。

問２　問題文に書かれていることをまとめてみよう。

①本問で扱われている変異体では，酵素Ｘ，Ｙ，Ｚのいずれか一つの酵素がはたらかない。

②物質Ａは酵素Ｘ，Ｙ，Ｚにより生育に必要な物質［ウ］に変化する。

③結果Ⅰより，酵素Ｘがはたらかなくなった場合，物質Ｂを加えたときのみ生育できるので，酵素Ｘは，右図のように物質Ｂの合成にかかわり，物質Ｂが生育に必要な物質であるとわかる。

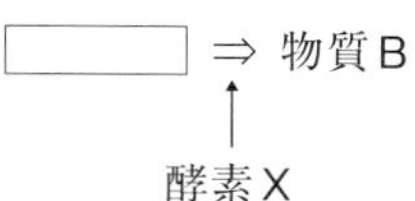

よって，［ウ］は物質Ｂ，酵素Ｘは［カ］である。

④結果Ⅱより，酵素Ｙがはたらかなくなった場合，物質Ｂ，Ｃ，Ｄのいずれかを加えると生育できることから，酵素Ｙがはたらかないと，物質Ｂ，Ｃ，Ｄができないので，［エ］が酵素Ｙであると判断できる。

⑤結果Ⅲより，酵素Ｚがはたらかない場合，物質Ｂまたは物質Ｃを加えたときだけ生育できることから，酵素Ｚは物質Ｂまたは物質Ｃをつくる過程に関与している酵素で，物質Ｂは［ウ］であるから，［イ］は物質Ｃ，酵素Ｚは［オ］と判断できる。

以上のことから，［ア］は物質Ｄとなり，⑥が正解である。

第8講 実践問題

第1問

解答　問1　①　問2　①, ⑧(順不同)

解説　問1　○ ① 接眼ミクロメーターの目盛りは，ピントに関係なく常に見えている。

➩ 接眼ミクロメーターは，接眼レンズの中に取りつけて使用するため常に見えている。よって，正しい。

× ② 対物レンズの倍率が変わっても，接眼ミクロメーター 1 目盛りが示す長さは常に 1 μm である。

➩ 対物レンズの倍率が変わると，観察したい試料の見た目の大きさが変わるように，対物ミクロメーター 1 目盛り(多くのものは 10μm)の見た目の幅も変わる。つまり，接眼ミクロメーター 1 目盛りに相当する長さも変わるため，常に 1μm というわけではない。よって，誤り。

× ③ 対物レンズの倍率を大きくすると，接眼ミクロメーター 1 目盛りが示す長さは大きくなる。

➩ 対物レンズの倍率を大きくすると，観察したい試料の見た目の大きさが大きくなるので，接眼ミクロメーター 1 目盛りに相当する長さは小さくなる。よって，誤り。

× ④ 対物ミクロメーターの上に観察する試料を載せて，ピントを合わせて長さを測定する。

➩ 対物ミクロメーターの上に置いた試料には厚みがあるため，試料にピントを合わせると，対物ミクロメーターに記された目盛りにピントが合わなくなるので目盛りがぼやけてしまい，目盛りにピントを合わせると試料がぼやけてしまうので，一緒には使用できない。

× ⑤ 仮に，図2，図3が同じ倍率の場合，核の直径は 40μm である。

➩ 図3の対物ミクロメーターの 15 目盛りと接眼ミクロメーターの 20 目盛りが一致している。図3より，この観察で使用する対物ミクロメーターの 1 目盛りは 10μm なので，接眼ミクロメーターの 20 目盛り分は 150μm に相当する。

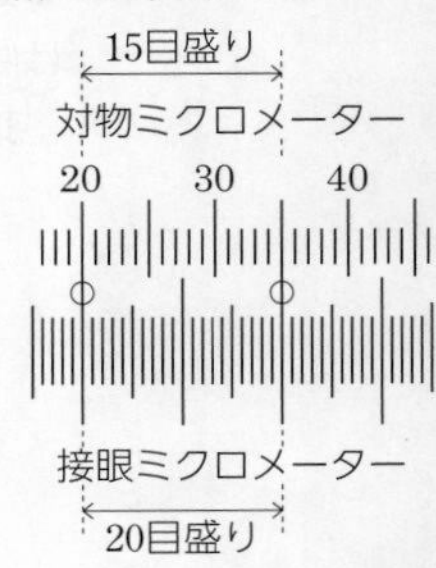

よって，接眼ミクロメーターの1目盛りは，15×10÷20＝7.5μmとなる。

図3と同じ倍率であるとすると，図2の核の直径は，接眼ミクロメーター4目盛りであるから，7.5×4＝30μmとなる。よって，誤り。

問2　○ ① りん葉は周辺部ほど厚くなる。

➪ 表1より，りん葉の厚さを上部，中央部，下部でそれぞれ比較すると，すべて周辺部ほどりん葉は厚い。よって，正しい。

× ② りん葉が厚いものほど，細胞は小さい。

➪ 周辺部，中間部，中心部のりん葉の厚さを，上部・中央部・下部のそれぞれの部位ごとに比べると，いずれの部位においても，周辺部が最も厚く，中心部が最も薄い。したがって，りん葉全体の厚さは，周辺部＞中間部＞中心部といえる。細胞の大きさは中心部にいくほど小さくなっているので，りん葉が厚いものほど細胞が小さいというのは誤り。

× ③ りん葉が薄いものほど，細胞の短辺の長さは長い。

➪ 周辺部，中間部，中心部のりん葉の厚さを比べると，中心部が最も薄いが，細胞の短辺の長さは中心部が最も短いので，りん葉が薄いものほど短辺が長いというのは誤り。

× ④ 核の大きさは，りん葉の厚さに比例して大きくなる。

➪ 周辺部，中間部，中心部のりん葉において，上部，中央部，下部でのりん葉の厚さを比較すると，中央部が厚いが，核の大きさはいずれの部分でもほぼ同じ大きさであり，比例の関係は見られない。よって，誤り。

× ⑤ 同じりん葉の中では，下部の細胞ほど大きい。

➪ 周辺部，中間部，中心部ともに，同じりん葉の中では下部の細胞が最も小さい。よって，誤り。

× ⑥ 同じりん葉の中では，上部の細胞が最も小さい。

➪ 周辺部，中間部，中心部ともに，同じりん葉の中では下部の細胞が最も小さい。よって，誤り。

× ⑦ 同じりん葉の中では中央部の細胞の核が最も大きい。

➪ 周辺部，中間部，中心部のいずれのりん葉においても，上部，中央部，下部の細胞内の核の大きさに大差はなく，中央部の細胞の核が最も大きいとはいえない。よって，誤り。

○ ⑧ 球根の中心から遠いりん葉ほど，細胞は大きい。

➪ 周辺部と中心部のりん葉を比較すると，中心部より周辺部の細胞のほうが大きい。よって，正しい。

第2問

解答　問1　⑧　　問2　②　　問3　③　　問4　④

解説　問1　×ⓐ 植物の細胞だけ，光合成を行う。

➪ 植物以外にも，アオサなどの藻類や，ネンジュモやユレモなどのシアノバクテリアも光合成を行う。よって，誤り。

○ⓑ 原核生物の細胞は細胞壁をもち，DNA ももつが核膜をもたない。

➪ 原核細胞には細胞壁があり，原核細胞の DNA は，核膜に包まれずに細胞内でかたまりになって存在している。よって，正しい。

×ⓒ 真核生物は，細胞小器官をもつがサイトゾルはもたない。

➪ 核やミトコンドリアなどの細胞小器官のまわりは，サイトゾルとよばれる液状の物質で満たされている。よって，誤り。

○ⓓ 真核細胞の核には，DNA とタンパク質を主な構成成分とする染色体が含まれる。

➪ 真核細胞の核に含まれる染色体は，DNA とヒストンとよばれるタンパク質を主な構成成分とする。よって，正しい。

×ⓔ 真核細胞の葉緑体に含まれる主な色素は，クロロフィルとアントシアンである。

➪ 真核細胞の葉緑体には，クロロフィルなどの光合成色素が含まれるが，アントシアンは，液胞に含まれる色素である。よって，誤り。

○ⓕ 葉緑体やミトコンドリアでは，ATP が合成される。

➪ おもにミトコンドリアで行われる呼吸や，葉緑体で行われる光合成では，ADP とリン酸から ATP が合成される。よって，正しい。

問2　ⓖのゾウリムシおよびⓘの酵母は，真核細胞からなる単細胞生物である。一方，ⓗのオオカナダモは，真核細胞からなる多細胞生物であり，シアノバクテリアであるⓙのネンジュモは，原核細胞からなり，群体を形成する単細胞生物である。よって，②が正しい。

問3　×① 光合成では，光エネルギーを用い，窒素と二酸化炭素から有機物を合成する。

➪ 光合成では，水と二酸化炭素から有機物を合成する。よって，誤り。

×② 酵素は，生体内で行われる代謝において，生体触媒として作用する炭水化物である。

➪ 酵素の主成分はタンパク質である。よって，誤り。

×④ 呼吸では，酸素を用いて有機物を分解し，放出されたエネルギーで ATP から ADP が合成される。

➪ 呼吸では，酸素を用いて有機物を分解したときに放出されたエネルギーを利用し，ADP とリン酸から ATP を合成する。よって，誤り。

問4 「何らかの物質を加えることによる物理的刺激によって過酸化水素が分解し酸素が発生する」という可能性[1]を検証するためには，酵素の代わりに，何らかの物質を加えるという物理的刺激を与えて，酸素が発生するかしないかを調べるとよい。ただし，過酸化水素を分解する反応を触媒する酸化マンガンを加えたのでは，触媒作用によって過酸化水素が分解されるため，物理的刺激について検証できない。また，酵素にかわるものを加える以外は，他の条件は同じにしておく必要がある。つまり，触媒でない石英砂を過酸化水素水に加えたときに，酸素が発生するかどうかを調べればよい。よって，可能性[1]を検証するための実験は①である。

また，「ニワトリの肝臓片自体から酸素が発生する」という可能性[2]を検証するためには，ニワトリの肝臓片を加えたときに酸素の発生のもとになった基質である過酸化水素を含まない水を用いて，ニワトリの肝臓片を加えたとき，酸素が発生するかどうかを調べればよい。よって，可能性[2]を検証するための実験はⓝである。

何らかの仮説を立てて，その仮説を検証するために実験(処理実験)する場合，仮説である条件以外はすべて同じ条件にした対照実験を用意し，それらの結果を比較して，仮説にした条件がある場合と対照実験とで結果に違いが見られたとき，仮説にした条件によって，その結果が起こったといえる。

処理実験……条件A＋条件B＋条件C →結果○
対照実験……条件A＋条件B →結果×
結論 条件Cによって，○という結果になった。

第9講 遺伝情報とDNA

18 形質転換

解答 ④

解説 病原性をもたないR型菌(カプセルをもたない)が，病原性をもつS型菌(カプセルをもつ)に形質転換したのは，S型菌に含まれる何らかの物質がR型菌に入ったからである。その物質を明らかにする実験を考える。

S型菌には酵素などのタンパク質，DNA，RNAなどが含まれている。よって，S型菌をすりつぶして得た抽出液をそれぞれ別々に，タンパク質分解酵素，DNA分解酵素，RNA分解酵素で処理した後，生きたR型菌と混合し，R型菌がS型菌に形質転換したかどうかを調べればよい。

実際は，S型菌のDNAが生きたR型菌に取りこまれて，R型菌内で発現し，R型菌がカプセルをもったS型菌へと形質転換した。

よって，R型菌に加えた抽出液中にS型菌のDNAが存在していると，培養後にS型菌が見つかるはずである。

ⓐ「タンパク質を分解する酵素で処理した」ので，DNAは残っている。
ⓑ「RNAを分解する酵素で処理した」ので，DNAは残っている。
ⓒ「DNAを分解する酵素で処理した」ので，DNAはなくなっている。

抽出液中にS型菌のDNAが残っているのはⓐとⓑなので，④が正しい。

19 DNAの抽出実験

解答 問1 ③　問2 ⑤

解説 問1 DNAの抽出実験に用いる試料は，DNAをたくさん含んでいて，DNA以外のタンパク質などの成分は多く含まれていないものがよい。同じ体積の材料を使うなら，1個の細胞の大きさが小さいものほど，たくさんの細胞が含まれている。つまり，1個の細胞に，通常1個の核があり，その中にDNAがあるので，細胞の大きさが小さい材料のほうが，体積当たりの核が多いため，DNAもたくさん抽出できるということである。

図1を見ると，まず，花芽も茎も，細胞のスケッチ中の50μmの長さは同じなので，同じスケールでスケッチしていることがわかる。する

と，花芽の細胞のほうが茎の細胞よりも圧倒的に小さく，同じ視野の中に多数の核が存在していることがわかる。

× ① 核がより濃く染まっているので，核のDNAの密度が高い

➪ ブロッコリー1個体の花芽と茎の体細胞における核内のDNA量は同じである。核のDNAの密度よりも総量が多いかどうかが重要である。

× ② 核が大きいので，核に含まれているDNA量が多い

➪ 核が大きいのは茎であり，茎を材料にしたほうがDNAの収量は少なかったので誤り。

× ④ 一つの細胞に核が複数あるので，単位重量当たりの核の数が多い

➪ スケッチを見てもわかるように，1つの細胞内に1個の核が存在する。複数存在していないので，誤り。

× ⑤ 体細胞分裂が盛んに行われているので，染色体が凝縮している細胞の割合が高い

➪ スケッチを見ると，花芽にも茎にも細胞分裂している細胞は見当たらない。染色体が凝縮していたら，核膜がなく，細胞内にひも状の染色体が見られるはずである。よって，誤り。

問2　白い繊維状の物質にはDNAが含まれている。試薬XはDNAに特異的に結合し，青色光を当てると黄色光を発するので，その光の強さでDNA量を測定できる。花芽10gから得たDNAを含む白い繊維状の物質を水に溶かして4mLのDNA溶液をつくって測定したときの黄色光の強さ(相対値)は0.6とある。図2のグラフを見ると，DNA濃度と黄色光の強さはほぼ比例の関係であることがわかるので，黄色光の強さが0.6のとき，グラフからDNA濃度はおよそ0.075mg/mLである。

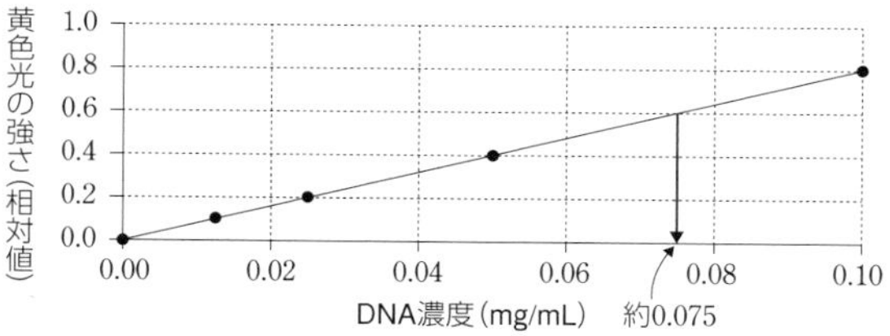

図2

このDNA溶液は4mLであるから，この溶液に含まれる全DNA量は，0.075mg/mL×4mL＝0.3mgとなる。

よって，⑤ 0.30mg　が最も適当である。

第10講 DNAの構造

20 DNAの塩基

解答 問1 ⑧ 問2 ④ 問3 ④

解説 問1 DNAは通常，二重らせん構造をとっており，DNAの塩基がAとT，GとCで相補的に結合している。よって，DNA中の塩基の数の割合(%)は，A＝T，G＝Cとなるはずである。一方，例外的に存在する1本鎖DNAの場合，2本鎖DNAのような塩基どうしの相補的な結合がないので，DNA中の塩基の数の割合はA＝T，G＝Cとはならない。よって，表のア～コのうち，A≠T，G≠Cとなっているものを探すと，クであるので，⑧が正しい。

問2 同じ生物に由来する細胞どうしであれば，同じ塩基配列のDNAをもっているので，DNA中の各構成要素の数の割合は等しくなる。肝臓に由来したものと精子に由来したものでも，一般的にDNA中の塩基の数の割合はほぼ一致する。一方，精子は減数分裂によってつくられるので，精子1個当たりのDNA量は体細胞の半分になっているはずである(減数分裂の後でも割合の差は誤差の範囲である)。よって，A，G，C，Tの塩基の数の割合がほぼ一致し，かつ核1個当たりの平均のDNA量が，ほぼ2：1の関係になっている生物材料を探すと，ウとエがあてはまる。このうち，DNA量が多いウが肝臓の細胞で，DNA量が少ないエが精子であることが推測できるので，④が正しい。

問3 二重らせん構造をとっているDNAでは，塩基の数の割合はA＝T，G＝Cとなっている。このDNAサンプルでは，TがGの2倍含まれていることから，Gの割合をX％とすると，G＝C＝X％，T＝A＝2X％となり，G，C，A，Tの全塩基を合わせると100%になるはずであるから，G＋C＋A＋T＝X＋X＋2X＋2X＝100 よって，X≒16.7%から，A＝2X＝33.4%となるので，④が正しい。

21 DNAの構造

解答 問1 ア⑧ イ④ ウ⑥ エ⑤ 問2 ③，⑨(順不同) 問3 ③

解　説

問1　DNAの構成単位は，リン酸・糖・塩基が結合したヌクレオチドである。よって，アはヌクレオチドである。DNAにおいて，あるヌクレオチドの糖は隣のヌクレオチドのリン酸と結合し，ヌクレオチド鎖をつくっている。図の丸いエの部分がリン酸，五角形のウの部分が糖である。DNAのヌクレオチドを構成する糖はデオキシリボースなので，ウは⑥となる。さらにDNAでは，2本のヌクレオチド鎖が向かい合って並び，塩基の部分で結合している。よって，イは塩基である。

問2　DNAの二重らせん構造を提唱したのは③クリックと⑨ワトソンである。なお，ほかの科学者のおもな業績は以下の通り。

①エイブリーと④グリフィス…肺炎球菌に見られる形質転換の発見とその原因物質がDNAであることを突き止め，DNAが形質をつくる遺伝物質であることを発見。

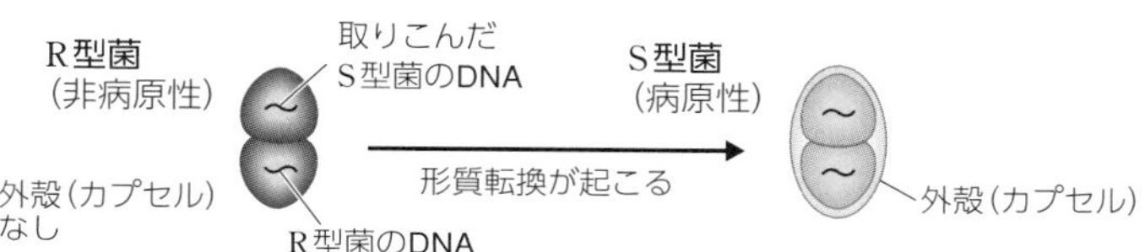

⑤チェイスと⑦ハーシー…バクテリオファージのタンパク質とDNAをそれぞれ別々に標識し，ファージのDNAが大腸菌内に入ることで，大腸菌内で完全な子ファージが誕生することを発見し，DNAこそが遺伝子の本体であることを証明した。

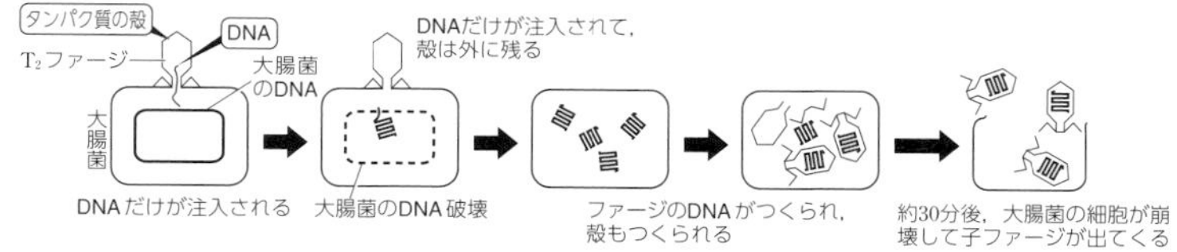

②ウィルキンス…X線回折法によるDNA分子の構造解明。

⑥シャルガフ…塩基の相補性の発見。

⑧メンデル…エンドウによる遺伝の法則の発見。

問3　ヒトの体細胞のDNAに含まれる塩基対(ヌクレオチド対)は約60億(6.0×10^9)である。塩基対と塩基対の間(右図参照)が$0.34\,\mathrm{nm} = 3.4 \times 10^{-10}\,\mathrm{m}$であることから，約60億の塩基対の総長は，

$3.4 \times 10^{-10} \times 6.0 \times 10^9 = 20.4 \times 10^{-1} \fallingdotseq 2.0\ (\mathrm{m})$

となり，③が最も近い数値となる。

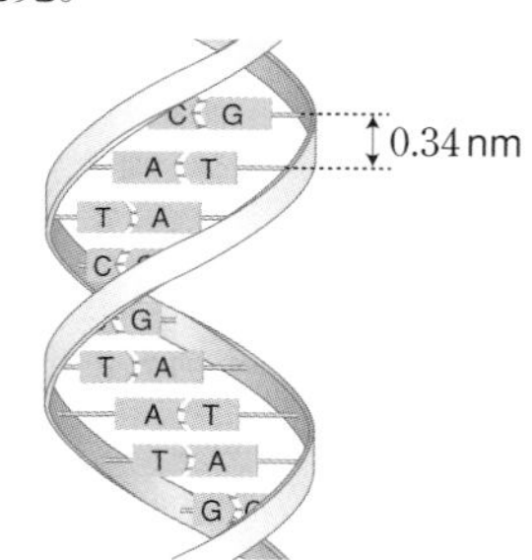

第2章

第11講 遺伝情報の複製と分配

22 DNAの複製

解答 問1 仮説1 ⑥ 仮説2 ② 問2 仮説1 ⑨ 仮説2 ⑤

解説 DNAは2本のヌクレオチド鎖でできていて，向かい合ったヌクレオチド鎖は相補的な塩基どうしで結合しているので，一方の塩基配列が決まれば自動的にもう一方のヌクレオチド鎖の塩基配列も決まることから，DNAの複製のしくみは，この特徴に関係していると考えられ，複製方法において，仮説2(半保存的複製)が考えられた。

DNAは塩基，糖，リン酸からなるヌクレオチドでつくられていて，大腸菌の場合も，それらは外から取り入れた栄養分からつくる。窒素(N)を取り入れて塩基をつくるので，^{14}Nの栄養分の培地で培養すると^{14}NをもつDNAがつくられ，^{15}Nの栄養分の培地で培養すると^{15}NをもつDNAがつくられる。DNAの2本鎖とも^{15}Nからなる場合はA層に，^{14}Nと^{15}Nが半分ずつあるときはB層に，2本鎖とも^{14}Nからなる場合はC層に集まる。

問1 ^{15}Nだけからなる2本鎖のDNAをもつ大腸菌を^{14}Nの栄養分の培地に置き替えて1回目の分裂をさせると，^{14}Nの栄養分を使って複製されたDNAをもつ大腸菌が得られる。^{15}Nからなるヌクレオチド鎖を濃いグレーで，^{14}Nからなるヌクレオチド鎖をうすいグレーで示し，1回目の分裂，続いて2回目の分裂でDNAが複製されるとき，仮説1および仮説2の場合のDNAを図示すると，右図のようになる。

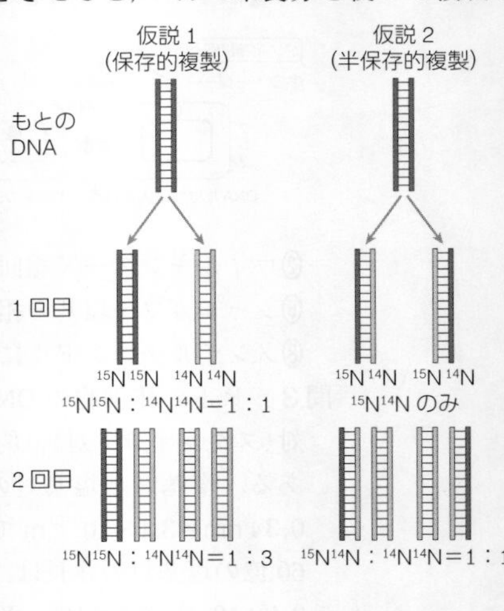

図より，1回目の分裂後，仮説1ではA層とC層に1：1で現れ，仮説2ではB層のみに現れる。

問2 2回目の分裂後，図より，仮説1ではA層：C層に1：3，仮説2では，B層：C層に1：1で現れる。

このような実験をメセルソンとスタールが実際に行って，DNAの複製は半保存的複製であることを明らかにした。

23 細胞周期

解答 問1 ② 問2 ②
問3 G_1期 ① S期 ② G_2期 ③ 分裂期 ③

解説 問1 真核生物の細胞周期は，核膜の見られる間期と核膜が見られない分裂期に分けられる。間期はさらにG_1期(DNA合成準備期)，S期(DNA合成期)，G_2期(分裂準備期)に分けられ，分裂期は核膜が消え，染色体が凝縮してひも状の染色体が現れる前期，染色体が赤道面に並ぶ中期，各染色体が二分され両極に移動する後期，両極に移動した染色体が糸状になり核膜が現れ，核分裂が終了する終期に分けられる。終期の核分裂の後には細胞質分裂が起こる。核分裂と同時に細胞質分裂が起こるとしている①は誤り。

DNAはS期に複製されるので，G_2期の細胞1個当たりのDNA量は，G_1期の細胞の2倍である。言い換えれば，G_1期のDNA量はG_2期の半分であるので，③は誤り。分裂期の後期ではまだ細胞質分裂をしていないので，細胞1個当たりのDNA量はG_1期の細胞の2倍のままであるから，④は誤り。細胞質分裂が終わると，娘細胞1個当たりのDNA量はG_1期と同じになる。

問2 体細胞分裂をくり返している細胞の集団の場合，細胞周期の各時期の長さの割合は，その時期に存在する細胞の数の割合と一致する(右図参照)ので，以下の関係式が成り立つ。

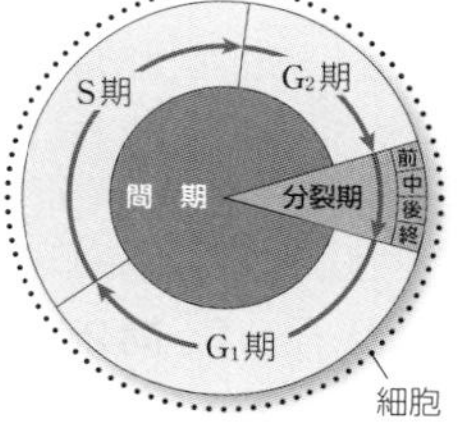

$$\frac{\text{間期の細胞数}}{\text{全細胞数}}=\frac{\text{間期の長さ}}{\text{細胞周期全体の長さ}}$$

$$\frac{\text{分裂期の細胞数}}{\text{全細胞数}}=\frac{\text{分裂期の長さ}}{\text{細胞周期全体の長さ}}$$

細胞周期全体の長さをX時間とすると，$\frac{168}{168+42}=\frac{20}{X}$ X＝25時間

同様に分裂期の長さをY時間とすると，$\frac{42}{168+42}=\frac{Y}{25}$ Y＝5時間

問3 体細胞分裂直後の細胞のDNA量(相対値)を1とすると，G_1期は1，S期は1～2，G_2期は2，分裂期は2である。

よって，G_1期はA，S期はB，G_2期と分裂期はCの場所に含まれる。

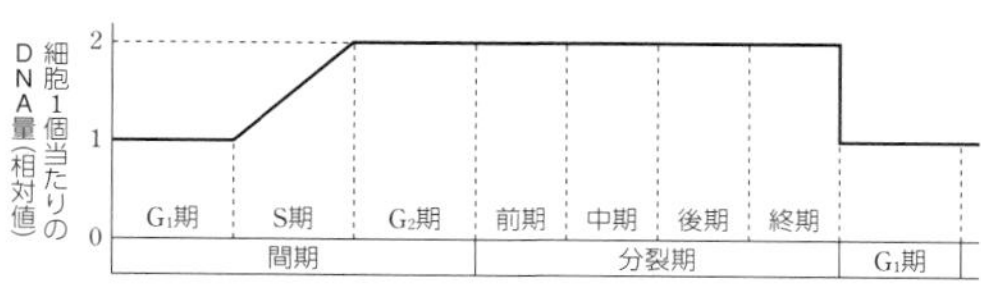

第12講 遺伝情報の発現

24 遺伝情報の発現

解答 問1 ⓪ 問2 ⑤ 問3 ア⑨ イ④ ウ⑧ エ⓪
問4 A② B① C⑦

解説 問1 ×ⓐ DNAにはリン酸が含まれない。

➪ DNAはヌクレオチドからできており，リン酸を含んでいるので誤り。

×ⓑ DNAとRNAは，ともに同じ四つの塩基を含む。

➪ DNAとRNAでは構成する塩基が異なる。DNAを構成する塩基はアデニン(A)，グアニン(G)，シトシン(C)，チミン(T)であるのに対し，RNAを構成する塩基ではチミン(T)がなく，その代わりにウラシル(U)がある。よって，誤り。

○ⓒ DNAとRNAは糖に違いがある。

➪ DNAの糖はデオキシリボース，RNAの糖はリボースなので正しい。なお，「生物基礎」では学習しないが，デオキシリボースはリボースから酸素原子が一つとれたものである。「デ」は「～がない」という意味で，「オキシ」は酸素のことである。

○ⓓ 通常，RNAは1本鎖で，DNAは2本鎖である。

➪ RNAは基本的に1本鎖構造で，DNAは2本の鎖が二重らせん構造をしている。よって，正しい。DNAはその構造から非常に安定している物質で，RNAよりも分解されにくく，熱にも強いという性質がある。

問2 ○ⓔ ある遺伝子が発現するとき，DNAの一方の鎖だけが鋳型となる。

➪ タンパク質の合成では，DNAの2本鎖のうち，どちらかの鎖だけが鋳型として使われる。よって，正しい。

○ⓕ DNAの一部の塩基配列だけが写し取られる。

➪ DNAは，すべての塩基配列が写し取られるわけではなく，必要な部分の塩基配列のみが写し取られ，タンパク質が合成される。遺伝子としてはたらく領域は，DNA全体の一部にすぎない。よって，正しい。

×ⓖ 翻訳の過程がくり返されて，mRNAが複数つくられる。

➪ mRNAがつくられる過程は転写である。翻訳はmRNAからタンパク質が合成される過程である。よって，誤り。実際には，転写の過程がくり返されて，多数のmRNAがつくられている。

×ⓗ　鋳型鎖 DNA の塩基シトシンには，塩基ウラシルをもったヌクレオチドが相補的に結合して，mRNA がつくられる。

➪ DNA の情報が RNA に転写される過程では，鋳型鎖 DNA の塩基シトシン(C)に対しては，RNA ではグアニン(G)が結合する。ウラシルではない。よって，誤り。

問3　mRNA の塩基組成から，鋳型鎖 DNA の塩基組成を推測する。mRNA の塩基に対応する鋳型鎖 DNA の塩基は，それぞれアデニン(A)→チミン(T)，グアニン(G)→シトシン(C)，シトシン(C)→グアニン(G)，ウラシル(U)→アデニン(A)である。

ア　mRNA のウラシルと同じ割合になるので，27.0%。よって，⑨。

イ　mRNA のシトシンと同じ割合になるので，16.6%。よって，④。

ウ　mRNA のグアニンと同じ割合になるので，25.4%。よって，⑧。

エ　mRNA のアデニンと同じ割合になるので，31.0%。よって，⓪。

問4　タンパク質を構成するアミノ酸の数は 20 種類であり，mRNA の塩基は 4 種類である。一つの塩基でアミノ酸を指定すると，A，T，G，C で 4 種類しか指定できない。二つの塩基でアミノ酸を指定すると，$4 \times 4 = 16$（種類）のアミノ酸を指定することができるが，アミノ酸は 20 種類なのですべてを指定することができない。三つの塩基でアミノ酸を指定すると考えると，計算上，$4 \times 4 \times 4 = 64$（種類）となり，アミノ酸の 20 種類をこえるので，すべてのアミノ酸を指定することができる。

25　合成 RNA を用いたコドンの解読

解答　②

解説　mRNA は 3 個の塩基配列が 1 つのコドンとして，1 つのアミノ酸を指定している。合成 RNA の塩基配列が…AAAACAAAACAAAACAAAAC…であるから，前から順に 3 個ずつの塩基配列に区切っていくと，[AAA] [ACA] [AAA] [CAA] [AAC] [AAA] AC となり，1 番目と 3 番目のコドンが同じなので，同じアミノ酸を指定するはずであるが，アミノ酸配列で見ると，wxywzwxywzwxywz…となっていることから，最初の A から読み始めたのではないことがわかる。アミノ酸配列で見ると 1 番目と 4 番目が同じ w であるから(wxywzwxywzwxywz…)，1 番目と 4 番目が同じコドンになるはずであり，そうなるのは，2 番目の A から読み始めた A [AAA] [CAA] [AAC] [AAA] [ACA] [AAA] C である。よって，アミノ酸 y を指定するのは 3 番目のコドンの AAC であることがわかる。ちなみに，3 番目の A から読み始めると [AAC] [AAA] [ACA] [AAA] で，2 番目と 4 番目のコドンが同じになるので，正しくない。

第13講 実践問題

第1問

解答　問1　④　　問2　①　　問3　⑧

解説　問1　本問は，DNAの1か所で複製される塩基対数を1×10^6塩基対としたとき，ヒトの体細胞の核ですべてのDNAが複製される場合，何か所で複製が起こるかという問題である。そして，わかっているのはヒトの精子の核の中には3×10^9塩基対からなるDNAがあるということである。

まず，体細胞の核にはDNAが何塩基対あるかを考える。精子には相同染色体のそれぞれ一方だけが存在しているのでゲノムは1セットであるのに対し，体細胞には相同染色体が対になって存在しているので，ゲノムは2セットであるから，体細胞の核内のDNAは精子の2倍の塩基対数であることがわかる。よって，体細胞の核内のDNAの塩基対数は$3\times10^9\times2=6\times10^9$塩基対である。

1か所で複製されるDNAの塩基対数が1×10^6塩基対なので，同時に複製を始める場所の数は，$6\times10^9\div(1\times10^6)$で求めることができる。

よって，$6\times10^9\div(1\times10^6)=6\times10^3=6000$（④）となる。

問2　与えられている条件をしっかり理解すると，本問を容易に解くことができる。

まず，細胞周期を整理しておこう。細胞周期は間期とM期（分裂期）からなり，間期にはG_1期（DNA合成準備期），S期（DNA合成期），G_2期（分裂準備期）が，M期には前期，中期，後期，終期がある。

問題文に，タンパク質Xは分裂終了直後に発現を開始し，DNAの複製中に減少していくとあるから，タンパク質XはG_1期に発現し，S期に減少していくということがわかる。また，タンパク質YはDNAの複製が始まると発現を開始し，分裂終了直後に急速に減少するとあるので，タンパク質YはS期からM期にかけて存在することがわかる。

以上のことをまとめてみると，それぞれのタンパク質が存在する時期は下図のようになる。

G_1期　→　S期　→　G_2期　→　M期

←タンパク質X→（G_1期〜S期）

←タンパク質Y→（S期〜M期）

よって，問題文の細胞においてタンパク質Xのみを発現し，タンパク質Yを発現していない時期はG_1期であるとわかるので，答えは①G_1期である。

問３　複製中の DNA に取りこまれる物質Ａを加えて短時間培養し，すぐに取り出して固定したのであるから，物質Ａを取りこんでいる細胞はＳ期の細胞と考えられる。

まず，基礎的知識として，細胞周期における細胞１個当たりの DNA 量(相対値)の変化を理解しておこう。G_1 期の DNA 量(相対値)を１とすると，Ｓ期は徐々に DNA を複製していくので相対値は１から２へと増えていく時期であり，G_2 期，Ｍ期は DNA 量が２のままで，細胞質分裂が終了すると，再び細胞１個当たりの DNA 量は１に戻るようになっている(下図参照)。

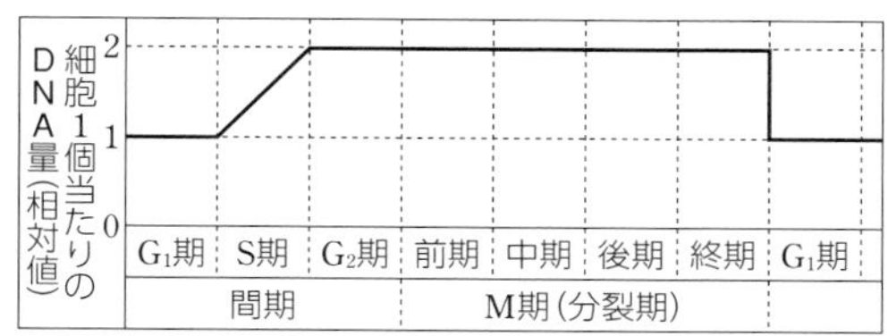

ここで，図中のア，イ，ウの細胞集団を見てみると，

ア…全 DNA 量が１～２の間で，物質Ａの量は，ほかのイ，ウの集団より多いということは，この細胞が DNA 複製中，つまりＳ期の細胞であることがわかる。

イ…全 DNA 量が１で，物質Ａの量は少ないので，物質Ａは DNA に取りこまれていないと考えられ，この細胞は G_1 期の細胞と判断できる。

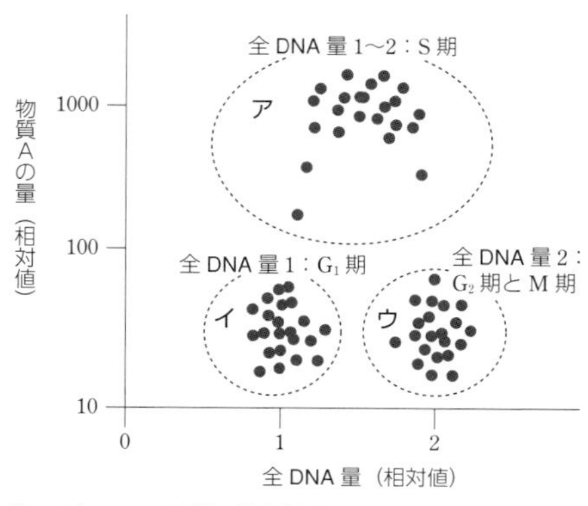

注：●は一つ一つの細胞の測定値を示す。
また，全 DNA 量についてはイの細胞集団の平均値を１とする。

ウ…全 DNA 量が２で，物質Ａの量は少ないので，Ｓ期の細胞ではないことから，G_2 期とＭ期の細胞であると判断できる。

よって，ウの細胞は⑧ G_2 期とＭ期の細胞である。

第２問

解答

問１　④　　問２　③　　問３　ア ⑦　イ ②
問４　③　　問５　②

第 2 章

解　説

問1　DNAはヌクレオチドが連なったヌクレオチド鎖が2本，向き合った塩基が相補的に結合して二重らせん構造をつくり，これがタンパク質と結合して染色体を形成している。ヌクレオチドどうしは，一方のヌクレオチドの糖と隣のヌクレオチドのリン酸との間で結合して，ヌクレオチド鎖になる。よって，①，②，③はともに誤り。

○ ④ 染色体は間期には糸状に伸びて核全体に分散しているが，体細胞分裂の分裂期には凝縮される。

➪ 間期には染色体は糸状に伸びて核内に広がっているが，体細胞分裂の前期には凝縮して太いひも状の染色体となるので，正しい。

× ⑤ 二重らせん構造を形成しているDNAでは，2本のヌクレオチド鎖の4種類の塩基の割合は，互いに同じである。

➪ DNAを構成する2本のヌクレオチド鎖は，向かい合った塩基どうしが相補的に結合するので，一方のヌクレオチド鎖(X鎖)のAの割合は，対になっているもう一方のヌクレオチド鎖(Y鎖)のTの割合とは一致するが，Aの割合とは一致しない。簡略化してそれぞれの塩基の占める割合を長さで示すと，下記のような関係(一例)となる。

X鎖　|←── A ──→|←─ T ─→|← G →|← C →|

Y鎖　|←── T ──→|←─ A ─→|← C →|← G →|

DNA全体では
A＝T≠G＝C

問2　× ① 核に含まれる2本鎖DNAの総質量は，G_1期とG_2期とにおいてほぼ同じである。

➪ G_1期に続くS期にDNAが複製され，DNA量が2倍になってG_2期へと移行するので，G_2期のDNAの総質量はG_1期の2倍である。

× ② 核に含まれる2本鎖DNAの総本数は，G_1期とG_2期とにおいてほぼ同じである。

➪ S期にDNAが複製されるので，2本鎖DNAの総本数もG_2期がG_1期の2倍になっている。よって，誤り。

○ ③ 核に含まれる全2本鎖DNA中のアデニンとグアニンの数の比は，G_1期とG_2期とにおいて，ほぼ同じである。

➪ DNAが複製されても，全く同じ塩基組成のDNAが2倍になるだけである。つまり，仮にG_1期のDNAがA：G＝2：1とすると，G_2期にはこれが2倍のA：G＝4：2になっており，塩基の数の比は2：1で同じである。よって，正しい。

× ④ 核に含まれる全2本鎖DNA中のアデニンとグアニンの数の合計は，G_1期とG_2期とにおいてほぼ同じである。

➪ DNAが複製されると，全く同じ塩基組成のDNAが2倍になるので，G_2期のAとGの合計数はG_1期のAとGの合計数の2倍になる。

問3　トリプトファンのコドンはUGGのみ。A，U，G，Cの4種類の塩基のうち，1番目の塩基がUになる確率は$\frac{1}{4}$であり，2番目の塩基がGになる確率も$\frac{1}{4}$，3番目の塩基がGになる確率も$\frac{1}{4}$であるから，UGGになる確率は$\frac{1}{4}\times\frac{1}{4}\times\frac{1}{4}=\frac{1}{64}$となるので，アは⑦ 64。

セリンを指定するコドンにはUCA，UCG，UCC，UCU，AGC，AGUがあり，それぞれの配列になる確率は$\frac{1}{64}$であるので，セリンを指定するコドンになる確率は$6\times\frac{1}{64}$で，トリプトファンを指定する確率$\frac{1}{64}$の6倍である。よって，イは② 6が正解となる。

問4　タンパク質は20種類のアミノ酸の配列や数によって構造が決まり，それによって性質やはたらきも決まってくる。アミノ酸の種類と総数が同じでも，アミノ酸の配列が異なると立体構造が変わるので，酵素としてはたらくタンパク質の場合は，基質と結合できなくなり，はたらきや性質も変わってしまう。よって，③が誤り。

第2章

問5　× ① ゲノムのDNAに含まれる，アデニンの数とグアニンの数は等しい。

➪ ゲノムはその生物の配偶子に含まれる全DNAで，相補的に結合するアデニンとチミンの数は等しいが，グアニンとは異なる。

○ ② ゲノムのDNAには，RNAに転写されず，タンパク質にも翻訳されない領域が存在する。

➪ DNAにはタンパク質をつくるための情報をもつ遺伝子領域と指定していない非遺伝子領域があり，ヒトの場合はDNAの塩基配列の1％ぐらいしか遺伝子領域はない。よって，正しい。

× ③ 同一個体における皮膚の細胞とすい臓の細胞とでは，中に含まれるゲノム情報が異なる。

➪ 同一個体の体細胞は，もとは1個の受精卵からDNAを複製して同じDNAをもった2個の細胞をつくる体細胞分裂によってできたものなので，中に含まれるゲノムは全く同じである。よって，誤り。

× ④ 単細胞生物が分裂によって2個体になったとき，それぞれの個体に含まれる遺伝子の種類は互いに異なる。

➪ 単細胞生物が分裂で2個体になるとき，この分裂は体細胞分裂であるので，その2個体は全く同じゲノムをもつ。よって，誤り。

× ⑤ 細胞がもつ遺伝子は，卵と精子が形成されるときに種類が半分になり，受精によって再び全種類がそろう。

➪ 卵も精子も全種類の遺伝子を1セット含んでいて，受精で遺伝子が2セットになる。受精で全種類がそろうのではないので，誤り。

第14講 体液という体内環境

26 脊椎動物の体液

解答 問1 ア③ イ② ウ④ エ⑦ オ⑥ カ⑨ 問2 ⑤

解説 問1 多細胞の動物の場合，細胞は体液とよばれる液体に浸されている。脊椎動物の体液は，組織液，血液，リンパ液からなり，組織液は血液の液体成分である血しょうが毛細血管からしみ出したものである。組織液の大部分は再び毛細血管に戻るが，一部はリンパ管に入って，リンパ液となる。

細胞は生命活動を行うために，絶えず活発に体液から栄養分や酸素を取り入れ，活動によって生じた二酸化炭素や老廃物を体液に放出する。すると，体液の状態は変化し，そのままでは安定した生命活動を行うことが難しくなってしまうので，体液の状態を常に一定範囲内に保っておく必要がある。したがって，動物は体液の状態の変化を感知し，調節することで体液の状態を常に一定範囲内に維持している。このような，体液の状態を常に一定範囲内に維持しようとする性質を恒常性(ホメオスタシス)という。

①細胞液は液胞の中に含まれている液体，⑤血清は血しょうから血液凝固に必要なフィブリンのもとになるタンパク質を除いたものであり，血液凝固したときに生じる上澄みの液体成分である。

問2 [イ]は組織液，[ウ]は血液，[エ]はリンパ液である。

○ ① [組織液]には有形成分は含まれていない。

➪ 組織液は血しょうが毛細血管から組織にしみ出した液体成分であり，血しょうと同様，有形成分は含まれていないので正しい。

○ ② [血液]には有形成分が含まれている。

➪ 血液には赤血球，白血球，血小板などの有形成分が含まれているので正しい。

○ ③ [リンパ液]には有形成分が含まれている。

➪ リンパ液にはリンパ球という有形成分が含まれているので正しい。

○ ④ [組織液]と[血液]では，液体成分に違いはない。

➪ 組織液は血液の血しょうと同じものなので，液体成分に違いはない。よって，正しい。

× ⑤ [組織液]と[リンパ液]では，液体成分に違いがある。

➪ 血管からしみ出した液体成分である血しょうが組織液やリンパ液

の液体成分であるので，液体成分は同じである。液体成分に違いがあるというのは，誤り。

27 体液という体内環境

解答 ③

解説 初めて出会った問題でも，本文をしっかり読むとヒントが書かれている。

まず，「淡水にすむ単細胞生物のゾウリムシでは，細胞内は細胞外よりも塩類濃度が高く，細胞膜を通して水が流入する」と書かれていることから，淡水では，ゾウリムシの体内に外部から水が流入することがわかる。すると，水は細胞膜を通して，溶液の濃度が薄いほうから濃いほうに移動すると推察できる。そして，「体内に入った過剰な水を，収縮胞によって体外に排出している」とあるように，体内に入った余分な水は，収縮胞が収縮して細胞外に排出していることがわかる。

さらに，「細胞外の塩類濃度の違いに応じて，収縮胞が1回当たりに排出する水の量ではなく，収縮する頻度を変えることによって，体内の水の量を一定の範囲に保っている」と書かれているので，多量の水が体内に入ってくると，収縮胞が収縮する頻度を増やしていることがわかる。

よって，ゾウリムシの体液の濃度よりも外液が最も薄い0.00％の蒸留水のとき，体内に最も多量の水が流入し続けるので，体内の濃度を一定に保つために収縮胞の収縮頻度(1分間の収縮回数)を大きくすると考えられる。そして，外液の塩化ナトリウム水溶液の濃度を上げていくに従って，体内の濃度と外液の濃度の差が小さくなり，それだけ体内に流入する水は少なくなり，収縮胞の収縮する回数も減っていくと考えられる。

以上のことから，外液の濃度の上昇に従って，収縮胞の1分間の収縮回数が減少していくことを示している③のグラフが正しいとわかる。

なお，ゾウリムシの体内の濃度よりも高い濃度の塩化ナトリウム水溶液にゾウリムシを入れると，細胞内の水が細胞外に出ていくので，収縮胞の中に水が集まることはなく，収縮胞ははたらかなくなり，体内の水が多く出てしまい，そのうちゾウリムシは死んでしまう。

第15講 体内環境と恒常性

28 哺乳類の循環系

解答 問1 ア② イ⑦ ウ⑨ 問2 ⑤

解説 まず，心臓とつながっている血管と心臓の弁の向きを見て，(a)～(d)の心臓の各部屋，および血管名を考える。心臓から出た血液が通る血管が動脈で，心臓に向かって流れこんでくる血液が通る血管が静脈である。

心臓の弁の向きから，(a)→(b)，(c)→(d)に血液が流れることがわかるので，(a)と(c)が心房，(b)と(d)が心室。(b)から出た血液は肺に向かうので，①が肺動脈，②が肺静脈，④が大動脈とわかる。大動脈に血液を送り出している(d)は左心室なので，(a)は右心房，(b)は右心室，(c)は左心房と判断でき，図の網掛けの血液が CO_2 の多い静脈血とわかる。

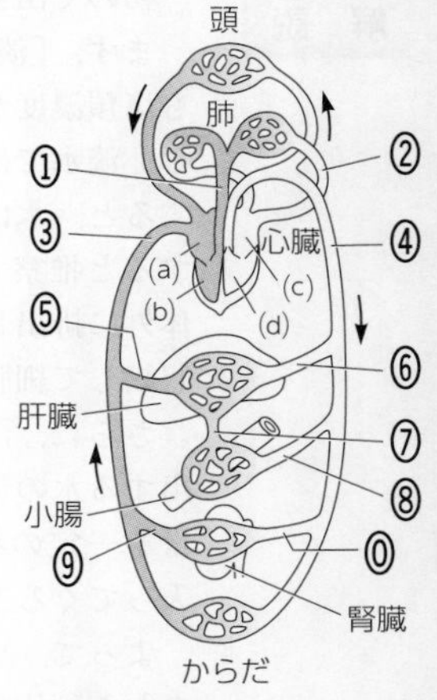

また，もう一つポイントになることとして，肝臓に向かう血管には，肝動脈と，小腸から栄養分を含んだ血液が通る肝門脈があり，それらの血液は肝静脈を経て心臓に流れるので，⑦が肝門脈であるとわかる。

問1 ア：酸素を最も多く含む血液は，肺から心臓に戻ってくる血液であり，これは肺静脈を通っているので，②である。

イ：グルコースは小腸で吸収されて肝臓へと流れる。肝臓は，余分なグルコースをグリコーゲンに変えて貯蔵するので，食後に最もグルコース濃度が高い血液が流れるのは，⑦の肝門脈である。

ウ：尿素などの老廃物が最も少ない血液とは，血液中の尿素が腎臓でこし出された後の血液であり，腎静脈を流れている。よって，⑨である。

問2 × ① 肺循環とは右心室(b)から出た血液が左心房(c)へ戻ってくる循環で，(a)に戻ってくる循環は肺循環と体循環を経ているので誤り。

× ② (b)から大動脈を経て全身に血液が送られ，心臓に戻るには，(b)→①→肺→②→(c)→(d)→大動脈→全身→③→(a)という順に血液が流れることになる。これは肺循環と体循環の両方を含むので誤り。

× ③ 左心室(d)から出た血液の大半は全身へ流れ，一部が右心室(b)との間の穴を通って右心室に入り，肺を通って左心房(c)に戻るが，全身を巡った血液は右心房に戻るので誤り。

× ④ 右心室(b)から出た血液は，左心室(d)との間の壁に穴が開いても，左心室圧に比べて右心室圧は小さいので，右心室から左心室へは流れない。そのため，すべて肺へ送られ，左心房(c)に戻ることになる。よって誤り。

○ ⑤ 左心室(d)と右心室(b)の間の壁に穴が開くと，血液の一部が左心室から右心室に流れるので，再び肺にも送り出される。よって正しい。

29 心臓の拍動

解答 問1 ⑥ 問2 ①，⑤(順不同)

解説 問1 本問の図はヒトの心臓を腹側から見たときの断面図であり，弁の向きや血管とのつながりから，心臓の4つの部屋のうち，図の右側のアの部屋が左心房，イの部屋が左心室，左側のウが右心房，エが右心室である。

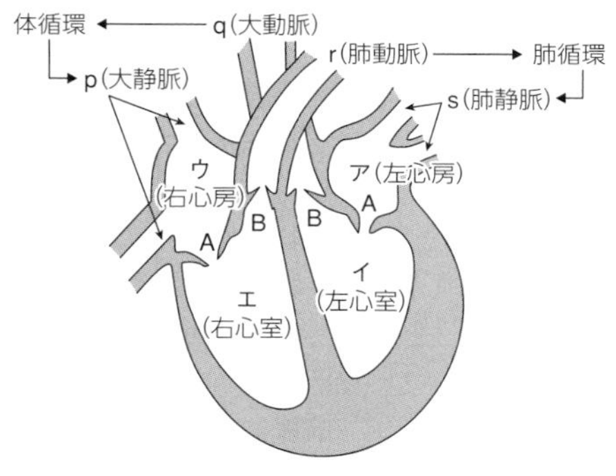

イの左心室は全身に血液を送り出すため，心臓の壁が厚いのが特徴である。

左心房とつながっているsは肺で多量の酸素を取り入れた血液が流れている肺静脈であることがわかる。

肺循環は，心臓の右心室から出て，肺を経て，左心房へと血液が戻ってくる経路をいうので，右心室から出たrは肺動脈で，ここを通って肺に行き，肺からsの肺静脈を通って左心房に戻ってくる。

よって，肺循環を担っている血管は，r，sとなる。

問2 弁Aについて，本文に「心房の内圧が心室の内圧よりも高いときに開き，低いときに閉じる」とある。つまり，弁Aが開くためには，心室内の圧力が心房内の圧力よりも低下していなければならない。また，弁Aが開くと，心房から心室に血液が流入して心室内の容量が増加していく。図2より，心室内の圧力が心房内の圧力よりも低いのは期間Iと期間Vであり，また，そのときの心室内の容量も増加していることがわかる。よって，弁Aが開いているのは，期間Iと期間Vである。

第3章

第16講 体液濃度の調節

30 腎臓のはたらき

解答 問1 ④　問2 ④

解説 問1　腎臓は，血液中からまずは低分子物質をこし取り，その中から必要な物質を再吸収して，不要なものを尿として排出する器官であり，この再吸収の際に，体液の塩分濃度を調節している。

この過程を，もう少し詳しく示しておく。腎動脈を通って入ってきた血液は，枝分かれし，曲がりくねった毛細血管からなる糸球体を通りながら，グルコース，アミノ酸，尿素，各種無機塩類など低分子物質をろ過し，それをボーマンのうに集める。このろ液を原尿という。原尿は細尿管・集合管へと送られ，原尿中に含まれる物質のうち必要な物質が，毛細血管へと再吸収され，残ったものが尿として排出される(右図参照)。

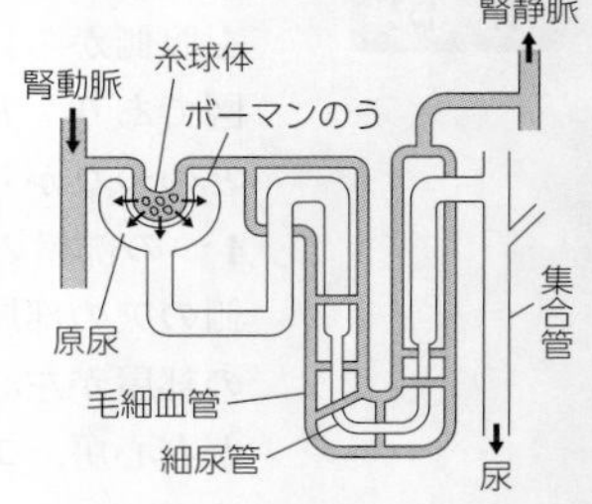

静脈にイヌリンを注入したのは，ボーマンのうにこし出される原尿量を調べるためである。それは，イヌリンがすべて糸球体でろ過され，細尿管では分解も再吸収もされないからである。つまり，こし出されたイヌリン量は排出された尿中のイヌリン量に一致するということである。

よって，1分間にこし出された原尿の体積をXmL/分とすると，その中に含まれるイヌリンの濃度は表より0.01％なので，原尿，尿の密度より，Xgの原尿中に含まれるイヌリン量はXg×0.01/100。尿は1分間に1mL生成されていて，その中にイヌリンは1.2％含まれていることから，尿中に含まれるイヌリン量は1g×1.2/100となり，これは原尿中のイヌリン量と等しいので，Xg×0.01/100＝1g×1.2/100　X＝120mL/分となる。

問2　1分間当たりに再吸収されたナトリウムイオン量は，(1分間にろ過されてできた原尿中のナトリウムイオン量)－(1分間に生成された尿中のナトリウムイオン量)で求められる。問1で1分間に生成された原尿の体積は120mL/分であり，原尿の密度より，原尿120mLは120g。原尿中のナトリウムイオンの濃度は0.3％より，原尿中のナトリウム量は120g×0.3/100となる。同様に，尿中に含まれるナトリウムイオン量は1g×0.3/100となる。よって，再吸収されるナトリウムイオンは(120g×

0.3/100) − (1 g × 0.3/100) = 0.357 g = 357 mg となる。

31 肝臓のはたらき

解答　問1　⑤　　問2　①，③(順不同)　　問3　③

解説

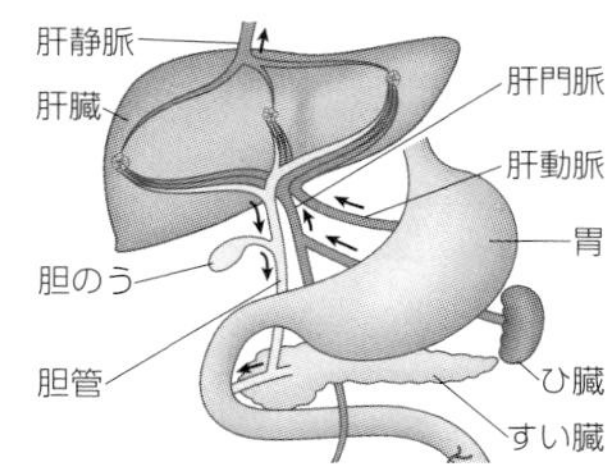

問1　図1はヒトの腹部の横断面である。肝臓はヒトの臓器の中で最大の臓器であり，腹部にある。図1の中で最も大きい臓器がオであることから，これが肝臓であり，エは胆のうである。

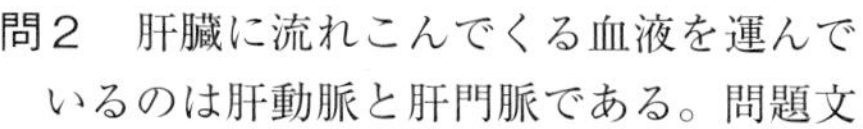

問2　肝臓に流れこんでくる血液を運んでいるのは肝動脈と肝門脈である。問題文に「管Bには酸素を多く含む血液が流れている」とあることから，流れこんでくる血液を運ぶ管A，Bのうち，管Bが肝動脈とわかるので，管Aは肝門脈，管Dが肝臓から血液を送り出す肝静脈である。よって，管Aの肝門脈から管Dの肝静脈に血液が流れこむので，①が正しい。

また，肝門脈は小腸(消化管)から吸収した栄養分を含む血液を肝臓に運ぶ血管であるので，③が正しい。管Cは胆管で，胆汁の通り道である。

問3　○ ⓐ タンパク質を合成し，血しょう中に放出する。

➪ 肝臓では栄養分の運搬や水分の保持にはたらくアルブミンというタンパク質や，血液凝固に関係するタンパク質，さらには線溶にはたらくタンパク質などを合成して血しょう中に放出しているので，正しい。

× ⓑ 胆汁を貯蔵し，十二指腸に放出する。

➪ 肝臓では，脂肪を水に溶けやすいように乳化する胆汁を合成して，胆のうに蓄える。胆汁を貯蔵しているのは胆のうなので，誤り。

× ⓒ 尿素を分解し，アンモニアとして排出する。

➪ 肝臓には，体内の各細胞でつくられた有害なアンモニアを，毒性の低い尿素につくりかえるはたらきがある。尿素を分解してアンモニアをつくって排出するのではないので，誤り。

○ ⓓ 発熱源となり，体温の保持にかかわる。

➪ 肝臓では盛んに代謝が起こっていて，発熱量が多い肝臓を通った血液は温められて全身を流れるので，肝臓は体温の保持にかかわるといえる。よって，正しい。

× ⓔ 解毒作用があり，尿を合成する。

➪ 肝臓には解毒作用があり，尿素を合成するが，尿は合成しない。よって，誤り。尿をつくるのは，腎臓である。

第17講 自律神経系のはたらき

32 自律神経系

解答 問1 ②，③，⑤，⑦，⑨，ⓐ（順不同） 問2 ② 問3 ③

解説 問1 交感神経は，脊髄から出てそのまま各器官にいかない。教科書にはかかれていないが，右図のように脊髄を出てすぐのところに交感神経幹という部分があり，交感神経は交感神経幹を経由して各器官に達する。

副交感神経は中脳や延髄，および脊髄の末端（仙髄）などから出る。

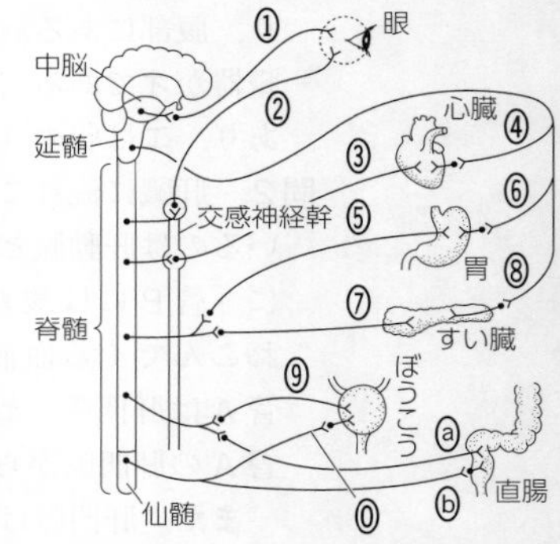

問2 副交感神経は安静時にはたらき，交感神経は興奮時にはたらくことから考える。副交感神経は①ひとみを縮小，③気管支を収縮，④心臓の拍動を抑制，⑤消化液の分泌を促進，⑥血圧を低下させるので，正しい。②副交感神経は体表近くの血管には分布せず，血管を収縮させるのは交感神経なので誤り。

問3 × ① 自律神経系には，神経分泌細胞が含まれている。

➪ 自律神経系には神経分泌細胞は含まれない。

× ② 自律神経系は，内分泌腺にははたらかない。

➪ 例えば交感神経は副腎髄質にはたらいてアドレナリン分泌を促す。

○ ③ 自律神経系は末しょう神経系に属する。

➪ 末しょう神経系は，体性神経系と自律神経系に分けられる。よって，正しい。

× ④ 自律神経系の最高位の中枢は中脳の視床下部である。

➪ 自律神経系の最高位の中枢は間脳の視床下部であるので，誤り。

33 心臓の拍動

解答 問1 ③ 問2 ② 問3 ア③ イ①

解説 問1 台の高さhが高くなれば高くなるほど，昇り降りをする際に必要な運動量も大きくなり，必要な酸素の量も多くなるため，心拍数も増加すると考えられる。

× ① 台の高さhが30になるまでは心拍数が増加しているが，それ以降は減少しているため，誤り。

× ② Xの増加とともにYも増加しているので正しいようにも思われるが，Xが0のとき，Yが0となっている。Xが0ということは台の高さが0ということである。本問では台の高さhが0のときの実験を行っているわけではないが，hが0であっても心拍数が0になるということはありえないので，誤りである。よって，③が正しい。

× ④ Xが40から50へ増加する際に，Yの値も急激に増加している。通常，ここまで急激にYが増加するとは考えられないので，誤り。

× ⑤，⑥ Xの増加とともにYは減少しているが，通常，高さの増加とともに心拍数も増加するはずなので，誤り。

問2　吸収した酸素と放出した二酸化炭素はほぼ同量なので，Xの増加とともに，Yも増加すると考えられる。

× ①，⑤，⑥ Xが増加してもYが減少しているため，誤り。

× ③ Xの増加とともにYも増加しているのは正しいが，Xが0のときにYが0よりも大きいということはないので，誤り。グラフの概形が同様に正しく，Xが0のときにYが0となっている②が正しい。

× ④ 一定量のXの増加に対してYも一定に増加すると考えられるので，誤り。

問3　心臓は心室と心房を交互に収縮させ，弁のはたらきによって血液を一方向に送り出すポンプの役割をしている。心臓のこの収縮運動を拍動といい，拍動のリズムは右心房にある洞房結節によってつくり出されている。洞房結節では意識とは関係なく，自律的・周期的に興奮が起こり，それが心房と心室の筋肉に伝わり，一定のリズムで拍動している。

運動などで組織の酸素消費量が増え，血液中の二酸化炭素濃度が上昇すると，延髄の心臓拍動中枢が二酸化炭素濃度の上昇を感知し，その情報を交感神経によって洞房結節に伝え，拍動を促進させている。

一方，運動をやめてしばらくすると，組織の酸素消費量は減少し，二酸化炭素の放出も少なくなる。血液中の二酸化炭素濃度が低下すると，延髄から副交感神経によって洞房結節に伝わり，拍動が抑制される。

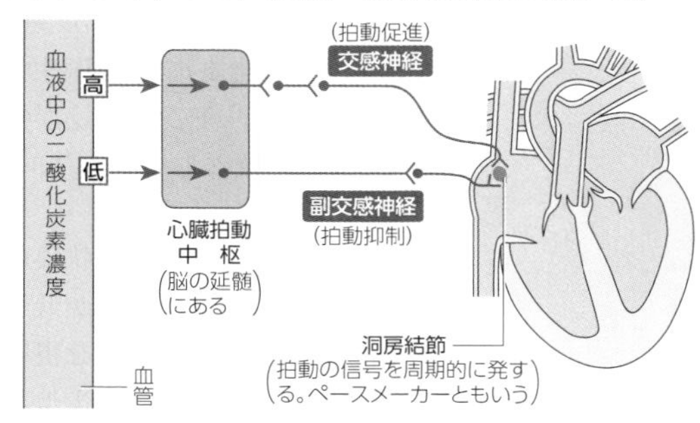

第18講 ホルモンのはたらき

34 動物のからだの調節と恒常性

解答 問1 a① b② c③ d① e③ f①
問2 ⑦，⑧（順不同）

解説 問2 甲状腺を除去するということは，チロキシンが分泌されなくなるということである。チロキシンは成長と分化を促進するので，分泌されなくなると，代謝が低下し，発熱量は減少するので体温も低下し，成長が遅れると予想される。よって，⑦，⑧が正しい。

× ① タンパク質の分解が活発に行われ，やせたネズミになった。

➪ タンパク質の分解が活発になったり代謝が盛んになったりしてやせたネズミになるのはチロキシンが過剰に分泌されたときなので，誤り。

× ② 腎臓での水の再吸収が減り，薄い尿を多量に排出するようになった。

➪ 腎臓での水の再吸収を促進するのは脳下垂体後葉から分泌されるバソプレシンのはたらきによるものであり，水の再吸収が減るのは，脳下垂体後葉が除去されるなどバソプレシンが分泌されなくなったときで，チロキシンとは関係ない。よって，誤り。

× ③ 体温調節がうまくいかなくなり，体温は気温変化に連動して変化した。

➪ チロキシンには筋肉での代謝を促すはたらきがある。甲状腺を除去するとチロキシンが分泌されなくなるため，体温の低下が一時的に見られるかもしれないが，気温変化によって体温が連動するということはない。よって，誤り。なお，体温上昇に関係しているのはチロキシンだけではない。アドレナリンや糖質コルチコイドなどのホルモンのほか，交感神経も関係していることは覚えておこう。

× ④ 成長ホルモンの分泌が高まり，大きなネズミになった。

➪ 甲状腺の除去と成長ホルモンの分泌には関係がない。よって，誤り。

× ⑤ 甲状腺刺激ホルモンの標的器官がなくなったため，手術直後から甲状腺刺激ホルモンの分泌が低下した。

➪ 甲状腺刺激ホルモンの標的器官がなくなっても，甲状腺刺激ホルモンの分泌は低下しない。チロキシンによる負のフィードバック調節がなくなるため，甲状腺刺激ホルモンの分泌量は増加する。甲状腺刺激ホルモンの分泌が低下するのは，チロキシンの分泌量が過剰になった場合で，それを視床下部や脳下垂体前葉が感知することで，視床下部からの放出ホルモンの分泌が抑制されたり，脳下垂体前葉自身が甲状腺刺激ホルモンの分泌を抑制したりするときである。よって，誤り。

× ⑥ 負のフィードバック調節がなくなり，チロキシンの分泌が高まった。

➪ すでに血液中を流れているチロキシンは使われていくので血液中のチロキシン濃度は低下し，チロキシンによる負のフィードバック調節がなくなるため，甲状腺刺激ホルモンの分泌量は増加するが，それに応答する甲状腺がないので，チロキシンが分泌されることはない。よって，誤り。

35 視床下部と脳下垂体

解答 問1 ア ③ イ ④ ウ ⑥ 問2 ⑥

解説 問1 間脳の視床下部は，内分泌腺からのホルモン分泌を調節する中枢で，ここにはさまざまな神経分泌細胞がある。図のAから視床下部を流れる血液中に分泌されたホルモンは脳下垂体前葉に流れ，そのホルモンの受容体をもつ細胞に作用し，ホルモンの分泌促進，または分泌抑制を行う。

本問では，Aから分泌された[イ]ホルモンにより，「脳下垂体から[ウ]ホルモンの分泌が促進された」とあるので，[イ]ホルモンは④放出ホルモンである。脳下垂体前葉からは，甲状腺刺激ホルモンや副腎皮質刺激ホルモンなどが分泌されるので，ここでは[ウ]は⑥甲状腺刺激ホルモン，[イ]ホルモンは甲状腺刺激ホルモン放出ホルモンである。

Bも神経分泌細胞であるが，この細胞は神経突起が脳下垂体後葉の血管まで伸びていて，直接ホルモンを血液中に放出している。この脳下垂体後葉から分泌されているホルモンは⑦バソプレシンである。

問2 副腎皮質からは糖質コルチコイドと鉱質コルチコイドの2種類のホルモンが分泌されるので①は×。チロキシンは肝臓の細胞や筋肉など多くの標的器官にはたらくので，②は×。肝臓の細胞は，インスリン，グルカゴン，アドレナリン，チロキシンなどさまざまなホルモンの受容体をもっているので，③は×。血糖濃度を上昇させるホルモンにはグルカゴン，アドレナリン，糖質コルチコイドなどがあるが，血糖濃度を低下させるホルモンは1種類(インスリン)しかないので，④は×。糖質コルチコイドは血糖濃度を上昇させるホルモンなので，血糖濃度が上昇しすぎると負のフィードバック調節を受けて分泌が抑制されるため，⑤は×。

第19講 自律神経系とホルモン

36 血糖濃度の調節

解答 問1 ④ 問2 ①

解説 グラフは，食事を始めてからのホルモンと物質の濃度変化であることに注意すること。食事を始めると血液中のグルコースの濃度(血糖濃度)が急激に上昇するので，物質Ｚはグルコースと考えられる。血糖濃度が上昇すると，血糖濃度を低下させるホルモンの分泌が増し，一方，血糖濃度を上昇させるはたらきをするホルモンの分泌は抑制される。よって，Ｘは血糖濃度を上昇させるホルモンであり，Ｙは血糖濃度を低下させるホルモンである。

問1 × ① ＸはＹの分泌を促進している。

➪ ＸがＹの分泌を促進しているのであれば，グラフのようにＸが減少すれば，それにつれてＹも減少するはずである。よって，誤り。

× ② ＺはＸの分泌を促進している。

➪ ＺがＸの分泌を促進しているのであれば，グラフのようにＺが増加すれば，それより少し遅れてＸが増加するはずである。Ｚが増加すると，反対にＸが減少しているので，ＺはＸの分泌を抑制しているといえる。よって，誤り。

グラフを見ると，Ｚが増加してから少し遅れてＹが増加しているので，ＺはＹの分泌を促進している。よって，④が正しい。

× ③ ＹはＸの分泌を促進している。

➪ ＹがＸの分泌を促進しているのであれば，Ｙが増加すれば，それより少し遅れてＸが増加するはずである。Ｙの増加とは反対に，Ｘが減少している。よって，誤り。

問2 グルコース(物質Ｚ)の濃度の上昇とともにホルモンＹが増加していることから，ホルモンＹは血糖濃度を低下させるホルモンと考えられる。よって，ホルモンＹはインスリンである。

グルコースの濃度の上昇とともにホルモンＸが減少していることから，ホルモンＸは血糖濃度を上昇させるホルモンと考えられる。血糖濃度を上昇させるホルモンは，グルカゴン，アドレナリン，糖質コルチコイドなどが考えられるが，ホルモンＹがインスリン，物質Ｚは血液中に存在するので，グリコーゲンではなくグルコースであることから，組み合わせとして正しいのは①であり，ホルモンＸはグルカゴンとなる。

37 体液濃度の調節

解答 問1 ア ① イ ④ 問2 ウ ① エ ④ オ ④

解説 問1 血液中の塩分濃度が高くなると，脳下垂体後葉からバソプレシンが分泌され，腎臓の集合管にはたらいて水を透過しやすくさせ，原尿中から集合管に分布する毛細血管への水の再吸収を促進する。それによって，血液中の塩分濃度は低下し，水分量は多くなり，血圧が上昇する。原尿中の水分量が少なくなるので，尿量は減少する。

問2 鉱質コルチコイドは腎臓でのナトリウムイオンの再吸収を促進するので，血液中のナトリウムイオン濃度は上昇，尿中のナトリウムイオン濃度は低下する。水は，細胞膜を挟んで，塩分濃度の低いほうから高いほうへと移動していくため，血液中のほうが，原尿中よりナトリウムイオンが多くなって濃くなると，原尿中の水分が毛細血管のほうへと移動し，水の再吸収量が増える。その結果，体液の量が増え，血圧が上昇する。血圧とは，心臓から押し出された血液によって血管壁が受ける圧力のことで，血液中の水分量が多いほど血管の壁が受ける圧力が高くなる。よく，塩分を取り過ぎると血圧が上がるといわれるので，血液中の塩分濃度が血圧と思っている人もいるかもしれないが，血液中の塩分濃度が高いと，消化管内や原尿などから水分が血管中に移動して，血液の水分量が多くなる結果，血圧が高くなるのである。

38 体温調節

解答 ア ② イ ⑤ ウ ⑧ エ ⓐ オ ⓒ カ ⓒ キ ⑥ ク ⓑ

解説 哺乳類など恒温動物においては，体温調節中枢は間脳の視床下部である。間脳の視床下部は自律神経系の中枢であるとともに，ホルモンの分泌を調節するうえでも中心的なはたらきをしている。

寒冷刺激を受けたり，低温の血液が脳に流れこんだりすると，下記のような反応が起こる。

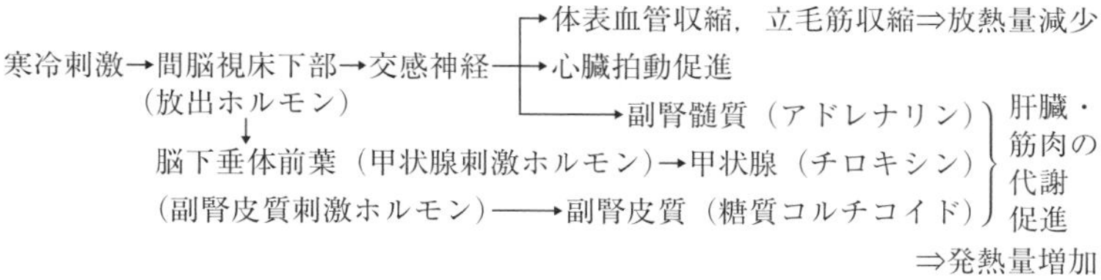

寒冷刺激→間脳視床下部→交感神経→体表血管収縮，立毛筋収縮⇒放熱量減少
　　　　　　　　　　　　　　　　→心臓拍動促進
　　　　　　　　　　　　　　　　→副腎髄質（アドレナリン）
（放出ホルモン）
↓
脳下垂体前葉（甲状腺刺激ホルモン）→甲状腺（チロキシン）
（副腎皮質刺激ホルモン）→副腎皮質（糖質コルチコイド）
（副腎髄質・甲状腺・副腎皮質）→肝臓・筋肉の代謝促進⇒発熱量増加

酸素の運搬と血液凝固

39 酸素の運搬

解答 問1 ③ 問2 (a) ② (b) ④

解説 まず，重要なポイントを整理しておこう。

＊ヘモグロビン(Hb)は酸素の多いところで酸素と結合し，HbO_2 となる。
＊ HbO_2 を多量に含んだ血液を動脈血という。
＊図２より，赤色光は Hb のほうが HbO_2 よりも吸収度合いが高い。
＊図２より，赤外光は HbO_2 のほうが Hb よりも吸収度合いが高い。

問１ × ① 動脈血では，赤色光に比べて赤外光の透過量が多くなる。

➪ 動脈血は HbO_2 を多く含む。HbO_2 の赤色光と赤外光の吸収度合いを比べたとき，赤外光のほうが高い。吸収度合いが高いということは，透過量が少ないということなので，赤外光のほうが透過量は少なくなる。よって，誤り。

× ② 組織で酸素が消費された後の血液は，赤色光が透過しやすくなる。

➪ 組織で酸素が消費された後の血液は，HbO_2 が少なく，Hb が多い。Hb は赤外光に比べ，赤色光の吸収度合いが非常に高いことから，赤色光が透過しにくいことがわかる。よって，誤り。

○ ③ 血管内の血流量が変化すると，それに伴い赤色光と赤外光の透過量も変化するため，透過量の時間変化から脈拍の頻度が推定できる。

➪ 血流量が変化すると，血管内を流れる Hb および HbO_2 の量が変化する。心臓の拍動で押し出されたときは一気に多くの血液が流れてくるので，赤色光も赤外光も Hb や HbO_2 に吸収される量が増え，透過量が減少する。その後次の拍動までは血液の流れが緩やかになるので，赤色光も赤外光も吸収される量が減り，透過量が増加する。よって，赤色光と赤外光の周期的な透過量の変化が拍動を示すことになるので，正しい。

× ④ 赤外光の透過量から，動脈を流れる Hb の総量を推定できる。

➪ 光学式血中酸素飽和度計は，動脈血中の HbO_2 の割合を求めているだけであり，Hb の総量はわからないので誤り。

問２ (a) 山頂付近で光学式血中酸素飽和度計を用いて動脈血を調べた結果，HbO_2 の割合が 80％だったので，図３の動脈血(実線のグラフ)において全 Hb における HbO_2 の割合 80％のところを見ると，(a)酸素濃度は 40 (相対値)である。

(b) 山頂付近における組織の酸素濃度(相対値)は20とあるので，このときの組織のHbO_2の割合は，図3の点線のグラフより20%。動脈血中に80%あったHbO_2が組織では20%になったので，80% − 20% = 60%が組織で酸素を解離したHbO_2である。問われているのは「動脈血中のHbO_2のうち組織で酸素を解離した割合(%)」である。動脈血中のHbO_2は80%，組織で酸素を解離したのは60%で，求めるのは80%のHbO_2のうち解離した60%の割合なので，$\frac{60}{80} \times 100 = 75\%$になることに注意。

40 血液凝固

解答 ⑤

解説 血管が傷つくと，以下のような反応が起こって止血され，その後血管が修復されると，元に戻る。

❶ 傷ついた部分から血液が流出し，その部分に血小板が集まる。

❷ 血小板から放出された物質や血しょう中の血液凝固に関係する物質などのはたらきにより，フィブリンというタンパク質でできた繊維が生成される。

❸ フィブリンに赤血球などの血球が絡まり，血ぺいができて傷口をふさぎ，出血が止まる。

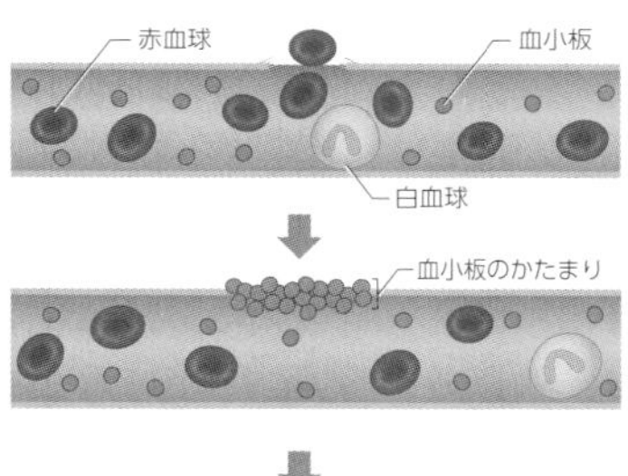

❹ その間に，血管が修復される。

❺ 血ぺいは，血しょう中にある酵素によって溶かされる(線溶)。

また，血液凝固は，採取した血液を静置した場合でも起こる。血液が容器の壁に接触することで血液凝固に関係する物質が放出され，血管が傷ついたときと同様に血しょう中にフィブリンができ，このフィブリンに赤血球などの血球が絡まり，凝固して血ぺいができる。血ぺい以外の，黄色みがかった透明な液体は血清とよばれる。

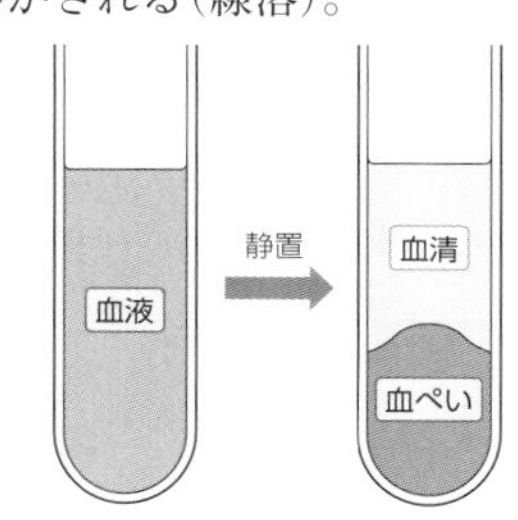
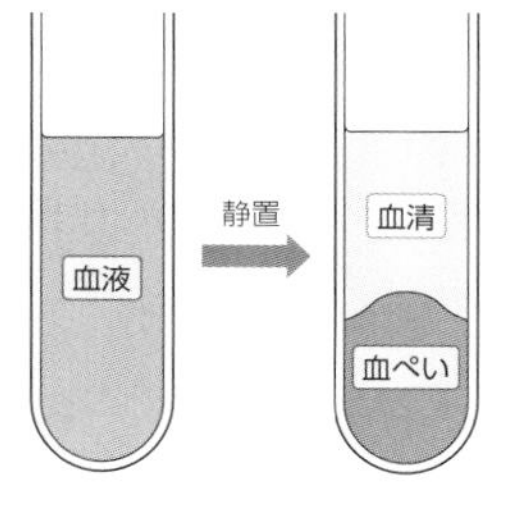

血清は血しょうからフィブリンのもとになる物質を除いたものである。
血清 = 血しょう − フィブリンのもとになる物質

第21講 免疫

41 自然免疫と適応免疫

解答 問1 ② 問2 ア① イ④ 問3 ③ 問4 ④

解説 免疫には一般に，物理的・化学的な防御および食作用を含む自然免疫と，その自然免疫を通り抜けてきた異物に対して特異的にはたらく，体液性免疫と細胞性免疫からなる適応免疫がある。

免疫
- 自然免疫
  - 物理的・化学的防御(皮膚，粘膜，粘液など)
  - 食作用(好中球，マクロファージ，樹状細胞)
  - ナチュラルキラー細胞(NK 細胞)による攻撃
- 適応免疫
  - 体液性免疫：形質細胞が放出する抗体による免疫
  - 細胞性免疫：おもにキラーT細胞による免疫

問1 物理的防御とは，皮膚(角質層)や粘膜から分泌される粘液，さらに繊毛の運動により病原体や異物の侵入を防ぐしくみである。

化学的防御では，皮膚にある皮脂腺や汗腺，粘膜などから分泌される化学物質により病原体の繁殖を防いでいる。だ液，涙，汗や粘膜から分泌された粘液中にはリゾチームという酵素があり，細菌の細胞壁を分解する。また，細菌の細胞膜を分解するディフェンシンというタンパク質も含まれている。

＊消化管の内壁や皮膚には，多数の細菌(常在菌)が生息し，病原体の繁殖を防ぐ。

〈食作用〉

物理的・化学的防御を通り抜けて体内に異物が侵入したときは，白血球の一種である好中球，マクロファージ，樹状細胞が，自らの細胞内に取り込んで分解し，排除する。これを食作用という。

× ② ナチュラルキラー細胞(NK 細胞)は，ウイルスに感染した細胞を食作用により排除する。

⇨ ナチュラルキラー細胞(NK 細胞)は，病原体に感染した細胞やがん細胞の特徴を認識して，その細胞を直接攻撃して排除するが，食細胞ではない。よって，誤り。NK 細胞による攻撃も自然免疫に含まれることを覚えておこう。

問2 大腸菌をマウスの腹腔内に注射したとき，大腸菌が侵入したことを感知しすぐに血管壁から抜け出したり，周囲の組織から集まったりする白血球は，好中球やマクロファージである。考察文に「食作用により大腸菌を排除する」とあるので，NK 細胞ではない。

問3　適応免疫に関与するのは，抗原提示をする樹状細胞やその情報を伝えるヘルパーT細胞，ヘルパーT細胞による食作用の増強を受けるマクロファージ，抗体産生をするB細胞，異物や病原体を攻撃するキラーT細胞である。NK 細胞は自然免疫を担う細胞であり，適応免疫には関係しない。

問4　食作用をもつものは，好中球，樹状細胞，マクロファージである。リンパ球には，B細胞，T細胞，NK 細胞が含まれるが，いずれも食作用によって異物や病原体を排除するのではない。

> 白血球の種類
> 好中球，マクロファージ，樹状細胞……食作用をもつ。
> リンパ球(B細胞，T細胞，NK 細胞)…食作用をもたない。

B細胞は多様で，それぞれは決まった1種類の抗原しか認識できず，認識できる抗原を取りこんで分解し，抗原の一部を細胞外に提示するが，これは異物や病原体を取りこんで分解する食作用とは別のはたらきである。

キラーT細胞や NK 細胞は感染細胞などを攻撃して死滅させる。感染細胞を自らの細胞内に取りこんで分解する食作用ではないことに注意。

第3章

42 ABO 式血液型と血液凝集反応

解答　問1 ①　問2 A型 ⑤ AB型 ①

解説

問1　図を見ると，A型標準血清(凝集素 β)とは反応せず，B型標準血清(凝集素 α)とだけ反応して凝集反応を起こしている。よって，この人は凝集原Aだけをもつので，A型と判断できる。

問2　このような問題は方程式を立てて解くとよい。

A型標準血清に反応するのはB型とAB型の人であり，B型標準血清に反応するのはA型とAB型の人である。AB型の人が最も少なく，O型の人の8分の1とあるので，AB型の人の人数をX人とおくと，O型は8Xと表すことができる。

A型の人の人数をY人，B型の人の人数をZ人とすると，

A型標準血清に反応した人はB型とAB型の人なので，Z＋X＝17（人）

B型標準血清に反応した人はA型とAB型の人なので，Y＋X＝48（人）

よって，Z＝17−X，Y＝48−X となり，また，AB型，O型，A型，B型を合わせると100人になるので，

X＋8X＋Y＋Z＝X＋8X＋(48−X)＋(17−X)＝100（人）

これを解いて，X＝5（人）…AB型

O型＝8X＝40（人），A型＝48−5＝43（人），B型＝17−5＝12（人）

 免疫のしくみと病気

43 免疫のしくみ

解答 問1 ⓐ② ⓑ⑤ 問2 ① 問3 ③ 問4 ③

解説 問1 図は，ウイルスが初めて体内に入って感染してからの時間経過と，ウイルス感染細胞を直接攻撃する2種類の細胞ⓐ，ⓑのはたらきの強さの変化を示したものである。

ウイルス感染細胞を直接攻撃する細胞には，ナチュラルキラー細胞(NK細胞)とキラーT細胞がある。NK細胞による攻撃は自然免疫で，感染直後から素早く感染細胞を攻撃するので，細胞ⓐはNK細胞であると判断できる。一方，細胞ⓑはウイルス感染後6～7日目から強くはたらいて完全にウイルスを消滅させていることから適応免疫であり，ウイルス感染細胞を攻撃するのは細胞性免疫なので，キラーT細胞であるとわかる。

× ① マクロファージは食作用によって異物を排除するが，ウイルス感染細胞を直接攻撃するのではない。

× ③ B細胞が分化した形質細胞は抗体を産生し，抗原を抗原抗体反応によって排除する体液性免疫を担う細胞であり，ウイルス感染細胞を直接攻撃する細胞ではない。

× ④ ヘルパーT細胞は，樹状細胞の抗原提示を受け，その情報をB細胞に伝えて形質細胞への分化を促したり，キラーT細胞に伝えて抗原や感染細胞への攻撃を活性化させたりするはたらきをするが，自らが感染細胞を直接攻撃することはない。

問2 ○ ① がん細胞を認識して，直接攻撃し排除する。

➪ がん細胞を認識して直接攻撃し排除するのは，自然免疫に含まれるNK細胞と，適応免疫のうちの細胞性免疫を担うキラーT細胞である。よって，正しい。

× ② ヘビの毒をあらかじめ接種したウマから得られた血清を，ヘビにかまれたヒトに注射すると，ヘビの毒素は無毒化される。

➪ ウマから得られた血清の中には，ヘビ毒に対する抗体が多量に含まれていて，これをヘビにかまれたヒトに注射することにより，ヒトの体内に入っているヘビ毒と抗原抗体反応によって無毒化している。これは，体液性免疫を用いた血清療法であるので，誤り。

× ③ エイズ(AIDS)を引き起こす。

➡ エイズはヒト免疫不全ウイルス(HIV)がヘルパーT細胞に感染して破壊することによって，体液性免疫や細胞性免疫が弱まり，さまざまな日和見感染が生じる病気である。適応免疫が抑制される病気ではあるが，細胞性免疫のはたらきの例ではなく，ヘルパーT細胞の破壊によるものである。

× ④ スギやブタクサの花粉を抗原として認識し，花粉症が起こる。

➡ 花粉症はアレルギーの一種で，スギやブタクサの花粉が抗原(アレルギーを引き起こす抗原を特にアレルゲンという)となっている。アレルギーは免疫反応が過敏に起こって生体に不都合な影響を与えている場合をいい，花粉症は，抗原抗体反応，つまり体液性免疫が生体に不利にはたらく例である。

× ⑤ 抗体が結合した抗原は，マクロファージの食作用により排除される。

➡ 抗体が結合した抗原と書かれているように，抗体が関与しているので，体液性免疫である。抗原抗体反応によってできた抗原抗体複合体がマクロファージに取りこまれて分解されるという一連の流れは，体液性免疫の例である。

問３　皮膚移植による拒絶反応は，細胞性免疫の機構がはたらいて起こる。その過程は次の通りである。まず，自己とは異なる皮膚などの移植を受けると，非自己と認識される。次に，樹状細胞が移植された非自己の皮膚の一部を抗原として提示し，その抗原に反応するヘルパーT細胞とキラーT細胞を活性化する。キラーT細胞は増殖し，移植された皮膚細胞を攻撃し，脱落させる。

つまり，移植を受けた側にT細胞がないと，この拒絶反応は起こらない。マウスＸ，Ｙには生まれつきT細胞が存在しないので，異物を入れても適応免疫が起こらない。よって，移植を受ける側のマウスがＸかＹであれば，自己と同じ型だけでなく非自己の型のマウスの皮膚を移植しても拒絶反応は起こらないので，①，②，④，⑤では拒絶反応が起こらない。拒絶反応が起こるのは，T細胞をもっているマウスＺにマウスＸかＹの皮膚を移植したときだけである。マウスＺに同種のマウスＺの皮膚を移植しても拒絶反応は起こらない。よって，正解は③である。

問４　初めて抗原(本問は抗原Ａ)が入ってきたときは，1回目の破線のグラフのように，抗原が侵入して20日に抗体濃度1のところまで上昇する。よって，2回目のときに抗原Ａとは異なる抗原Ｂを注射すると，1回目に抗原Ａを注射した後の抗体濃度の増加と同じ変化を示す。

一方，2回目に同じ抗原Ａを注射すると，1回目の注射で記憶細胞ができているので，速やかで強力な二次応答が起こる。よって，1回目の注射後に見られた反応よりも短期間に，さらに，抗体濃度の相対値も1より圧倒的に多くなっているグラフを探す。よって，正解は③となる。

第23講 実践問題

第1問

解答　問1　④　　問2　①，④（順不同）　　問3　③

解説　問1　ヒトの血管系では，心臓から出る動脈は分岐して各組織に入り，毛細血管となって組織内を通り，毛細血管が集まって静脈となり，心臓へとつながる。ヒトの体内の血液の流れを左心室から簡潔に示すと，下記のようになる。

体循環	左心室→大動脈→全身・毛細血管→大静脈→右心房
	↑（左心房→左心室）　　　　　　　　　↓（右心房→右心室）
肺循環	左心房←肺静脈← 肺・毛細血管 ←肺動脈←右心室

このように，肺循環と体循環はつながっているので，1分間に体循環で流れる血液は，肺循環で流れてきた血液と同量である。

つまり，1分間の体循環の血流量＝1分間の肺循環の血液量である。

よって，表より，安静時の体循環の血流量は，

0.75＋0.25＋1.25＋1.00＋1.00＋0.25＋0.50＝5.00L であるから，1分間の肺循環の血液量も 5.00L/分となり，④ 5.00 が正しい。

問2　安静時と運動時の血流配分率と血流量の変化を表から読み取ればよい。

○ ① 骨格筋への血流配分率が増えているので，運動の継続に必要な酸素の骨格筋への供給量が増加している。

➪ 骨格筋への血流配分率は，安静時の20%から運動時は74%に増えている。運動に必要なATP合成のため，呼吸に必要な酸素を供給したと考えられるので，正しい。

× ② 皮膚への血流配分率が増えているので，体表からの熱の放散が抑制されている。

➪ 皮膚への血流配分率は安静時が5，運動時が9で，わずかに増えているが，体表近くの血管の血流量が増加すると熱の放散が促進されるので，誤り。体表からの放熱量を抑制する際は，交感神経がはたらいて，皮膚の血管を収縮させ，血流量を減らしている。

× ③ 心筋への血流配分率が変化していないので，心臓の拍動に必要なエネルギーの供給量が不足している。

➪ 心筋への血流配分率は安静時も運動時も5%であるが，血流量は0.25L/分から1.25L/分へと増加していて，それぞれの状況下で必要量を供給していることがわかるので，誤り。エネルギーの供給量

が不足すれば運動時に心臓の拍動は減少してしまう。

○ ④ 肝臓・消化管への血流配分率が減っているので，減った分の血液が血流量の増加する器官に供給されている。

➪ 肝臓・消化管の血流配分率は，安静時は25%であるが，運動時は4%になっていることから，運動時には肝臓・消化管への血流配分率を抑え，骨格筋などの運動に必要な器官や組織に血液が多く流れるようにしていることがわかる。よって，正しい。

× ⑤ 脳への血流配分率が減っているので，脳へ供給されるグルコースの量が減少している。

➪ 脳への血流配分率は，15%から4%になってはいるが，血流量は0.75L/分から1.00L/分になっていて，運動時のほうが血流量は増えているので，脳へのグルコース供給量は増加している。よって誤り。

× ⑥ 腎臓への血流配分率は減っているが，つくり出される原尿の量は増加している。

➪ 腎臓への血流配分率は20%から3%に減り，血流量も1.00L/分から0.75L/分に減少している。腎臓への血液量が減少すると，その分ろ過される血液量が少なくなるので，原尿量は減少する。よって誤り。

問3　運動中に優位にはたらいている自律神経は，交感神経である。運動をやめると，体の状態を安静状態に戻すために副交感神経がはたらく。副交感神経がはたらくと，①瞳孔(ひとみ)の縮小，②心臓の拍動数(心拍数)の減少，④胃のぜん動運動の促進，⑤気管支の収縮が起こる。

×　③　立毛筋を収縮させるのは交感神経である。また，副交感神経は立毛筋に分布していない。よって，誤り。

第3章

第2問

解答

問1　⑦　　問2　②　　問3　Ⅲ ④　Ⅳ ②

問4　ア ②　イ ③　ウ ①　エ ⑤　　問5　⑥　　問6　オ ①　カ ⑤

解説

問1　変態を促進させるホルモンは甲状腺から分泌される甲状腺ホルモン(チロキシン)であり，甲状腺ホルモンは，間脳の視床下部や脳下垂体前葉が存在している場合，次のような経路を経て分泌が促進される。

間脳の視床下部（神経分泌細胞）――甲状腺刺激ホルモン放出ホルモン→脳下垂体前葉――甲状腺刺激ホルモン→甲状腺――チロキシン→全身

間脳の視床下部をすりつぶすと，その抽出液には甲状腺刺激ホルモン放出ホルモンが，脳下垂体をすりつぶすとその抽出液には甲状腺刺激ホルモンが，甲状腺をすりつぶすとその抽出液にはチロキシンが含まれている。形態指標1の幼生には，間脳視床下部，脳下垂体前葉，甲状腺が存在しており，チロキシンだけでなく，甲状腺刺激ホルモン放出ホルモンや甲状腺刺激ホルモンを注射してもチロキシンの分泌が促進されるので，間脳の視床下部，脳下垂体，甲状腺のいずれの抽出液にも，チロキシンを増やす効果がある。

問2　チロキシンの分泌調節は負のフィードバックによって起こる。具体的には，血液中のチロキシンが過剰になると，下図の破線のように，間脳の視床下部の神経分泌細胞にはたらいて，甲状腺刺激ホルモン放出ホルモンの分泌が抑制される。また，脳下垂体前葉からの甲状腺刺激ホルモンの分泌も抑制される。その結果，甲状腺は刺激されないのでチロキシン分泌が抑制される。反対に，血液中のチロキシンが不足すると，下図の実線のような過程を経て，チロキシン分泌が促進される。

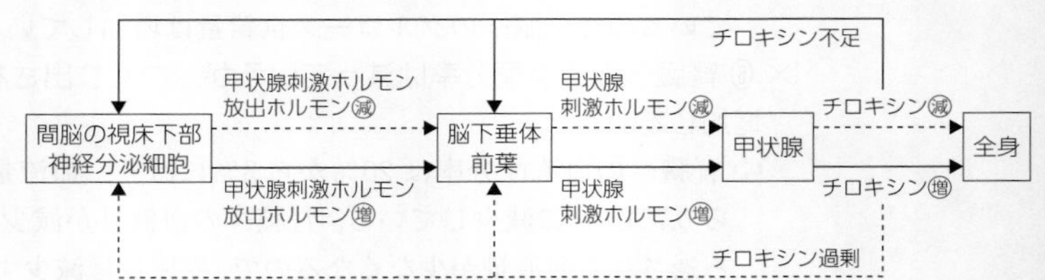

ここでは脳下垂体を摘出したので，甲状腺刺激ホルモンが分泌されなくなり，甲状腺は刺激されなくなるのでチロキシンの分泌も停止する。血液中のチロキシンが少ないので，チロキシン分泌を促進するために上記の図の実線の経路がはたらくが，脳下垂体がないことも考慮する。

○ ① 甲状腺刺激ホルモン放出ホルモンの分泌量が増す。

➪ チロキシンの不足した血液が間脳に流れてくると視床下部の神経分泌細胞が脳下垂体前葉を刺激するために，甲状腺刺激ホルモン放出ホルモンを多量に分泌するので，正しい。

× ② 甲状腺が肥大する。

➪ 脳下垂体を摘出したので，甲状腺刺激ホルモンが分泌されないため，甲状腺は次第に萎縮する。よって，誤り。

○ ③ チロキシンの分泌量が減少する。

➪ 甲状腺刺激ホルモンがないのだから，甲状腺はチロキシンを分泌しなくなるので，正しい。

○ ④ 甲状腺刺激ホルモンの分泌がなくなる。

➪ 脳下垂体前葉がないので，甲状腺刺激ホルモンは分泌されない。

よって，②が正答である。

問3　実験１は形態指標１の幼生を用い，対照実験群，チロキシン投与群，化学物質Ｘ投与群，チロキシンおよび化学物質Ｘ投与群として飼育し，3週間後の形態指標を図２で示している。対照実験群の場合は，図１において3週間(21日)後では形態指標が6となっている。図２において形態指標が6なのはⅡなので，Ⅱが①対照実験群とわかる。対照実験群よりも形態指標が低い4があるということは，変態を抑制されたということであり，チロキシンを加えると変態は促進され，形態指標は対照実験群より進むはずなので，化学物質Xが変態を抑制すると判断できる。よって，Ⅰは③化学物質X投与群，形態指標が12で最もよく変態が促進されているⅣが②チロキシン投与群，Ⅳよりは変態の進行が抑制されているⅢが④チロキシンおよび化学物質X投与群である，と判断できる。

よって，Ⅰが③，Ⅱが①，Ⅲが④，Ⅳが②である。

問4　血糖濃度が上昇したときに分泌されているホルモンYはインスリンで，インスリンはすい臓から分泌される。問題文中に，「ホルモンXとホルモンYは同一器官から分泌されている」とあり，血糖濃度が減少するとホルモンXが増え始め，血糖濃度も上昇していることから，ホルモンXは血糖濃度を上昇させるホルモンであり，インスリンと同じ器官から分泌されることから，グルカゴンであるとわかる。

問5　血糖濃度を上昇させるしくみについての問いであることに注意する。

× ⓓ バソプレシンが分泌され，原尿に含まれる糖の再吸収が促進される。

➪ バソプレシンは腎臓の集合管にはたらいて水分の再吸収を促進するホルモンであり，糖の再吸収を促進するホルモンではないので誤り。

○ ⓔ アドレナリンが分泌され，肝臓でのグリコーゲンの分解が促進される。

➪ 副腎髄質から分泌されるアドレナリンは肝臓にはたらいて，貯蔵しているグリコーゲンをグルコースに分解する反応を促進して血糖濃度を上昇させるので，正しい。

○ ⓕ 糖質コルチコイドが分泌され，タンパク質からのグルコース合成が促進される。

➪ 肝臓に貯蔵されていたグリコーゲンの分解だけではグルコースが不足するようなときには，副腎皮質から糖質コルチコイドが分泌され，タンパク質からグルコースをつくる反応が促進されるので，正しい。

問6　ホルモンはそれぞれ作用する器官や細胞が決まっている。作用する器官を標的器官，細胞を標的細胞といい，標的細胞はそれぞれ作用を受けるホルモンが結合する受容体をもっている。ホルモンは血液中に放出され，全身を巡って標的細胞の受容体と結合して作用するので，作用が生じるまでの時間は長い。一方，自律神経系は作用する器官に直接つながり，神経の中を電気信号が伝わることで作用するため，作用が生じるまでの時間は短い。

第3問

解答　問1　②　　問2　④　　問3　①　　問4　⑥

解説

問1　マウスに致死性の毒素を注射した直後に，毒素を無毒化する抗体を注射したところ，マウスが生存できたことから，注射した抗体が毒素と抗原抗体反応を起こして無毒化したことがわかる。これは，あらかじめヘビ毒をウマなどに注射して，ヘビ毒に対する抗体をつくらせ，そのウマから抗体を含む血清を取り出して，ヘビにかまれたヒトに注射するという⑥の血清療法と同じ原理がはたらいている。

× ⓐ 予防接種の原理がはたらいた。

➪ 予防接種とは，致死性の毒素ではなく，無害にした毒素（ワクチン）をあらかじめ注射し，免疫記憶をつくらせて発病を防ぐものであるので，誤り。

× ⓒ このマウスのＴ細胞がはたらいた。

➪ このマウスの体内では，注射した抗体と毒素が抗原抗体反応をすることで無毒化されているので，このマウスのＴ細胞は関与していない。よって誤り。

× ⓓ このマウスのＢ細胞がはたらいた。

➪ 抗体をつくるためにはＢ細胞がはたらく必要があるが，注射した抗体はマウスとは異なる動物を用いてつくられたものであり，このマウスのＢ細胞がはたらいたものではない。よって誤り。

問2　無毒化したウイルスＷをワクチンとしてマウスに注射して，マウス体内でウイルスＷに対する抗体をつくらせているので，これは体液性免疫である。体液性免疫では，まず，樹状細胞がウイルスＷを食作用によって取りこみ，リンパ節に移動して抗原提示する。提示された抗原を認識できるヘルパーＴ細胞がそれに結合して活性化されると，ウイルスＷの抗原を取りこんでその断片を提示しているＢ細胞を活性化する。そのＢ細胞は増殖し，形質細胞へと分化して，多量の抗体を産生し，放出する。

よって，接触する場所はリンパ節内で，接触する細胞は抗原提示している樹状細胞とヘルパーＴ細胞か，ヘルパーＴ細胞とＢ細胞なので，選択肢の中で正しいものは，④リンパ節における樹状細胞とヘルパーＴ細胞である。

問3　実験２は，マウスＹにマウスＸの皮膚を移植して，細胞性免疫により拒絶反応を起こしたマウスＹに，再度マウスＸの皮膚を移植すると，より速く強い拒絶反応を起こしたという実験である。より速く強い拒絶反応が起こったのは，免疫記憶が成立していたためであるので，ⓛが正しい。

問４　実験３～実験５では，無毒化していないウイルスWをいろいろなマウスに注射しても，マウスが生存していた。その理由を考える問題である。

実験３では，事前にウイルスWを無毒化したものをワクチン注射して抗体をつくらせたマウスRを用いているので，無毒化していないウイルスWを注射しても，ウイルスWに対する免疫記憶があり，二次応答を起こすため，マウスRは生存できたと考えられる。よって，ⓕが正しい。

実験４は好中球を完全に欠いているマウスSである。マウスSが生存できたのは，マウスRの血清中にウイルスWに対する抗体が存在しているので，それをマウスSに注射した後，マウスSに無毒化していないウイルスWを注射しても，抗原抗体反応によってウイルスWが無毒化されたためと考えられる。よって，ⓖが正しい。

実験５は抗体を産生するB細胞を欠いているマウスTに，まず無毒化したウイルスWを注射した後，２週間後に無毒化していないウイルスWを注射している。マウスTが生存できたのは，予防接種を行い人工的に免疫記憶をつくらせた結果であるが，マウスTにはB細胞が存在しないので，抗体を産生する体液性免疫は起こらない。よって，キラーT細胞がはたらいたと考えられる。したがって，ⓙが正しい。

第24講 植生と階層構造

44 さまざまな植生

解答 問1 ア⑥ イ④ ウ③ エ① 問2 ③

解説 問1 植生を形成している種のうち，個体数が多く，さらに占有面積の広い種を優占種という。植生の外観を相観といい，相観は森林，草原，荒原などに大別され，年降水量が極端に少ない地域や，年平均気温が極端に低温の地域では，砂漠やツンドラなどの荒原となる。

問2 × ① 生活形の分類は，生活様式によって分類するものであり，姿や形によって分類するものではない。

➪ 生活形は，生活様式，姿や形など，いろいろな方法で分類する。よって，誤り。

× ② 生活形の分類には，樹木の葉の形から落葉樹と常緑樹に分ける方法がある。

➪ 冬に葉を落とす落葉樹か落とさない常緑樹かという分類は，葉の形による分類ではなく，年平均気温の違いによる植物の生活様式による分類である。よって，誤り。なお，葉の形態に着目すると，針葉樹と広葉樹に分けることができる。

○ ③ 距離が離れていても，似ている環境の場所には同じような生活を行う植物が分布していることが多い。

➪ 例えば，南アメリカの熱帯多雨林に多く見られるマメ科の植物と，東南アジアの熱帯多雨林に多く見られるフタバガキ科の植物は，ともに樹高の高い常緑広葉樹である。また，アメリカの乾燥地に多く見られるサボテン科の植物と，アフリカの乾燥地に多く見られるトウダイグサ科の植物は，ともに茎や葉が多量の水分を含んでおり，多肉植物の形をしている。このように，気温と降水量が似ている環境では，同じような生活形をもつ植物が分布する。よって，正しい。

× ④ 土壌中に含まれる養分が同じような地域では，そのほかの環境が異なってもその地域の植物の生活形はほぼ同じになる。

➪ 生活形は土壌中に含まれる養分も関係しているが，それだけで決まるわけではなく，気温や降水量など，さまざまな要因によって決まっている。例えば，土壌中に含まれる養分が同じであっても，年間の降水量が少なすぎると砂漠(乾燥地)になり，年間の降水量が十分であれば森林になったりする。よって，誤り。

45 森林と光の強さ

解答 問1 ②，③(順不同)　問2 ③　問3 イ ②　ウ ④　エ ③
問4 ⑤

解説 問1　その地域が森林になるか草原になるか荒原になるかは，年平均気温と年降水量によって異なってくる。年降水量の多い地域では森林が成立し，年降水量の少ない地域では草原が見られる。年降水量が極端に少ない地域や年平均気温が極端に低い地域では荒原が見られる。

問2　バイオームとは，その地域の植生とその地域にすむ動物などを含めた生物のまとまりのことである(→本冊 *p*.116)。

本問では，「ある地域に生育する植物全体」とあるので，バイオームではなく，植生である。

いろいろな植物が生育する植生内部では，明るさや湿度などの垂直方向の変化が大きくなり，構成する植物の高さによって階層構造が見られる(下図)。

問3　森林内では階層構造が発達しており，下図のようになっている。

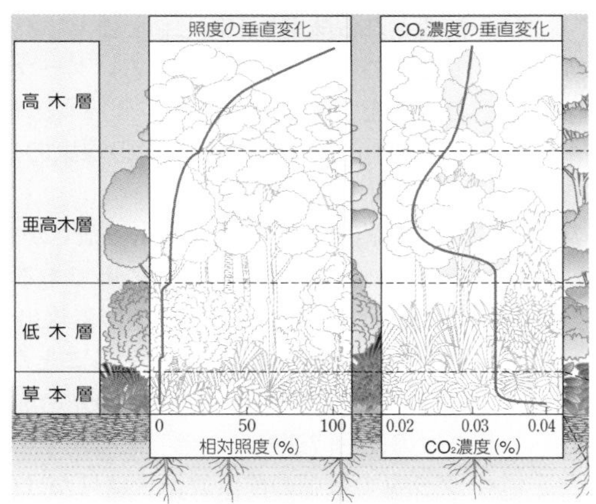

問4　上図からわかるように，林冠に分布する葉に光がさえぎられるので，森林内の相対照度は林冠から下層に向かうと一気に低下する。よって，⑤が正しい。

なお，グラフの③は CO_2 の濃度変化を示している。①は，林冠から林床に向かうに従って高くなっているので，湿度の変化を示したグラフである。

第25講 植物と光合成

46 光の強さと光合成

解答 ⑤

解説 グラフをしっかり読み取ることが重要である。横軸は時間(分)，縦軸は酸素放出量(相対値)で，光強度0(暗黒)のときは−1，光強度25のときは0となっていることから，縦軸は光合成で発生した酸素と呼吸で吸収した酸素の差，つまり見かけの光合成速度であることに注意する。

また，光合成速度と書かれている場合は，実際の光合成速度のことであり，光合成速度＝見かけの光合成速度＋呼吸速度　であることにも注意する。本問で見かけの光合成速度や呼吸速度(放出量 / 時間)を比較する場合は，同じ時間，例えば7分のところの酸素放出量を見るとよい。

○ ① 樹木Xの緑葉の光補償点の光強度は25と考えられる。

➪ 光補償点とは，光合成によって放出される酸素量と呼吸によって消費される酸素量が同じ値となり，見かけ上，酸素放出量が0になるときの光強度のことである。グラフから，酸素放出量が0となるときの光強度は25である。よって，正しい。

○ ② 光強度1000では，樹木Xの緑葉の光飽和点に達していると考えられる。

➪ 光飽和点とは，それ以上光の強さが強くなっても光合成速度が増加しないときの光の強さのことである。グラフを見ると，光強度が1000のときと1500のときの酸素放出量は同じであるから，光強度1000では光飽和点に達していることがわかる。よって，正しい。

○ ③ 光強度200のときの見かけの光合成速度は，光強度50のときの見かけの光合成速度の5倍である。

➪ グラフの縦軸の酸素放出量は見かけの光合成速度を表しているので，その値を読み取る。7分後の値を読み取ると，光強度が50のときの酸素放出量は1，光強度が200のときの酸素放出量は5より，5倍になっている。よって，正しい。

○ ④ 光強度100のときの光合成速度は，光強度25のときの光合成速度の4倍である。

➪ 比較するのは光合成速度であることに注意する。7分後の値で比較すると，光強度100のときの光合成速度は$3+1=4$，光強度25のときの光合成速度は$0+1=1$で，4倍になっている。よって，正しい。

× ⑤ 光強度が 200 までは，樹木Xの緑葉の光合成速度は光の強さに比例している。

➪ 光強度 25 から 200 までの光合成速度を比較する。7 分後に着目すると，

光強度	25	50	100	200
見かけの光合成速度	0	1	3	5
呼吸速度	1	1	1	1
光合成速度	1	2	4	6

となる。強度 100 までは光強度に比例して光合成速度も増加しているが，光強度 100 から 2 倍の 200 になっても光合成速度は 4 から 6 へ 1.5 倍しか増加しておらず，比例していない。よって，誤り。

47 陽生植物と陰生植物

解答 ⑤

解説

光合成速度＝見かけの光合成速度＋呼吸速度　であることに注意する。

×ア　aの光の強さでは，光合成速度は植物Yのほうが植物Xより大きい。

➪ aの光の強さでは，植物Xと植物Yのグラフの傾きはほぼ同じなので，光合成速度は植物XとYで変わらない。よって，誤り。

×イ　bの光の強さでは，光合成速度は，植物Xと植物Yで等しい。

➪ 見かけの光合成速度は同じであるが，植物Xのほうが呼吸速度は大きいので，光合成速度も植物Xのほうが大きい。よって，誤り。

○ウ　cの光の強さでは，植物Xのほうが植物Yよりも多くの酸素を放出する。

➪ 見かけの光合成速度が大きいほど光合成が盛んに行われているので，酸素を放出する量は多くなる。よって，正しい。

○エ　さく状組織は，植物Yよりも植物Xのほうが発達しているものが多い。

➪ さく状組織が発達している葉のほうが，強い光のもとでの光合成速度が大きい。植物Xのほうがこのような性質をもつので，正しい。

×オ　植物Xは陰生植物であり，植物Yは陽生植物である。

➪ 陽生植物は，呼吸速度が大きく，光補償点も高い。また，強い光のもとでは光合成速度が大きい。陰生植物は，呼吸速度が小さく光補償点も低い。以上より，植物Xは陽生植物，植物Yは陰生植物と考えられる。よって，誤り。

第26講 植生の遷移

48 植生の遷移

解答
問1　a ⑤　b ⑨　c ①　d ②　e ⑦　f ⓪　g ③
問2　ア ①　イ ②　ウ ④　　問3　②

解説
問1，2　遷移には一次遷移と二次遷移がある。aは裸地から始まっているので一次遷移である。日本の暖温帯で降水量が比較的多い地域での一次遷移では，次のような遷移が見られることが多い。

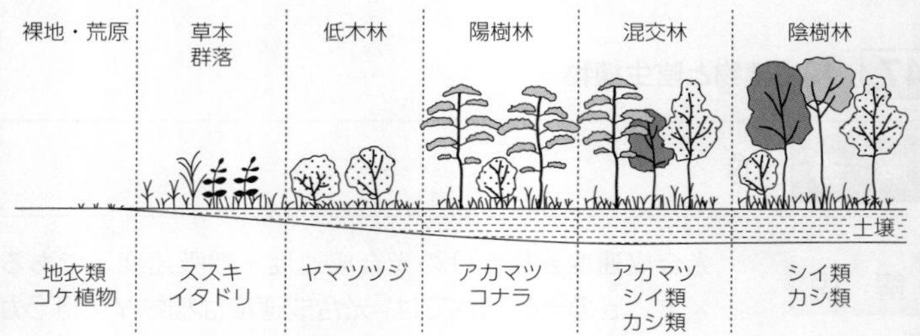

上図のように，裸地に地衣類・コケ植物が侵入し，その枯死体などが蓄積すると，しだいに土壌ができ，一年生草本，そしてススキやイタドリなどの多年生草本へと移り変わる。その結果，土壌はさらに厚くなり，木本植物が生育できるようになって，ヤマツツジやヤシャブシなどの低木が育ち，アカマツやコナラ，ミズキのような陽樹林の植生へと変わる。陽樹林の林床はうす暗いため，陽樹の幼木は育たず，陰樹の幼木のみが育つので，最終的にはシイ類やカシ類の陰樹林となって安定する(極相)。

fは山林火災や森林の伐採などによってできた場所から始まっている遷移なので，二次遷移である。二次遷移の特徴は，

・土壌が形成されていること。

・植物の種子や地下茎，根などが土壌中に含まれていること。

などによって，遷移の進行が一次遷移よりも速いということである。

問3　陽樹林が生育すると，成木によって太陽の光が林床まで届きにくくなるため，林床は暗くなる。そのため，陽樹の芽生えが育たなくなる。しかし，陰樹の芽生えは弱い光のもとでも生育できるため，植生は混交林から陰樹林へと変化する。

49 遷移の状況

解答
問1 B ④ C ② D ③ E ① 問2 ①
問3 B ④ C ① D ③ E ② 問4 ③

解説 本問で取り扱われている伊豆大島にある三原山は，日本書紀以来の多くの噴火の記録が残っており，遷移の研究対象としてよく調べられている。

日本では，遷移はふつう，裸地→荒原→草原→低木林→陽樹林→陽樹と陰樹の混交林→陰樹林 の順に進む。溶岩が噴出した時期が古い土地ほど遷移が進んでおり，噴出した時期が現在に近い土地ほど遷移の初期の植生が見られる。したがって，遷移の時期の早い順に並べると，A→B→C→D→Eの順となる。

問1 ①シイ類・タブノキは陰樹，②オオバヤシャブシ・ハコネウツギは低木，③オオシマザクラは陽樹，④シマタヌキラン・ハチジョウイタドリは草本である。A→B→C→D→Eの順であることから，Bでは④，Cでは②，Dでは③，Eでは①が見られると考えられる。

日本の暖温帯における遷移の過程で見られる植生の代表的な植物種について，草本植物としてはイタドリやススキ，低木としてはヤシャブシやウツギ，陽樹としてはアカマツやコナラ，ミズキ，サクラなどがあることと，暖温帯の照葉樹林では陰樹のシイ類やカシ類が極相林をなすことは覚えておこう。

問2 Fは耕地や人工林であるため，遷移の順がいつであるかを判断できないので，③，④は誤りで，①が正しい。

問3 問1より，Bは④草本，Cは①低木林である。また，遷移がA→B→C→D→Eの順に進んでいることから，Dは③混交林，Eは②照葉樹林があてはまる。なお，実際は，Dはオオシマザクラなどの陽樹の高木と陰樹の低木の混交林，Eはシイやタブノキなどの陰樹の照葉樹の森林になっている。

問4 問3より，Eは照葉樹林であり，極相林と考えられる。684年に溶岩が流出したDでは陽樹と陰樹の混交林で，まだ極相に達していない。Eは1400年以前に溶岩が流出した土地であることから，少なくとも1400年前には裸地になっていた可能性がある。その地域が1400年の間に徐々に遷移して現在の極相林になったと考えられるので，極相林に達するまで少なくとも1400年はかかると考えられる。よって，③が正しい。

第27講 遷移のしくみ

50 遷移と極相林

解答 問1 ア⑤ イ⑧ ウ⓪ エ① オ⑥ 問2 ③ 問3 ②

解説 問1 裸地にコケ植物や地衣類，またはススキやイタドリなどの草本植物が侵入すると荒原になる(図1a)。ススキやイタドリなどの多年生草本は，植物にとって厳しい環境でも生育でき，定着して草原になる(図1b)。コケ植物や地衣類，ススキやイタドリなど，植物の生育にとって厳しい環境に最初に侵入する種を先駆植物(パイオニア植物)という。植生が発達し，土壌が形成されると，木本植物が生育できるようになり，ウツギやヤシャブシなどが見られる低木林になる(図1c)。遷移の初期に現れる樹木を先駆樹種といい，おもに強い光の下でよく生育する陽樹である。高木となる先駆樹種が成長して森林(陽樹林)になると土壌がさらに発達する。暖温帯の陽樹林では，アカマツ，クロマツなどが見られる(図1d)。高木林の形成に伴い林床は暗くなり，陽樹の幼木は生育できなくなるが，陰樹の幼木は弱い光の下でも生育できるので，樹種が陽樹から陰樹へとしだいに交代していき，陽樹と陰樹がともに見られる混交林となり(図1e)，やがて陽樹が枯れると陰樹林になって極相となる(図1f)。西日本の丘陵帯(低地帯)ではシイ類やカシ類などの照葉樹が極相樹種である。ブナは東北などの冷温帯域の極相樹種である。

問2 安定な状態となった森林の林床は暗い。

× ① 陽樹は陰樹よりも日陰でよく成長するため。

➪ 日陰では，光補償点の低い陰樹のほうがよく成長するので，誤り。

× ② 陽樹は陰樹よりも呼吸速度が小さいため。

➪ 陽樹はさく状組織が発達し陰樹よりも呼吸速度が大きいため，誤り。

○ ③ 陰樹林内には，台風などによる倒木でギャップが生じるため。

➪ 陰樹林内に台風などによる倒木で大きなギャップが生じると，その場所が明るくなり，陽樹の幼木も生育できるようになる。よって正しい。

× ④ 陽樹は光合成速度が小さく，陰樹よりも寿命が短いため。

➪ 強光下では，陽樹は陰樹より光合成速度が大きくなるため，誤り。

問3 × ① 明るさは地表からの高さにほぼ比例している。

➪ 地表からの高さがおよそ20mの位置，つまり地表からの高さが森林の最上部に対して約80%になっただけで林外の明るさの50%程度になっているので，明るさと地表からの高さは比例するとはいえない。

○ ② 地表からの高さ 18 ～ 25 m の位置を高木層が占めている。

× ③ 地表からの高さ 7 ～ 18 m の位置を低木層が占めている。

➪ 図 2 において，地表からの高さが 18 ～ 25m，7 ～ 18m，2 ～ 7m の位置にそれぞれ階層が見られることから，地表からの高さが 18 ～ 25m の位置を高木層が，7 ～ 18m の位置を亜高木層，2 ～ 7m を低木層が占めているといえる。

× ④ 草本層や地表層は見られない。

➪ 図 2 の中央と右端の林床には草本が確認できる。また，草本よりも低い位置には地表層も確認できる。

× ⑤ 林床には光が届いていない。

➪ 林床の明るさは林外の明るさの 0.5% であるが，光が届いているので誤り。

51 遷移と樹種

解 答 問1 ② 問2 2番目 ⑤ 4番目 ③

解 説 問1 b種は，A，B，C，Eの溶岩流では直径が大きいほうに分布しているが，直径の小さい樹木，つまり幼木が存在していない。一方，a種は，Aでは直径 20 cm より大きい a 種は存在せず，B，C，Eでは直径 60 cm の大きな b 種の下で a 種の幼木が多数生育していることがわかる。また，Dでは b 種自体が存在していない。これらのことから，b種は a 種よりも遷移の早い段階で出現する樹種で，b 種の林床で生育できる a 種が最終的には極相樹種となったことがわかる。よって，a 種は陰樹，b 種は陽樹であると考えられる。

選択肢を見てみると，アカマツとダケカンバは陽樹，カシ類とシイ類，ブナ，オオシラビソは陰樹である。このことから，a 種が陰樹，b 種が陽樹になっている組み合わせは②だけである。

問2 b種の移り変わりをもとに遷移の順を考えればよい。最も小さい直径の b 種が存在するのは A なので，1 番目は A である。次に，2 番目に小さい直径(直径 30 ～ 40 cm)の b 種が存在するのは E なので，2 番目は E。同様に考えて，3 番目は B，4 番目は C である。D には b 種は存在しないので，最後が D。よって，遷移の順は A → E → B → C → D なので，2 番目は E，4 番目は C となる。

第4章

第28講 世界のバイオーム

52 世界のバイオーム

解答

問1　ア①　イ②

問2　A⑧　B④　C③　D②　E①　F⑤　G⑥　H⑨　I⑩　J⑦

解説

問1　バイオームに影響を与える気候条件は気温と降水量である。問題文中に，「ア が変化するとバイオームは変化する」とあり，その後に，東南アジアから北へ進んで，九州，関東へと進んでいることから緯度の変化を例として述べていることがわかる。緯度の変化は気温の変化であるので，アが①気温，イが②降水量であることがわかる。

問2　以下にバイオームの特徴を示す。

植生	気候帯	バイオーム	特　徴
森林	熱帯 亜熱帯	熱帯多雨林 亜熱帯多雨林	常緑広葉樹が主で，階層構造が発達。植物種は多い。昆虫，は虫類，両生類の種類も豊富。熱帯多雨林ではつる植物，着生植物も見られる。亜熱帯多雨林ではガジュマル，ヘゴ，マングローブ林
	熱・亜熱帯	雨緑樹林	雨季に葉をつけ，乾季に落葉。チーク類
	温　帯	照葉樹林	葉の表面のクチクラ層が発達。常緑広葉樹。カシ類，シイ類，タブノキ
		硬葉樹林	夏は乾燥。小さく硬い，クチクラ層の厚い葉。オリーブ，コルクガシ
		夏緑樹林	秋から冬に落葉。落葉広葉樹。ブナ，ミズナラ，カエデ
	寒　帯	針葉樹林	葉は細長い。常緑針葉樹(トウヒ，モミ)，落葉針葉樹(カラマツ)
草原	熱・亜熱帯	サバンナ	イネ科の草本が主。木本も点在。シマウマ，ライオンが生息
	温　帯	ステップ	イネ科の草本が主。木本なし。バッタなどの昆虫が多い
荒原	熱・温帯	砂　漠	多肉植物(サボテン)や一年生植物が散在。夜行性動物が生息
	寒　帯	ツンドラ	高木はなく，地衣類やコケ植物が多い。ジャコウウシ，トナカイ

バイオームと気温，降水量の関係

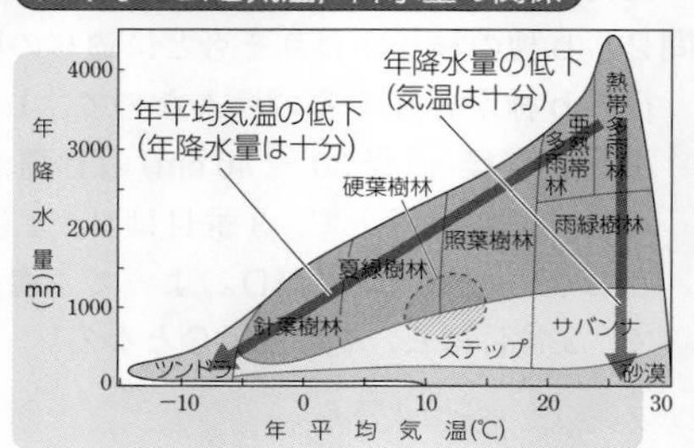

53 土壌生物のはたらき

解答 問1 ② 問2 ア③ イ① ウ⑤ 問3 ③

解説

問1 分解速度が速いということは，土壌中の有機物量が少ないということである。

a 落葉・落枝供給量が多いにもかかわらず，土壌中の有機物量が少ない。これは，落葉・落枝が大量に供給されても，分解速度が速いために，土壌中に有機物が残りにくいことを意味する。

c 落葉・落枝供給量が少ないにもかかわらず，土壌中の有機物量が多い。これは，分解速度が遅いために，落葉・落枝の供給量が少なくても土壌中に有機物が残りやすいことを意味している。

b 分解速度はａとｃの中間と考えられる。

よって，②が正しい。

問2 ア 秋から冬に広葉が枯れ落ちるということは，落葉広葉樹が生育するバイオームであると考えられるので，③夏緑樹林が該当する。②照葉樹林では，冬も葉をつけたままである。

イ 限られた種類の低木およびコケ植物や地衣類が優占するバイオームは，ツンドラである。ツンドラは低温のため，土壌有機物の分解速度がきわめて遅い。

ウ 熱帯多雨林は高温・多湿で，土壌中の微生物の活動も活発であり，土壌有機物の分解速度が非常に速い。分解によって生じた無機物は，速やかに植物に吸収されたり，降雨によって海に流されたりするため，土壌中の無機物の量も少ない。

問3 a 落葉・落枝供給量が多く，分解速度が非常に速いバイオームなので，ウが適切。

c 落葉・落枝供給量は少ないが，分解速度も遅いので，土壌中の有機物が多く残っている。このようなバイオームはツンドラなので，イが適切。

b ａとｃの中間の分解速度なので，アが適切。

よって，③が正しい。

第29講 日本のバイオーム

54 日本のバイオーム

解答 問1 ア⑧ イ⑤ ウ⑦ エ⑥ 問2 ④ 問3 ⑤

解説

問1 日本のバイオームの分布の問題である。日本では，緯度や標高が高くなるに従って植生も変化する。アはアコウやヘゴ，ガジュマルが混じる亜熱帯多雨林，イはスダジイやアラカシ，タブノキなどからなる照葉樹林，ウはブナやミズナラなどからなる夏緑樹林，エはエゾマツやトドマツ，トウヒなどからなる針葉樹林，オは高山草原で，ハイマツやコケモモ，コマクサなどが見られる。

問2 × ① ススキと，樹高の高いスギなどが分布する。

➪ ススキは遷移の初期の草原に現れる代表的な植物で，暖温帯から冷温帯の地域で生育するが，寒帯の高山帯では生育しない。高山帯は気温が低いだけでなく，樹高が高い樹木は強風のため存在できないので，誤り。本州中部では，標高 2600m 付近からは高木は存在しなくなる。これを高木限界という。

× ② コマクサと，樹高の高いスギなどが分布する。

➪ コマクサは高さ数 cm の高山植物で，高山帯に分布するが，スギは高山帯には分布しない。よって，誤り。

× ③ 低木のハイマツと，樹高の高いスギなどが分布する。

➪ ハイマツは高さ約 1 ～ 2m の低木で，高山帯に分布するが，スギは高山帯には分布しない。よって，誤り。

× ⑤ アコウと，低木のハイマツが分布する。

➪ アコウは亜熱帯多雨林に分布する植物で，高山帯のような寒帯地域には存在しない。よって，誤り。

× ⑥ ミズナラと，低木のハイマツが分布する。

➪ ミズナラは山地帯に分布する夏緑樹林である。よって，誤り。

問3 ウは夏緑樹林である。平均気温が 3℃程度徐々に上昇すると，ウがより北(高緯度)や，より標高の高い位置に分布することになる。

× ① 沖縄に分布域が広がる。

➪ ウは沖縄よりも北に分布するバイオームである。ウは 3℃上昇するとより北に分布するが，より気温の高い南には分布しないので，誤り。

× ② 奄美大島に分布域が広がるが，沖縄には広がらない。

➪ ウの分布域は奄美大島よりも北なので，3℃上昇すると分布域は北上するが，南下して奄美大島に分布するということはないので，誤り。

× ③ 九州の，より標高の低い地域まで分布域が広がる。

➪ 気温が3℃上昇すると，標高のより高い地域に分布するようになると考えられる。よって，誤り。

× ④ 九州の平野部での分布域が広がる。

➪ 九州の平野部にはイが分布している。3℃上昇すると，ウはより標高の高い地域に分布するようになると考えられる。よって，誤り。

× ⑥ 日本から分布域がなくなる。

➪ 標高が1000m高くなると，気温は5～6℃低くなる。このことから，気温が3℃上昇しても，ウのバイオームの位置が上に600m程度移動するだけで，日本からウの分布域がなくなることはないので，誤り。

55 暖かさの指数

解答 問1 ② 問2 ③ 問3 ③ 問4 ⑦

解説 問1 5℃以上の月の月平均気温から5℃を引いた値は次のようになる。

月	1	2	3	4	5	6	7	8	9	10	11	12
平均気温(℃)	−5	−4	−1	4	9	14	19	20	17	11	5	−2
−5℃	—	—	—	—	4	9	14	15	12	6	0	—

よって，暖かさの指数は，4＋9＋14＋15＋12＋6＋0＝60 となる。

問2 暖かさの指数とバイオームの関係は，亜熱帯多雨林 180以上，照葉樹林 85～180，夏緑樹林 45～85，針葉樹林 45未満となる。よって，成り立つバイオームは③夏緑樹林である。

問3 夏緑樹林の代表的樹木は③ブナである。①は針葉樹林，②・⑥は硬葉樹林，④・⑤は亜熱帯多雨林，⑦は照葉樹林の代表的樹木である。

問4 問題の条件で5℃以上となる月から5℃を引いた値は次のようになる。

月	1	2	3	4	5	6	7	8	9	10	11	12
平均気温(℃)	−1	0	3	8	13	18	23	24	21	15	9	2
−5℃	—	—	—	3	8	13	18	19	16	10	4	—

よって，暖かさの指数は，3＋8＋13＋18＋19＋16＋10＋4＝91 となる。

この値のとき，成り立つバイオームは照葉樹林(暖かさの指数85～180)なので，⑦アラカシが正しい。

第30講 実践問題

第1問

解答	問1 ⑦　問2 ②

解説

問1　表から，地点アは，生育している植物の種類が少なく，群落高が低いことに加えて，土壌硬度が大きいことがわかる。

土壌が硬くなるのは，人々に踏みつけられる程度が高いからである。人々に踏みつけられる程度が高い場所では土壌が硬くなり，土壌が乾燥しやすくなるなど，植物の生育には不向きな条件になるので，出現する植物の種類は少なくなると考えられる。また，人々に踏みつけられる程度が高い場所では，植物は物理的に損傷を受けやすくなるので，背丈の高い植物は生育しにくく，群落高は低くなると考えられる。

以上の理由から，①～④の「踏みつけられる程度が低く」，⑤，⑥の「植物が損傷せず」，⑧の「土壌が柔らかい」がそれぞれ誤りである。

× ① 人々に踏みつけられる程度が低く，植物が損傷せず，土壌が硬いから。
× ② 人々に踏みつけられる程度が低く，植物が損傷せず，土壌が柔らかいから。
× ③ 人々に踏みつけられる程度が低く，植物が損傷し，土壌が硬いから。
× ④ 人々に踏みつけられる程度が低く，植物が損傷し，土壌が柔らかいから。
× ⑤ 人々に踏みつけられる程度が高く，植物が損傷せず，土壌が硬いから。
× ⑥ 人々に踏みつけられる程度が高く，植物が損傷せず，土壌が柔らかいから。
× ⑧ 人々に踏みつけられる程度が高く，植物が損傷し，土壌が柔らかいから。

問2　表の地点ア～ウの土壌硬度と植被率および群落高を比較すると，土壌硬度が大きくなるに従って，植被率と群落高はともに小さくなっていることがわかるので，相関が認められる。

× ① 土壌硬度が大きいほど，植被率・群落高ともに大きくなる。
× ③ 土壌硬度が大きいほど，植被率は大きく，群落高は小さくなる。

× ④ 土壌硬度が大きいほど，植被率は小さく，群落高は大きくなる。
× ⑤ 土壌硬度と植被率および群落高の間には，相関は認められない。

第2問

解答 問1 実際の光合成速度 ④ 呼吸速度 ③ 問2 ⑦
問3 a ① b ③ c ②

解説 問1 ①は弱光下における見かけの光合成速度であり，弱光下では，呼吸による二酸化炭素排出速度のほうが光合成による二酸化炭素吸収速度よりも大きいため，その差が排出速度(負の値)となっている。

光飽和点での②は見かけの光合成速度，③は呼吸速度，④は実際の光合成速度をそれぞれ表している。

問2 陽生植物と陰生植物の葉の構造を模式図で示すと右の図のようになる。

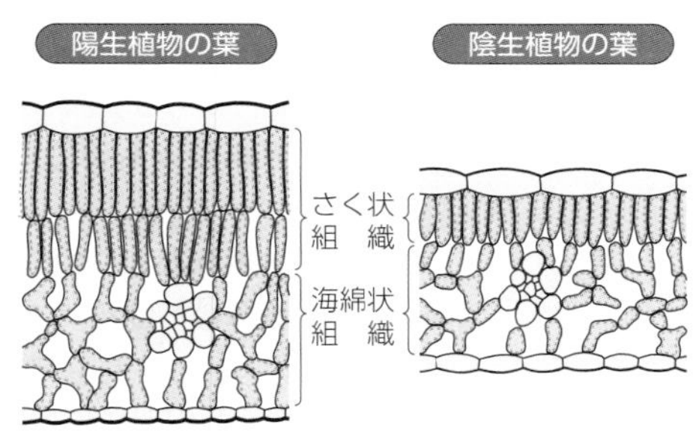

陽生植物の葉はさく状組織が発達しており，強光のもとで光合成が盛んに行われる。光飽和点が高く，光合成速度も非常に高いが，さく状組織の細胞数が多いため呼吸速度が大きい。したがって，見かけの光合成速度が0となる光補償点は高くなる。陽生植物は日当たりのよい環境に適した植物である。

一方，陰生植物は葉が薄く，さく状組織の細胞数が少ないため，呼吸速度は陽生植物よりも小さい。そのため，光補償点は陽生植物よりも低くなる。また，強光下でも光合成速度が低く，光飽和点は低い。陰生植物は日陰などの環境に適した植物である。

陽生植物と陰生植物の光合成曲線を示すと上の図のようになる。図を参考にして，陽生植物と陰生植物の呼吸速度，光補償点，光飽和点を比較すると，表のようになる。

表　陽生植物・陰生植物の呼吸速度，光補償点，光飽和点の比較

	呼吸速度	光補償点	光飽和点	強光下での光合成速度
陽生植物	大きい	高い	高い	大きい
陰生植物	小さい	低い	低い	小さい

表より，問題の文章は「一般に，陽生植物は陰生植物に比べ，光飽和点が(ア　高く)，光補償点が(イ　高く)，そして，呼吸速度が(ウ　大きい)。」となる。よって，⑦が正しい。

問３　図２の植物種ａ，ｂ，ｃの中で，まず初めに生育したのが植物種ａである。伐採の跡地で初めに現れる植物は強い光のもとで生育が速く，日当たりのよい環境での生育に適した陽生植物である。したがって，植物種ａは①～③の３種の中で，強い光のもとで最も二酸化炭素吸収速度が大きい植物である。図３において光が強いときに二酸化炭素吸収速度が最も大きいのは曲線①であるから，植物種ａに対応するのは曲線①である。

次に植物種ｂとｃについて考える。植物種ｂとｃの光－光合成曲線は図３の曲線②と③のいずれかであるが，曲線②と③は光が弱いときはほぼ同じで，いずれも曲線①と比べて呼吸速度が小さく，光補償点も小さいので，光の弱い環境でも生育できる陰生植物の特徴をもつ。しかし，光が強くなると曲線②の二酸化炭素吸収速度は曲線③よりもはるかに大きくなる。つまり，光が弱い環境では両者の成長に大きな差はないが，光がよく当たる環境では曲線②の植物種のほうが成長が速い。図２の左から２番目までのようす(低木林から陽樹林)を見ると，陽樹である植物種ａに混じって個体数が多く，大きく成長しているのは植物種ｃのほうである。したがって，植物種ｃのほうが日当たりのよい環境での成長が速いといえる。よって，曲線②が植物種ｃ，曲線③が植物種ｂだと判断できる。

第３問

解　答　(ア) ③　(イ) ①

解　説　問題文に「緑葉の量を表す指標Ｎは，葉緑体が赤色の光を吸収するが赤外線を吸収しない，という特性を利用して算出する指標」とある。緑葉には葉緑体が含まれているので，緑葉の量が多いほどより多くの赤色の光を

吸収することがわかる。さらに問題文には，指標Nについて「赤色光を赤外線と同じだけ反射する場合に0，赤色光をすべて吸収して赤外線だけを反射する場合に1の値をとる」とある。このことから，赤色光を吸収して赤外線を反射する緑葉の量が多くなるほど，指標Nの値は大きくなって1に近づくことと，落葉などで緑葉の量が少なくなるほど，指標Nの値は小さくなって0に近づくことがわかる。そこで，例としてあがっている雨緑樹林を考えてみよう。

雨緑樹林は，雨季と乾季がある熱帯・亜熱帯に分布している。おもに，雨季に葉をつけ乾季に落葉する落葉広葉樹からなる。つまり，雨季の7～11月ごろは指標Nが0.6より大きく，乾季には指標Nは0.6より小さくなっていることから，指標Nが0.6より大きければ緑葉量が多いと考えられる。

夏緑樹林は，温帯の中でも寒い地域である冷温帯に分布している。おもに，春になると素早く葉をつけ，秋から冬にかけて落葉する，ブナやミズナラなどの落葉広葉樹からなる。

また，熱帯多雨林は，年間を通して高温で降水量の多い，赤道付近の地域に分布している。おもに常緑広葉樹からなり，階層構造が発達している。また，非常に多くの種類の植物や動物が見られる。

図は，北半球で雨緑樹林が成立している地点での指標Nの値の季節変動を示したグラフである。6月までの指標Nの値は小さいが，6月から8月にかけて急激に大きくなっている。つまり，6月までは緑葉の量が少ない乾季で，指標Nの値は小さいが，それ以降，雨季になると，緑葉の量が多くなって指標Nの値が急激に大きくなることがわかる。

このことをもとに北半球の夏緑樹林について考えると，北半球の夏緑樹林は，春から夏にかけて緑葉の量が多くなるので，それまで小さかった指標Nの値が，4月から6月にかけて大きくなると考えられる。その後，7月から9月にかけて緑葉の量を保ちながら，秋から冬にかけての落葉によって緑葉の量が少なくなるので，大きかった指標Nの値が，10月から12月にかけて小さくなると考えられる。これらのことから，北半球の夏緑樹林における指標Nの季節変動を示すグラフは③であると判断できる。

一方で，おもに常緑広葉樹からなる熱帯多雨林は，一年中緑葉をつけているため，指標Nの値は常に大きいままであると考えられる。このことから，北半球の熱帯多雨林の指標Nの季節変動を示すグラフは①であると判断できる。

第31講 生態系

56 生態系

解答 問1 ア⑤ イ① ウ③ 問2 ①

解説 問1 生物を，生態系の食物連鎖における役割で分けると，無機物から有機物を合成する生産者，捕食によって有機物を取りこむ消費者に分けられる。生産者が合成した有機物は，枯死体・遺体・排出物に含まれる有機物を含めて，最終的には無機物にまで分解される。消費者のうち，この過程にかかわる生物を特に分解者という。

問2 ①ゾウリムシは光合成を行わない。②ミドリムシは動物的特徴ももつが，葉緑体をもち光合成を行う。③ミカヅキモは単細胞の植物プランクトンで，光合成を行う。④クロレラは池や沼に発生する単細胞緑藻類。細胞は球状で，帯状の葉緑体をもち，光合成をする植物プラクトンである。

57 キーストーン種

解答 問1 ヒトデ③ 藻類① カサガイ② 問2 ②，④(順不同)
問3 ①，②(順不同)

解説 問1 ヒトデ…図より，ヒトデは栄養段階では最上位に位置している。藻類→カサガイ・ヒザラガイ→ヒトデという食物連鎖では，ヒトデは二次消費者，プランクトン→フジツボ・イガイ→レイシガイ→ヒトデという食物連鎖では，ヒトデは三次消費者となっている。よって，③二・三次消費者となる。

藻類…光合成によって有機物をつくる生産者なので，①である。

カサガイ…藻類を食べる植物食性動物なので，②である。

問2 ×①ヒザラガイとカサガイが消滅したのは，食物をめぐって両種の間で奪い合いが起こったためである。

➪ヒザラガイとカサガイは藻類を食物としている。ヒトデの除去によりイガイとフジツボが著しく増加したため，藻類の生活場所が消滅したことによって藻類が姿を消した。ヒザラガイとカサガイは食物としていた藻類がなくなったために姿を消したのであって，ヒザラガイとカサガイの間の食物の奪い合いで消滅したのではない。

よって，誤り。一般に，食物の奪い合いが起こった場合，勝ったほうが生き残り，増えていく。

○ ② イガイとフジツボが増えたのは，捕食者であるヒトデがいなくなったためである。

➪ ヒトデの食物全体の中でイガイ，フジツボの割合はそれぞれ27%，63%と多くの割合を占めており，イガイとフジツボの増加原因はヒトデがいなくなったことであると考えられる。よって，正しい。

× ③ イソギンチャクと藻類がほとんど姿を消したのは，イガイやフジツボに捕食されたためである。

➪ イガイやフジツボはイソギンチャクや藻類を食物とはしていない。イガイやフジツボの著しい増加により，藻類やイソギンチャクが生活場所を失ったのであって，捕食されたのではない。よって，誤り。

○ ④ 上位捕食者の除去は，被食者でない生物にも間接的に大きな影響を及ぼしうる。

➪ ヒトデの除去によって，直接の被食者でない藻類やイソギンチャクがほとんど姿を消している。これは，ヒトデの除去によりイガイやフジツボが著しく増加し，その結果，藻類やイソギンチャクが固着する場所を奪われ，生育できなくなったためである。このように，Ｐ湾のヒトデは被食者ではない生物に対して間接的に大きな影響を及ぼしている(間接効果)ことがわかる。よって，正しい。

× ⑤ ヒトデは生態系のバランスを保つのに重要なはたらきをするキーストーン種なので，ヒトデの存在により生態系は単純化している。

➪ ヒトデを除去することによって，この実験区ではイソギンチャクと藻類が消滅し，またヒザラガイやカサガイもいなくなるなど，生態系の単純化が起こった。ヒトデは生態系のバランスを保つのに重要なはたらきをするキーストーン種であり，ヒトデの存在により生態系は多様性を保っていた。単純化しているのではなく，その反対である。

問３　キーストーン種は，生態系のバランスに大きな影響を与える生物である。Ｑ湾ではヒトデを除去しても生物種数に大きな変化がなかったことから，ヒトデはキーストーン種ではない。Ｐ湾ではヒトデがキーストーン種であり，ヒトデを除去するとヒトデの被食者でもない藻類やイソギンチャクが消滅するという間接効果が見られるので，①，②は正しい。

× ③ Ｐ湾では，ヒトデと同じ役割を担う上位捕食者がほかに存在する可能性がある。

➪ Ｐ湾ではヒトデがキーストーン種になっているので，同じ役割を担う上位捕食者は存在しない。なお，Ｑ湾ではヒトデを除去してもＰ湾のような種数の半減が見られなかったことより，Ｑ湾ではヒトデ以外の捕食者がキーストーン種だと推測できる。

第32講 生物どうしのつながり

58 食物連鎖と栄養段階

解答 問1 ③ 問2 ⑤ 問3 ③ 問4 ⑤ 問5 ③ 問6 ③

解説 問1 設問の食うものと食われるものの関係は，以下のようになる。

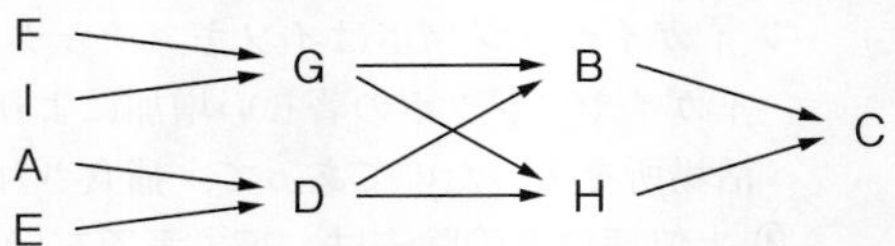

よって，矢印は10本なので，③が正しい。

問2 植物は栄養段階が最も低いので，図より種A，E，F，Iが該当する。よって，⑤が正しい。

問3 一般に，食物連鎖においては，栄養段階が高くなるほど個体数は少なくなる。よって，最も高次である種Cが最も少ないと考えられる。

問4 図において，最も左側の栄養段階の生物が生産者であり，左から2番目の種D，Gが一次消費者，3番目の種B，Hが二次消費者である。よって，⑤が正しい。

問5 ウンカ・ヨコバイ類は植物(特に農作物など)を食べる一次消費者なので，ウンカ・ヨコバイ類のみを食べる水田のクモ類は二次消費者である。種A～Iのうち二次消費者は種B，Hなので，③が正しい。

問6 生態系において，栄養段階ごとに生物の個体数を棒グラフで表し，それを横にして栄養段階の下位のものから順に積み重ねると，ふつう栄養段階の上位のものほど個体数が少ないので，ピラミッド状になる。これを個体数ピラミッドという。同様に生物量(生物体の総量で，乾燥重量などで示す)でもピラミッド状になることが多く，これを生物量ピラミッドという。個体数ピラミッドや生物量ピラミッドをまとめて，生態ピラミッドという。よって，③が正しい。

59 物質収支

解答 問1 F ④ R ③ 問2 ④ 問3 ②，⑥(順不同) 問4 ②
問5 ④，⑥(順不同)

解説 問1 図の太陽放射のうち，光合成に使われるエネルギーはそのまま生産者の総生産量となる。Sは最初に存在する現存量である。生産者の総生産量の中で，問題文に書かれているようにGは成長量，Dは枯死・死滅量であり，Cは上位の栄養段階に取りこまれるので被食量（捕食者から見ると摂食量）である。Rは総生産量から成長量（G），被食量（C），枯死量（D）を引いたものであるので，③呼吸量を示す。

また，Fは生産者にはなく，消費者において摂食量から成長量（G），被食量（C），呼吸量（R），死滅量（D）を引いたものなので，④不消化排出量となる。

問２　生産者における純生産量は，以下の式で表される。

純生産量＝総生産量－呼吸量

よって，総生産量である$(G_0+C_0+D_0+R_0)$から呼吸量(R_0)を引いた値となるので，④が正しい。

問３　二次消費者における同化量は，

同化量＝一次消費者の被食量（二次消費者の摂食量）－不消化排出量

よって，C_1-F_2　または　$(G_2+D_2+R_2+F_2)-F_2=G_2+D_2+R_2$　であるので，②と⑥が正しい。

問４　×①生態系に降り注いだ太陽の光エネルギーの総量

➪生態系に降り注いだ太陽の光エネルギーの総量＝光合成に使われるエネルギー＋蒸散などに使われたエネルギー＋反射光などのエネルギー　で，図のG，D，R，Fの総和よりも多いので，誤り。

○②生産者の総生産量

➪最高次の消費者まで含むすべての栄養段階のG，D，R，Fを合わせると，光合成に使われるエネルギーと同じになる。

つまり，$G_0+G_1+G_2+D_0+D_1+D_2+R_0+R_1+R_2+F_1+F_2=$光合成に使われるエネルギー　となる。よって，生産者の総生産量と等しいので，正しい。

×③生産者の純生産量

➪生産者の純生産量＝（光合成に使われるエネルギー＝総生産量）－R_0　であり，上記で述べたように，すべての栄養段階のG，D，R，Fの総和は光合成に使われるエネルギーとなるので，誤り。

×④生産者の呼吸量

➪生産者の呼吸量＝R_0　で，この量は栄養段階のG，D，R，Fのエネルギーの総和とはならないため，誤り。

×⑤消費者の摂食量

➪消費者の摂食量＝C_0+C_1　は，すべての栄養段階のG，D，R，Fのエネルギーの総和と一致しないので，誤り。

問５　分解者が利用するのは，各栄養段階の枯死・死滅量（D）および不消化排出量（F）である。よって，④，⑥が正しい。

第33講 生態系のバランスと保全①

60 富栄養化と生態系のバランス

解答 問1 ④ 問2 ③ 問3 ②

解説 問1 BODが5 mg/L以下とは，1 Lの水に含まれる有機物を，微生物が酸化して分解するときに必要な酸素量が5 mg以下ということである。また，問題文に「グルコース1gを完全に酸化するために必要な酸素量を1gと仮定し」とあることから，1 Lの水において，仮に5 mgの酸素をグルコースの酸化に必要としたとき，そこには5 mgのグルコースが溶けていたということがわかる。環境基準に基づくと，1 Lの水に溶けているグルコースが5 mg以下であればよいので，100 mL（＝0.1 L）の水に溶けているグルコースは0.5 mg以下であればよい。いま，100 mLの水にグルコースが10 g＝10000 mg溶けている。これを環境基準に基づくようにするためには，10000÷0.5＝20000倍に薄めればよい。100 mL（＝0.1 L）の水を20000倍に薄めると0.1×20000＝2000 Lになる。また「風呂の水1杯は300 L」とあるので，薄めるのに必要な風呂の水は，2000÷300＝6.66…杯となり，少なくとも7杯必要である。よって，④である。

問2 × a 河川や湖沼などに有機物が蓄積してその濃度が高くなることを，富栄養化という。

➪ 富栄養化とは，窒素やリンなどの栄養塩類が湖沼などに蓄積し，その濃度が高くなることをいう。よって，誤り。

× b 水中の有機物は，植物プランクトンに摂食され，無機塩類に変えられる。

➪ 水中の有機物は，細菌が酸素を用いて分解する。よって，誤り。

○ c 富栄養化が進むと，植物プランクトンが異常に増殖し，海域では赤潮が発生することがある。

➪ 植物プランクトンが栄養塩類を取りこみ異常増殖することで，海域では赤潮が，湖沼ではアオコ（水の華）が発生することがある。

問3 × ① 光や温度，水，空気といった環境が変化すると，環境形成作用を介して生産者の個体数が変化するため，生態系のバランスが急速に変化する。

➪ 光や温度，水，空気といった非生物的環境が，生産者などの生物に及ぼす影響は，環境形成作用ではなく作用である。よって，誤り。

○ ② 被食－捕食の関係が複雑になるほど生態系のバランスは保たれや

すい。

➪ 被食－捕食の関係が複雑な種多様性の高い生態系では，ある生物の個体数が急激に変化しても，その影響が一部にとどまるため，生態系のバランスは保たれやすい。よって，正しい。

× ③ 移入された外来生物のうち，動物は生態系のバランスを変化させるが，植物は生態系のバランスを変化させることはない。

➪ 例えば外来生物であるオオキンケイギクは繁殖力が強く，在来の植物を駆逐し，日本の生態系に悪影響を及ぼす植物であるので，誤り。

× ④ 渡り鳥は外来生物のため，渡り鳥の渡来地では生態系のバランスが崩れやすい。

➪ 外来生物は，人間の活動で本来の生息場所から別の場所に移されて定着した生物なので，渡り鳥は外来生物ではない。よって，誤り。

61 河川における自然浄化

解答　問１　②，③，⑤（順不同）　　問２　④

解説　問１　図から考えられることをまとめると，次のようになる。

有機物を多く含む汚水が流入すると，有機物を栄養分として利用する細菌が急激に増加する。増加した細菌は，酸素を用いて有機物を分解するので，溶存酸素が減少する。また，水中の有機物量が高いとき，BOD（水中の有機物が細菌の呼吸などによって酸化・分解されるときに消費される酸素量）が大きくなる。よって，③は正しい。水質が悪化して酸素が少なくなると，そのような環境に耐性のあるイトミミズが有機物を消費して増加する一方で，水質の悪化により清水性動物が急激に減少する。しだいに有機物が減少していくとイトミミズは減少していく。水質が改善されると清水性動物が増加する。このように，水質の変化により生息する水生生物の種の組み合わせが変化する。したがって，水中に生息する生物の組み合わせから水の汚染の度合いを知ることができる。よって，⑤は正しいが，④は誤り。イトミミズの減少は水中の有機物の減少によるもので，藻類の増加が原因ではないので，①は誤りである。有機物が分解されてできたNH_4^+が増加すると，NH_4^+を生育に利用する藻類が増加し，盛んに光合成を行うことで酸素が増加する。NH_4^+が藻類に消費されて減少するので，②は正しい。

問２　酸素は，細菌の増加とともに，細菌の呼吸により消費されて減少し，藻類の増加とともに，藻類の光合成により増加すると考えられる。よって，溶存酸素は，④のように変化すると判断できる。

第34講 生態系のバランスと保全②

62 里山の生態系

解答 問1 ③ 問2 ①

解説

問1 × ①トキは，水田の生態系における一次消費者になっている。

➪一次消費者とは，生産者である植物を食べる植物食性動物である。図2よりトキは，ドジョウ，ミミズ，カエル，昆虫などの動物を食べる動物食性動物であり，一次消費者ではない。よって，誤り。

× ②トキは，春と秋には食物を獲得しにくいため，この時期は物質循環が起こりにくくなっている。

➪図1はトキの採餌場所を観察した結果で，図2は食物として利用している生物について観察した結果である。これらの結果から，トキが春と秋に食物を獲得しにくいかどうかはわからない。よって，誤り。

○ ③トキは，年間を通じてドジョウを安定的な栄養源にしている。

➪図2より，ドジョウの採餌回数の割合は年間を通じて10～15%程度で，季節ごとに大きな変動がない。このため，年間を通じてドジョウを安定的な栄養源にしていることがわかる。よって，正しい。

× ④トキは，年間を通じて採餌場所を変え，夏には水田の生態系における分解者としてのはたらきが弱まっている。

➪枯死体，遺体，排出物に含まれる有機物は，菌類や細菌によって最終的に無機物にまで分解される。このような分解の過程にかかわる消費者を分解者という。図1より，トキは，その他の季節とは異なり夏は水田で採餌せず，おもに畔で採餌しており，他の季節では採餌行動が見られなかった農道の草地でも採餌している。また，夏と秋には休耕田で，秋と冬には水路でも採餌している。これらのことから，トキは年間を通じて採餌場所を変えていることがわかる。しかし，トキは分解者ではないので，誤り。なお，消費者であるトキは，夏に水田で採餌しないため，夏には水田の生態系における消費者としてのはたらきが弱まっているといえる。

問2 図1より，トキは年間を通じて採餌場所を変えていることがわかる。このため，トキにとって安定的に食物を獲得できるのは，水田と畔のみの環境や，休耕田と耕作放棄地のみの環境ではなく，水田，耕作放棄地，休耕田，水路，畔，農道の草地のように，さまざまな場所からなる環境であるといえる。よって，ⓐは正しく，ⓑとⓒは誤りである。また，観察結果1より，トキが食物としているドジョウやカエル(オタマジャクシ)が観察された場所が季節によって異なることから，それぞれの生物が季節によっていくつかの場所を移動していることがわかる。つまり，ドジョウやカエルが，水路，水田，休耕田，森林などいくつかの場所を移動して生育できることが，トキが安定的に食物を獲得できる環境であるといえる。よって，Ⅰは正しく，Ⅱは誤りである。以上のことから，①が正しい。

63 外来生物の生態系への影響

解 答 ②

解 説 日本原産の生物が世界各地に生息域を広げて増殖している例もある。また，日本国内の特定の地域にのみ生息する生物を，国内の別の地域に移動させ定着させてしまった場合，その生物は国内外来生物として扱われる。

× ① アジア原産のつる植物であるクズが北アメリカに持ちこまれたところ，クズが林のへりで樹木をおおい，その生育を妨げるようになった。

➪ この場合，クズは北アメリカにおいては外来生物であり，北アメリカの在来生物の生育を妨げているので，外来生物が関与している。

○ ② サクラマスを川で捕獲し，それらから得られた多数の子を育ててもとの川に放ったところ，野生の個体との間で食物をめぐる競合が起こり，全体として個体数が減少した。

➪ 川で捕獲したサクラマスを人工的に繁殖させ，得られた子を本来の生息場所に戻したときに生じた，野生のサクラマスとの間の食物をめぐる競合には，外来生物はかかわっていない。よって，これが正解。

× ③ イタチが分布していなかった日本のある島に，本州からイタチが持ちこまれたところ，その島の在来のトカゲがイタチに食べられて激減した。

➪ 従来イタチのいなかった島に持ちこまれたイタチは外来生物であり，その場所に生息する在来生物を捕食し，その数を激減させているので，外来生物が関与している。

× ④ メダカを水路で捕獲し，外国産の魚と一緒に飼育した後にもとの水路に戻したところ，飼育中にメダカに感染した外国由来の細菌が，水路にいる他の魚に感染した。

➪ 外国由来の細菌が入ってきて，それまでそこに存在しなかった病気に在来生物が感染することも，外来生物が関与した事例である。

第35講 実践問題

第1問

解答 問1 a② b③ c① 問2 ⑤ 問3 ④

解説

問1 Aさんは「ミミズは落ち葉を食べて」と発言していることから，ミミズを植物食性動物である一次消費者だと判断し，「モグラはミミズを捕食する」と発言していることから，モグラはミミズを食べる二次消費者だと判断したと考えられる。よって，aは消費者である。

一方でBさんは「落ち葉は生物の遺骸」,「それを食べるミミズ」と発言しているので，ミミズは，枯死体，遺体，排出物などに含まれる有機物を無機物に分解する生物である分解者だと考えている。よって，bは分解者である。

食物連鎖に当てはめると，消費者は生産者か低次の消費者を栄養源にする生物なので，cは生産者となる。

問2 ウシ，シロアリ，ミミズは植物の細胞壁の主成分であるセルロースを分解する酵素(セルラーゼ)をもっておらず，植物の細胞壁の成分を直接利用することはできない。しかし，これらの動物の消化管内で共生している微生物は，セルラーゼをもつため，これを分泌して，ウシ，シロアリ，ミミズなどが取り入れた草，朽木，落ち葉などのセルロースを分解することができる。そのようにしてできた分解産物の一部を微生物が栄養として取りこみ，残りをウシなどの動物が腸から吸収して栄養分として利用している。Aさんはミミズにも微生物が共生していると聞いて，食べた落ち葉を分解するしくみがウシなどと同じである可能性を指摘している。よって，⑤が正しい。

問3 生物が分解も排出もできない物質は，食物連鎖の過程を通じて，栄養段階の上位の生物ほど体内に高濃度で蓄積される。この現象を生物濃縮という。DDT濃度が最も低いのが土壌であり，その土壌から水や無機塩類とともにDDTを取りこむのが植物である。植物は取りこんだDDTを葉などに蓄積する。その葉を取りこんだミミズはDDTをより高濃度で蓄積し，そのミミズを捕食したモグラはさらに高濃度でDDTを蓄積するため，表の中で最もDDT濃度が高いアがモグラとわかる。よって，④が正しい。

第2問

解答　ア⑤　イ③

解説　問題文より，イネの1年間の総生産量は1800 g/m^2，呼吸量は800 g/m^2である。ア：純生産量＝総生産量－呼吸量であるから，この農地におけるイネの年間の純生産量は，1800－800＝1000(g/m^2)　…⑤となる。

イ：この純生産量のうち半分，つまり年間で1000÷2＝500 (g/m^2)が米としてヒトに利用される。成人男性の消費カロリーは1日当たり2000kcal，1年間は365日であることから，成人男性の1年間の消費カロリーは，2000×365＝730000 (kcal)となる。グルコース1g当たりのエネルギーは4kcalであることから，成人男性が1年間に必要とするグルコース量は，730000 (kcal)÷4 (kcal/g)＝182500 (g)となる。米の重量はすべてグルコースとして換算するので，成人男性が1年間に必要とする米の重量は182500 (g)である。この米を生産するのに必要な農地は，182500 (g)÷500 (g/m^2)＝365 (m^2)…③となる。

第3問

解答　③

解説

× ① 火入れと刈取りの両方を毎年行うことは，火入れと刈取りのどちらかのみを毎年行うことと比べて，すべての植物の種数における希少な草本の種数の割合を大きくする効果がある。

➪ 図より，火入れと刈取りの両方を毎年行っている区域Ⅱでは約28種の植物が観察され，希少な草本が約3.9種であることから，すべての植物の種数における希少な草本の種数の割合は3.9÷28＝0.139…である。一方，火入れと刈取りのどちらかのみを毎年行っているのは区域Ⅲと区域Ⅳである。区域Ⅲでは約25種の植物が観察され，希少な草本が約5種であることから，求める割合は5÷25＝0.20である。区域Ⅳでは約25種の植物が観察され，希少な草本が約4種であることから，求める割合は4÷25＝0.16である。したがって，火入れと刈取りの両方を毎年行っている区域Ⅱの割合が最も小さい。よって，誤り。

× ② 火入れを毎年行うことは，管理を放棄することと比べて，すべての植物の種数に加えて希少な草本の種数も多く保つ効果がある。

➪ 図より，すべての植物の種数は，火入れを毎年行っている区域Ⅳのほうが管理が放棄された区域Ⅴより多いが，希少な草本の種数は区域Ⅴのほうが区域Ⅳよりも多い。よって，誤り。

11953A

○ ③ 伝統的管理を行うことは，火入れと刈取りの両方を毎年行うことと比べて，すべての植物の種数に加えて希少な草本の種数も多く保つ効果がある。

➪ 図より，すべての植物の種数は，伝統的管理を行っている区域Ⅰのほうが，火入れと刈取りの両方を毎年行っている区域Ⅱより多い。また，希少な草本の種数も区域Ⅰのほうが多い。よって，正しい。

× ④ 管理を放棄することは，伝統的管理を行うことと比べて，すべての植物の種数における希少な草本の種数の割合を大きくする効果がある。

➪ 図より，管理が放棄された区域Ⅴでは約 22.5 種の植物が観察され，希少な草本は約 4.5 種であることから，求める割合は $4.5 \div 22.5 = 0.20$ である。一方，伝統的管理を行っている区域Ⅰでは約 36 種の植物が観察され，希少な草本が約 8.2 種であることから，求める割合は $8.2 \div 36 = 0.227\cdots$ である。したがって，管理を放棄する(区域Ⅴ)のほうが，伝統的管理(区域Ⅰ)よりも植物の種数における希少な草本の種数の割合は小さい。よって，誤り。

× ⑤ 刈取りと火入れでは，火入れを毎年行うほうが，刈取りと比べてすべての植物の種数も希少な草本の種数も多く保つ効果がある。

➪ 刈取りのみを毎年行っているのは区域Ⅲ，火入れのみを毎年行っているのは区域Ⅳであり，①で解説したように，区域Ⅲ，Ⅳとも約 25 種の植物が観察されているので，両者には差がない。また，希少な草本の種数は区域Ⅲで約 5 種，区域Ⅳで約 4 種で，刈取りのみを行っている区域Ⅲのほうが多い。よって，誤り。

ISBN978-4-410-11953-8

〈著者との協定により検印を廃止します〉

新課程
チャート式® 問題集シリーズ
短期完成
大学入学共通テスト対策
生物基礎
解答編

著　者　大森 茂樹
発行者　星野 泰也
発行所　数研出版株式会社
本社　〒101-0052 東京都千代田区神田小川町2丁目3番地3
〔振替〕00140-4-118431
〒604-0861 京都市中京区烏丸通竹屋町上る大倉町 205 番地
〔電話〕代表 (075) 231-0161
ホームページ　https://www.chart.co.jp
印刷　河北印刷株式会社

乱丁本・落丁本はお取り替えいたします。　240501